国家科学技术学术著作出版基金资助出版

波纹腹板钢结构性能、设计与应用

李国强　张　哲　范　昕　编著

中国建筑工业出版社

图书在版编目（CIP）数据

波纹腹板钢结构性能、设计与应用/李国强，张哲，
范昕编著. —北京：中国建筑工业出版社，2017.12
ISBN 978-7-112-21378-8

Ⅰ. ①波… Ⅱ. ①李… ②张… ③范… Ⅲ. ①
腹板-钢结构-结构设计 Ⅳ. ①TU225②TU391

中国版本图书馆 CIP 数据核字（2017）第 256550 号

传统平腹板受弯钢构件的腹板高度不能太大，以保证腹板的局部稳定性，使其在屈服前不发生局部屈曲。这种限制使得平腹板钢构件的腹板不能太薄，造成钢构件腹板厚度和用钢量较大。为提高钢构件腹板的稳定性，同时又不增加腹板的厚度，可用波纹腹板代替平腹板，这样在不采用加劲肋的条件下腹板就具有较大的平面外刚度和稳定性，即可确保腹板屈服前不发生局部屈曲，使腹板材料强度充分发挥作用，从而降低钢构件的用钢量。达到节材轻量、节约资源、减排环保目的。本书系统地介绍了波纹腹板钢结构的受力性能和设计方法，包括：概述波纹腹板抗剪性能；波纹腹板 H 形钢翼缘受压局部稳定；波纹腹板 H 形钢截面抗弯性能；波纹腹板 H 形钢梁整体稳定；波纹腹板 H 形钢梁局部承压强度；波纹腹板 H 形钢梁抗疲劳性能；波纹腹板 H 形钢组合梁受力性能；波纹腹板 H 形钢梁开洞与补强；波纹腹板钢结构节点与设计；波纹腹板钢结构应用。本书还通过一些典型工程实例，介绍了波纹腹板钢结构工程应用的情况及效益。

责任编辑：赵梦梅　刘瑞霞
责任设计：李志立
责任校对：王　瑞　姜小莲

波纹腹板钢结构性能、设计与应用

李国强　张　哲　范　昕　编著

*

中国建筑工业出版社出版、发行（北京海淀三里河路 9 号）

各地新华书店、建筑书店经销

霸州市顺浩图文科技发展有限公司制版

北京富生印刷厂印刷

*

开本：787×1092 毫米　1/16　印张：16½　字数：410 千字
2018 年 4 月第一版　　2018 年 4 月第一次印刷
定价：50.00 元
ISBN 978-7-112-21378-8
（31092）

序

我国当前仍处于城镇化发展与建设阶段，与建筑业相关的资源消耗占全国资源利用总量的 40%～50%，能源消耗约占全国能耗总量的 30%，因此在保证安全的前提下，节约建筑、桥梁等国家基础设施建设的材料消耗量，提高其结构性能，对我国可持续发展战略有重要意义。

采用波形钢腹板代替传统平腹板钢构件，可以提高钢腹板的稳定性，大幅度减小腹板厚度，减少用钢量。将波形钢腹板替代传统混凝土或预应力混凝土构件腹板，构成组合构件，不但可以利用波形钢腹板抗剪切屈曲能力强的优点，显著减少混凝土用量，还可以发挥波形钢腹板纵向刚度小的特点，避免传统混凝土构件因收缩、徐变造成腹板易开裂对结构性能影响大的问题，也能大大减少预应力损失。我十多年前就进行了波纹钢腹板组合箱梁的研究，并在桥梁工程中得以应用。

我与李国强教授均从事钢结构研究，我们两人的导师王世纪教授和沈祖炎院士是我国钢结构领域交往很深的学术前辈，因此我们很早就相识，并在学术生涯中结下深厚的友谊。国强天资聪慧，勤奋好学，1978 年 15 周岁考入天津大学，1985 年重庆建筑工程学院硕士毕业和 1988 年同济大学博士毕业时曾两度想回家乡湖南大学工作，均因故未能如愿，我们未能成为同事。但多年后我们在国家高级教育行政学院同学三个月，也算有同窗之谊。

李国强教授一直从事钢结构研究，他对钢结构相关问题的认识较全面，研究较系统而深入，这也体现在他对波纹腹板钢构件受力性能与设计理论问题的研究上。波纹腹板钢构件多用于建筑结构，针对其应用中亟须解决的一系列问题，他开展了系统的研究，这些问题包括：概述波纹腹板抗剪性能；波纹腹板 H 形钢翼缘受压局部稳定；波纹腹板 H 形钢截面抗弯性能；波纹腹板 H 形钢梁整体稳定；波纹腹板 H 形钢梁局部承压强度；波纹腹板 H 形钢梁抗疲劳性能；波纹腹板 H 形钢组合梁受力性能；波纹腹板 H 形钢梁开孔洞与补强；波纹腹板钢结构节点与设计；波纹腹板钢结构应用。本书即是这些研究成果的汇集。

波纹钢腹板结构（包括波纹腹板钢结构和波纹钢腹板组合结构）在我国已推广用于桥梁与建筑结构，但应用比率还不高。相信本书的出版有助于高校学生和设计院工程师了解波纹钢腹板结构（特别是波纹腹板钢结构）的知识，为促进波纹腹板钢结构的广泛应用发挥作用。

周绪红

中国工程院院士

2016 年 6 月

前　言

2014 年我国粗钢产量为 8.23 亿吨，约为世界总产量一半。钢铁生产除消耗资源和能源外，还会造成环境污染，因此节约用钢是我国节能环保、可持续发展战略的需求。钢结构在我国广泛用于建筑、桥梁、输电塔、海洋平台等重要设施，传统钢结构构件（特别是受弯构件）多采用工字形或箱型截面，腹板采用平钢板。为使构件具有较大的抗弯能力，构件截面设计尽可能加大腹板高度，以充分利用翼缘抗弯效率高的特性。

然而传统平腹板受弯钢构件的腹板高度也不能太大，腹板的高厚比需限制在 80 以内，以保证腹板的局部稳定性，使其在屈服前不发生局部屈曲。这种限制使得平腹板钢构件的腹板不能太薄，造成钢构件腹板厚度和用钢量较大。为减小高大截面钢构件腹板的厚度，传统的措施是在腹板上设置加劲肋。但加劲肋除增加钢构件用钢量和制作工作量外，还因焊接加劲肋增加构件的初始缺陷，影响构件的受力性能。

为提高钢构件腹板的稳定性，同时又不增加腹板的厚度，可用波纹腹板代替平腹板，这样在不采用加劲肋的条件下腹板就具有较大的平面外刚度和稳定性，采用较薄的钢板（高厚比可达 600），即可确保腹板屈服前不发生局部屈曲，使腹板材料强度充分发挥作用，从而降低钢构件的用钢量。与平腹板钢构件相比，腹板部分采用波纹形式后可降低用钢量 30%～60%，显著提升钢结构的经济性，达到节材轻量、节约资源、减排环保目的。

国外对波纹腹板钢构件的研究始于 20 世纪 50～60 年代，而我国的研究比国外要晚，约始于 20 世纪 80 年代，周绪红院士、聂建国院士、郭彦林教授等是我国较早开展波纹钢腹板构件受力性能与计算理论的研究者。然而，由于受波纹钢腹板制造的限制，特别是波纹腹板 H 形钢构件的自动生产设备需进口，大大制约了我国波纹钢腹板技术的推广应用。

进入 21 世纪，国内企业认识到波纹钢腹板技术的先进性，开始自主研制波纹腹板钢构件制造技术，特别研制成功波纹腹板 H 形钢构件的生产线，为在我国（尤其在建筑领域）推广波纹腹板钢结构技术创造了条件。正是在这样的背景下，我们开始从事波纹腹板钢结构的理论与应用研究。

为解决波纹腹板钢结构应用的设计与计算问题，自 2005 年我们系统地开展了下列研究：

1）波纹腹板抗剪性能；

2）波纹腹板 H 形钢翼缘受压局部稳定；

3）波纹腹板 H 形钢截面抗弯性能；

4）波纹腹板 H 形钢梁整体稳定；

5）波纹腹板 H 形钢梁局部承压强度；

6）波纹腹板 H 形钢梁抗疲劳性能；

7）波纹腹板 H 形钢组合梁受力性能；

8）波纹腹板 H 形钢梁开孔与补强；

9）波纹腹板钢结构节点与设计。

本书即是在参考国内外相关研究成果的基础上，对我们在波纹腹板钢结构方面的研究成果加以总结而成。全书大纲由我拟定，由张哲起草第 1、2、4、6、8、11 章，范昕起草第 3、5、7、10 章，我起草第 9 章，最后由我负责全书的修改和统稿。

本书内容主要基于下列我所指导研究生的学位论文工作，他们是张哲博士、范昕博士、罗小丰硕士、朱奇硕士和邱介尧硕士。我的同事孙飞飞教授参与了上述研究生的指导，对本书介绍的研究成果也有重要贡献。此外，上海欧本钢结构有限公司和浙江中隧桥波形钢腹板有限公司对本书介绍的工作也给予了大力支持，对此，本书作者表示衷心感谢。

由于我们学识和水平有限，书中不当与错误之处，敬请读者批评指正。

李国强

2016 年 5 月

目　　录

第1章 概　　述

1.1　波纹腹板钢结构的特点

波纹腹板钢结构是通过将普通结构构件中的平面钢腹板或混凝土腹板用波纹钢腹板代替，做成波纹钢腹板构件所形成的结构（图1.1～图1.4），可以应用在厂房、仓库等大跨度结构、多高层建筑结构和桥梁结构。采用波纹钢腹板代替传统平钢腹板，可以提高钢腹板的稳定性，大幅度减小腹板厚度，减少用钢量。将波纹钢腹板代替传统混凝土构件腹板，构成钢-混凝土组合构件，不但可以利用波纹钢腹板抗剪切屈曲能力强的优点，显著减少混凝土用量，还可以发挥波纹腹板纵向刚度小的优点，避免传统混凝土构件因收缩、徐变造成的腹板开裂，对结构性能产生不利影响的问题。

现有规格的热轧工字钢和热轧H形钢，为了保证腹板屈服前不发生局部屈曲，腹板的高厚比都较小，一般都在80以内。对于焊接H形钢梁，我国《钢结构设计规范》GB 50017—2003[1.1]规定腹板高厚比任何情况下不得大于250，且需通过设置加劲肋来保障腹板的稳定性，以上这些将造成普通钢梁的腹板用钢量较大或疲劳强度降低。据统计，用于受弯的普通热轧型钢的腹板用钢量一般占到整个构件的40%～70%。但与此对应的则是，在实际工程设计时，构件所受剪力一般较小，腹板材料强度很难充分发挥作用。因此，通过采用波纹钢板来代替平腹板（见图1.1），可以在腹板厚度较小的情况下，不使用加劲肋就能够具有较高的平面外刚度和防屈曲强度，因此可以采用较薄的厚度，获得较高的抗剪承载力。

图1.1　波纹腹板H型钢示意图

1.1.1　形式与类型

波纹钢腹板常用的波纹形式包括：梯形、正弦曲线、矩形和三角形等（图1.2），其中梯形和正弦曲线是应用最多的形式。

在桥梁领域可以采用上、下混凝土板和波纹钢腹板组成箱梁[1.2～1.6]，如图1.3所示。1986年在法国建成了世界上第1座波纹钢腹板梁桥——Cognac桥。

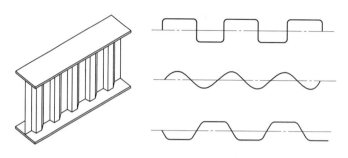

图 1.2　波纹腹板截面简图

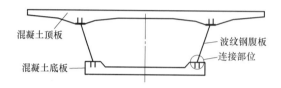

图 1.3　波纹钢腹板桥梁截面图

另有研究者提出工字形截面的波纹腹板预应力组合桥梁结构形式，如图 1.4 所示。

1.1.2　受力特性与优越性

波纹腹板 H 形钢梁的理论受力模型与平腹板 H 形钢梁有显著区别（图 1.5、图 1.6），具有下述 4 个显著特征：1）在面内弯矩 M_x 作用下，弯矩主要由翼缘承担，而由于"折叠效应"，腹板上基本无弯曲正应力分布；2）竖向剪力 V_y 完全由腹板承担，且剪应力均匀分布；3）由于腹板的波纹形状，腹板与翼缘之间的剪力流将在翼缘中形成附加横向弯矩，因此翼缘存在附加应力；4）在面外弯矩 M_y 作用下，腹板无正应力和剪应力作用，弯矩完全由翼缘承担。

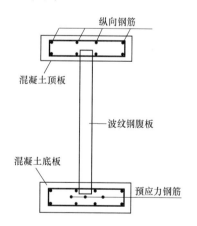

图 1.4　波纹腹板预应力组合桥梁截面图

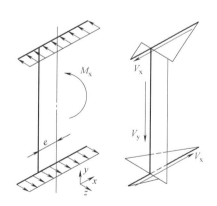

图 1.5　面内弯矩作用下应力分布示意图

波纹腹板 H 形钢受力特点与桁架较为类似，上下翼缘可视为弦杆，承受弯矩和轴力，波纹腹板可视为腹杆，仅承受剪力，而不承受弯矩和轴力作用，因此，波纹腹板 H 形钢特别适合用于以受弯为主的构件。

由于波纹钢腹板在厚度较小的情况下，不使用加劲肋就能够具有较高的平面外刚度和抗剪切屈曲强度，因此腹板可以较薄，厚度一般为 2～6mm，高厚比较大（最大达 600），使波纹腹板 H 形钢构件具有较高的抗弯和抗剪承载力。

波纹腹板 H 形钢的腹板用钢量一般占到整个构件的 25% 左右，最低甚至可以低至 4%。与热轧工字钢和热轧 H 形钢相比，在抗弯刚度近似的情况下，波纹腹板 H 形钢用钢量可节省达 40%，比焊接 H 形钢也可节省 30% 左右。此外，与普通平腹板 H 型钢相比，波纹腹板 H 形钢的侧向整体稳定性能好，便于运输和安装，且受压翼缘局部稳定强度高，局部承压强度高，疲劳强度高。表 1.1 是波纹腹板 H 型钢与传统 H 形钢的对比。

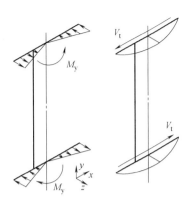

图 1.6　面外弯矩作用下应力分布示意图

波纹腹板 H 型钢与传统 H 形钢对比　　　　　　　表 1.1

区别特征		波纹腹板 H 形钢	传统 H 形钢
腹板高厚比		200～600	60 左右
腹板纵向刚度		无	有
腹板厚度		约 33%	100%
构件用钢量减少率	H400	约 20%	0%
	H1800	约 30%	0%
	H3600	约 40%	0%
构件整体造价降低率	H400	约 8%	0%
	H1800	约 18%	0%
	H3600	约 28%	0%

波纹钢腹板预应力混凝土箱形梁，是用波纹钢板取代预应力混凝土箱梁的混凝土腹板的组合梁。其显著特点是用 10～16mm 厚的波纹钢板取代 350～800mm 厚的混凝土腹板，可有效降低桥梁的重量，同时，还可以解决传统混凝土箱梁存在的腹板开裂、跨中持续下挠、预应力效率低、管道压浆不足等问题。

与平腹板钢箱梁相比，腹板采用波纹形式后，可以大幅降低腹板钢板的厚度，从而降低用钢量 30%～50%，若考虑到波形腹板钢板折弯、焊接等因素，以综合成本计算，波形腹板钢箱梁也可以降低总体造价 20% 左右，用于桥梁可减轻结构自重，减小结构横向和竖向地震反应，下部墩柱和基础造价都可相应降低。若考虑到运输、吊装等成本，则经济效益将更加显著。

1.1.3　设计和应用需关注的重点

波纹腹板钢结构具有良好的受力性能与经济性，但由于其构造与传统平腹板钢结构不同，其设计与应用需重点关注以下几点：

1. 构件适用类型。波纹钢腹板构件适合用于以受弯为主的构件，适用于结构中的梁、轴力较小的柱（如抗风柱）等。此外，构件的腹板高度不能太小，一般不小于500mm。

2. 构件制造。波纹腹板可采用辊压和模压成型。辊压能够连续生产，适合波纹腹板H形钢的自动化生产。然而辊压成型能力有限，故一般辊压成型的波纹腹板H形钢产品，腹板厚度不超过6mm。模压成型能力较辊压大，但难以连续自动化生产，故模压一般用于厚度大于6mm的波纹钢腹板构件，目前国内外模压成型的波纹钢腹板最大厚度可达30mm。

3. 长效防护。由于波纹腹板较薄，腐蚀对构件的受力性能会产生很大影响，防护措施将决定波纹腹板钢结构使用的耐久性能，为保证波纹腹板钢构件的耐久性，腹板厚度不得小于2mm。对于重要结构构件（如吊车梁），腹板厚度不得小于3mm。此外对于用于腐蚀严重环境下的钢构件，除应采取有效的防腐蚀涂装措施外，腹板厚度还应按受力设计需要值加1mm取。

4. 节点连接与安装。由于波纹腹板钢结构形式的特殊性，常规的平腹板钢结构的连接节点构造与安装工艺不能直接适用于波纹腹板钢结构。

1.2 波纹腹板钢结构的应用概况

目前波纹腹板H形钢在国内外已被大量应用于建筑结构中，如单层工业厂房、仓库、多层房屋等（见图1.7）。

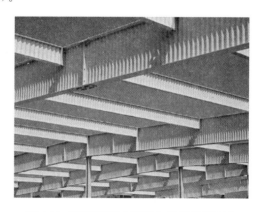

图1.7 波纹腹板H形钢应用于单层厂房

将波纹腹板H形钢应用到组合梁中形成波纹腹板H形钢组合梁（见图1.8），则可进一步降低多高层建筑的用钢量。

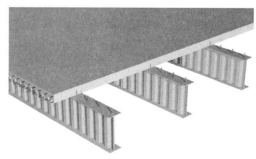

图1.8 波纹腹板H型钢应用于多层框架房屋

图 1.9 为波形钢腹板在桥梁中的应用，分别为波形腹板 H 形钢-混凝土组合梁桥，预应力波形腹板-混凝土箱形梁桥。

图 1.9　波纹钢腹板应用于桥梁

1.3　波纹腹板钢结构的发展现状

波纹金属板比平板具有更好的面外刚度及抗屈曲能力，这一性能在很多领域已经得到验证和广泛应用，例如集装箱、火车车厢及地下管道等。

1.3.1　产品现状

国外于 20 世纪 50～60 年代起开始研究波纹腹板钢构件的受力性能，其应用也已经有了相当长的时间，最初是在航天器制造中，随后应用到了工业与民用建筑和桥梁结构领域，例如屋盖、墙板及楼板。20 世纪 80 年代起，日本住友公司最早采用焊接的方法，生产出中间部分波纹腹板 H 形钢[1.7]。我国东北重型机械学院于 1985 年轧制出了全波纹腹板 H 形钢[1.8]。近年来，随着自动焊接技术的精进，焊接全波纹腹板 H 形钢在欧美国家如德国、瑞典和美国等发展较快，较多的应用于桥梁、房屋、工业厂房等结构中。

奥地利 Zeman 公司是生产正弦曲线波纹腹板 H 形钢的厂家，德国的 Spelten 公司则以生产梯形波纹腹板 H 型钢为主。无论采用哪种波形作为腹板波形，生产工艺中，最为关键的技术为波纹的成型技术和腹板与翼缘的焊接技术。

波形钢腹板的连续式辊压成型机如图 1.10 所示，主要由成型辊、动力输入分配箱、动力输入机等组成。成型辊输入方向还设有对中装置、板头对准装置、辅助夹送装置、进出料自动检测装置等机构。成型辊由上、下两组成型辊组成，由动力输入机通过动力分配箱驱动成型辊旋转，通过齿轮啮合原理，将钢板成型为需要的波纹板板型。成型辊成型速度可通过变频控制调整，使成型速度与整条流水线匹配。下成型辊为只允许绕轴回转的固定辊，上成型辊为可以上下移动调整的浮动辊，下成型辊通过调整电机、同步升降机构调整上、下两成型辊的间距，以获得需要的波纹板。成型辊间距的调整均可以 PLC 控制器自动调整，自动化程度高。成型辊输入方向的对中装置、板头对准装置、辅助夹送装置、进出料自动检测装置等，保证板材每次进料均保持同一位置，实现每个波纹板板头保持一致。成型辊是设备的核心部分，每种成型辊对应一种波形。

这套设备利用辊压原理，由两个上下对称设置的驱动滚轮和钢带弯曲辊实现连续式波形钢板辊压和自动传送，提高了制造效率；通过在钢带弯曲辊与驱动滚轮之间设置钢珠解

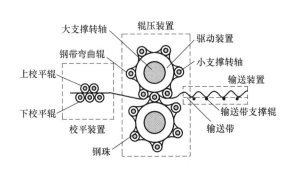

图 1.10　波纹自动辊压成型机

决了传统辊压装置易磨损问题；通过校平装置，提高波形钢腹板的制作精度。

当腹板厚度大于等于 8mm，宜采用模压法，模压法又分为无牵制模压法和普通模压法，根据钢板成型时可能产生的缺陷和钢板厚度间的相关关系，大于等于 14mm 的钢板，宜采用无牵制模压法。小于 14mm 的钢板可采用普通模压成型法。

普通模压法利用液压机与波形断面相同的模具进行一次性成型（图 1.11a），其特点为：

（1）可以用较短时间压制一个波长；

（2）因为可以连续压制，故可进行长波形钢板的制作（但受运输长度限制）；

（3）波形钢板长度受压力机能力制约；

（4）按波形要求制造模具需较多的资金。

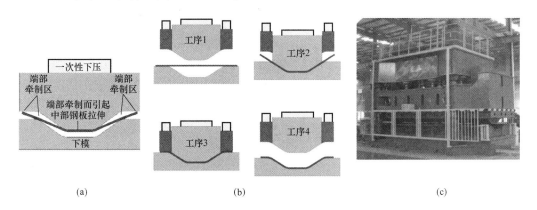

图 1.11　模压法示意图及无牵制模压设备

(a) 传统模压技术；(b) 无牵制模压技术；(c) 2800 吨无牵制模压设备

无牵制模压法是在同一横断面上同时不超过两个受压牵制区的模压方法（图 1.11b），图 1.11c 为国内 2800t 大型无牵制模压机组。无牵制模压法模压时两侧钢板不受牵制，可自由伸缩，与传统模压法相比具有以下优势：

（1）对钢板的物理损伤小，克服传统模压法上模同时下压、两侧钢板不能自由伸缩、转角处金属相位发生滑移的缺陷；

（2）减少钢板模压后的回弹变形，避免了钢板因牵制回弹对成型精度的影响；

（3）避免了在上模下压成型过程中牵制引起钢板局部拉伸变形和裂纹的形成。

关于焊接设备，一般采用激光预扫描，机械手进行跟踪自动焊接，机械化、自动化集成程度非常高，核心技术为机械手的控制（图 1.12）。目前国外生产线多采用国际知名的工业设备，如 Fronius 焊机，ABB 焊接机器人等，费用较为昂贵，一定程度上将影响这种产品的经济性。

为降低波纹腹板 H 形钢生产成本，我国自 2000 年以后开始研制拥有自主知识产权的生产设备，目前拥有波纹腹板 H 形钢自主生产设备与生产能力的企业有：上海欧本钢结构有限公司、山东华光机械股份有限公司、浙江精工科技股份有限公司、浙江中隧桥波形钢腹板有限公司、河南大建桥梁钢结构股份有限公司等。

波纹腹板 H 形钢自动化生产线可以采用自动滚压成型设备，但是生产能力主要针对腹板厚度在 8mm（Q235）以内的型钢。桥梁中波纹钢腹板厚度大多在 12mm 以上，对其进行折弯

图 1.12　波纹腹板自动焊接设备

或模压成型需要的设备功率较大，波纹自动滚压成型技术不再适用，一般采用单幅式或连续式模压技术制作波纹腹板，波纹腹板之间的对接可以采用埋弧焊，腹板与翼缘之间的连接可以二氧化碳气体保护焊。

1.3.2　研究现状

对于波纹腹板钢结构的受力性能与设计理论的研究，国外始于 20 世纪 50 年代，国内起步相对较晚，研究始自 20 世纪 80 年代，我国的周绪红院士、聂建国院士和郭彦林教授均较早开展了波纹腹板钢结构的研究。国内外对波纹腹板钢结构开展的主要研究如下：

（1）波纹腹板 H 形钢抗剪性能

对波纹金属板进行试验和理论研究后，发现梯形波纹的剪切破坏模式主要包括局部剪切屈曲、整体剪切屈曲及材料的屈服。其中，局部剪切屈曲发生在某个板带宽度范围内，可以按照板均匀受剪的弹性稳定理论进行分析；而整体屈曲发生在整个板的高度范围内，屈曲波纹可能延伸若干个波长，可以按照各向异性板的弹性稳定理论进行分析。

（2）波纹腹板 H 形钢翼缘受压局部稳定

研究发现，由于采用波纹腹板，保证 H 形钢梁翼缘受压屈曲前不发生局部失稳的最大外伸长度可比同厚度的平腹板 H 形钢梁大[1.9]。

（3）波纹腹板 H 形钢抗弯承载力

研究发现，波纹腹板对 H 形钢构件受弯极限承载力的贡献较少，可以忽略，极限弯矩一般取决于翼缘的屈服强度和梁高。

（4）波纹腹板 H 形钢整体稳定

通过研究，翼缘的抗弯强度及稳定问题，给出的算式分别考虑了翼缘的横向弯曲和侧向弯扭屈曲对梁强度的降低所造成的强度的折减。

（5）波纹腹板 H 形钢梁局部承压强度

研究表明，波纹腹板 H 形钢上翼缘局部承压承载力比类似平腹板 H 形钢高，设计和使用时，可以不使用加劲肋，这也是波纹腹板 H 形钢的一大优点。

（6）波纹腹板 H 形钢疲劳

研究表明，当采用波纹腹板作为直接承受动力荷载的构件，即使在钢翼缘用混凝土包裹，疲劳破坏也会从焊缝附近开始[1.10]。当翼缘板完全为钢板时，焊缝对疲劳破坏的影响就更加明显。但是，与类似平腹板 H 形钢构件相比，波纹腹板 H 形钢的疲劳性能较好。

（7）波纹腹板 H 形钢组合梁

目前国内外对波纹腹板工字型钢应用到组合梁中形成波纹腹板工字型钢组合梁的研究和使用并不多。

研究表明，这种波纹腹板 H 形钢组合梁达到受弯承载力极限状态时，钢梁翼缘可以达到全截面屈服，混凝土受压区达到其抗压强度设计值，而钢梁腹板承受的弯矩可忽略。

1.3.3 设计规范现状

对于波纹腹板钢结构，目前已有下列一些规范、标准、规程可用于指导波纹腹板钢结构的设计、加工和安装等：

（1） Stockholm，Sweden，1982：Swedish Code for Light－Gauge metal Structures (Swedish Institute of Steel Construction)

（2） BSEN 1993-1-5：2006：EUROCODE3：Design of steel structures；Part1-1：General rules and rules for buildings (European Committee for Standardization)

（3） CECS 291-2011：波纹腹板钢结构技术规程（中国工程建设标准化协会标准）

（4） CECS 290-2011：波浪腹板钢结构应用技术规程（中国工程建设协会标准）

（5） JT/T 784-2010：组合结构桥梁用波形钢腹板（交通部行业标准）

（6） DB 41/T 643-2010：公路波形钢腹板预应力混凝土箱梁桥设计规范（河南省地方标准）

（7） DB 41/T 696-2011：公路波形钢腹板预应力混凝土箱梁桥支架法施工技术规范（河南省地方标准）

（8） DB44/T 1393-2014：波形钢腹板预应力混凝土组合箱梁桥设计与施工规程（广东省地方标准）

参考文献

[1.1] GB 50017—2003 钢结构设计规范 [S]. 北京：中国建筑工业出版社，2003.
[1.2] 宋建永，张树仁，王彤，吕建鸣. 波纹钢腹板体外预应力组合梁弯曲性能分析及试验研究 [J]. 土木工程学报，2004，37（11）：50～55.
[1.3] 宋建永，任红伟，聂建国. 波纹钢腹板剪切屈曲影响因素分析 [J]. 公路交通科技，2005，22（11）：89～92.
[1.4] 狄谨，周绪红，张茜. 预应力混凝土波纹钢腹板组合箱梁受力性能研究 [J]. 中外公路，2007，27（3）：79～83.
[1.5] 周绪红，孔祥福，等. 波纹钢腹板组合箱梁的抗剪受力性能 [J]. 中国公路学报，2007，20（2）：77～82.

［1.6］ 陈海波，刘保东，任红伟. 波纹钢腹板混凝土箱梁动力特性研究［J］. 公路交通科技. 2007，24
（2）：80～83.

［1.7］ Hamada Masaki. Manufacture and manufacturing roll for H-shaped steel possessing corrugated at middle part of web：Japan，54107778［P］. 1981. 04. 13.

［1.8］ 曹鸿德，才志华，张文志. 波纹腹板 H 形钢梁的热轧工艺：中国，86106315A［P］. 1988. 03. 30.

CAO Hongde，CAI Zhihua，ZHANG Wenzhi. The hot rolling craft of H-beam with corrugated webs：China，86106315A［P］. 1988. 03. 30.

［1.9］ 郭彦林，张庆林. 波折腹板工形梁翼缘稳定性能研究. 建筑科学与工程学报，2007，24（4）：64-69.

［1.10］ Harrison JD. Exploratory fatigue test of two girders with corrugated webs［J］. British Welding Journal 1965，12（3）：121-125.

第 2 章　波纹腹板抗剪性能

2.1　波纹腹板 H 形钢抗剪性能研究概述

2.1.1　波纹腹板抗剪基本理论

在波纹金属板中,最常见的波纹形式包括:梯形、矩形和正弦曲线等,本书以梯形波纹为对象。基于波纹腹板的几何特征,梯形波纹的剪切破坏模式主要包括三种不同的剪切屈曲模式:局部剪切屈曲,如图 2.1a 所示;整体剪切屈曲模式,如图 2.1b 所示;以及相关剪切屈曲,如图 2.1c 所示。局部弹性剪切屈曲发生在某个板带宽度范围内,这种破坏形式可以按照四边约束板均匀受剪的弹性稳定理论进行分析;而整体弹性屈曲发生在整个板的高度范围内,屈曲波纹可能包括若干个波长,可以按照各向异性板的弹性稳定理论进行分析;而相关屈曲,跨越数个板带,会由于局部与整体屈曲的相互影响而同时发生。

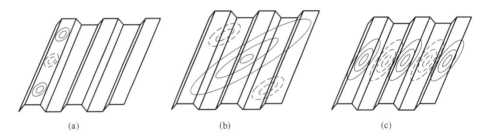

(a) (b) (c)

图 2.1　波纹腹板屈曲的三种破坏形式

(a) 局部剪切屈曲;(b) 整体剪切屈曲;(c) 相关屈曲模式

以图 2.2 所示的波纹尺寸为例,梯形波纹钢板弹性局部屈曲极限应力可以表示为(Galambos[2.1]):

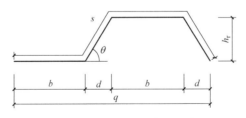

图 2.2　波纹腹板几何参数示意图

$$\tau_{cr,l} = \frac{k_s \pi^2 E}{12(1-\mu^2)(w/t_w)^2} \tag{2.1}$$

其中:k_s 为反映局部屈曲的边界条件屈曲系数,与边界条件有关。若长边为简支,短边固结，则：

$$k_s = 5.34 + 2.31(w/h_w) - 3.44(w/h_w)^2 + 8.39(w/h_w)^3 \tag{2.2}$$

对于四边固结：

$$k_s = 8.98 + 5.6(w/h_w)^2 \tag{2.3}$$

式中，$w = \max\{b, d/\cos\theta\}$，$\mu$ 为材料泊松比，E 为材料弹性模量，h_w 为腹板高度。

而对于弹性整体屈曲极限应力可以表示为：

$$\tau_{cr,g} = \frac{k_s D_x^{0.25} D_y^{0.75}}{t_w h_w^2} \tag{2.4}$$

式中，k_s 为反映整体屈曲的边界条件屈曲系数，Hlavacek[2.2] 取为 41，而 Easley[2.3] 取为 36，Galambos[2.1] 则定义：简支边界条件，$k_s = 31.6$；固结边界条件，$k_s = 59.2$。 $D_y = EI_y/q$，$I_y = 2bt_w(h_r/2)^2 + t_w h_r^3/(6\sin\theta)$，$D_x = qEt_w^3/12s$。

对于正弦曲线波纹腹板，不存在局部屈曲问题，I_y 计算方法如下：

$$I_y = \frac{h_r^2 t_w}{8}\left\{1 - \frac{0.81}{1 + 2.5[h_r^2/(16q^2)]}\right\} \tag{2.5}$$

式中，h_r、q 等为波纹腹板几何参数，参见图 2.2。

对于波纹腹板的弹塑性屈曲承载力各国研究者也都进行了不同的试验和数值分析。 Elgaaly[2.4] 提出腹板局部和整体稳定极限应力计算值 $\tau_{cr} > 0.8\tau_y$ 时，将出现非弹性屈曲，此时需要用式（2.6）进行修正：

$$\tau_{cri} = \sqrt{0.8\tau_{cr}\tau_y} \leqslant \tau_y \tag{2.6}$$

Abbas[2.5~2.8] 研究了局部缺陷对波纹腹板承载力的影响。试验中梁的最终破坏模式分别为腹板局部屈曲和由局部屈曲触发的整体屈曲，且都是突然破坏。随后又通过采用有限元方法模拟波纹腹板剪切性能，发现剪切屈曲强度对腹板的几何缺陷较为敏感，并给出了整体屈曲应力的计算公式：

$$(\tau_{cr,g})_{el} = \frac{k_s E t_w^{1/2} b^{3/2} F(\theta,\beta)}{12 h_w^2} \tag{2.7}$$

$$F(\theta,\beta) = \sqrt{\frac{(1+\beta)\sin^3\theta}{\beta + \cos\theta}} \cdot \left\{\frac{3\beta+1}{\beta^2(1+\beta)}\right\}^{3/4} \tag{2.8}$$

式中 $\beta = b/(d/\cos\theta)$，h_w 为腹板高度，其他参数见图 2.2。

当式（2.7）弹性剪切屈曲应力超过了抗剪屈服强度的 80%，同样采用式（2.6）进行修正。

不同研究者提出的波纹腹板抗剪承载力计算公式不同，具体哪个公式适合作为设计公式，需要进行对比分析，并通过与试验和有限元分析的对比，给出比较合理的供设计采用的计算方法。

2.1.2 对相关研究成果的分析

Elgaaly[2.9] 提出的波纹腹板抗剪弹塑性屈曲承载力算式（2.6）可以表达为通用高厚比的形式：

$$\frac{\tau_{cr}}{\tau_y}=\frac{0.894}{\lambda_s}\leqslant 1.0 \qquad (2.9)$$

式中，τ_{cr} 为屈曲极限承载力；τ_y 为材料剪切屈服强度；λ_s 为腹板通用高厚比，

$$\lambda_s=\sqrt{\tau_y/\tau_{cr,g}}\ 或\ \sqrt{\tau_y/\tau_{cr,l}} \qquad (2.10)$$

公式（2.9）可以分别计算波纹腹板受剪整体屈曲和局部屈曲极限承载力。

Zeman 公司技术手册[2.10]的算式可以表示为：

$$\frac{\tau_{cr}}{\tau_y}=\frac{1}{\lambda_s^{1.5}}\leqslant 1.0 \qquad (2.11)$$

欧洲规范 EUROCODE 3[2.11]给出的计算波纹腹板抗剪局部屈曲的公式可表达为：

$$\frac{\tau_{cr}}{\tau_y}=\frac{1.15}{0.9+\lambda_s}\leqslant 1.0 \qquad (2.12)$$

EUROCODE 3[2.11]给出的计算波纹腹板抗剪整体屈曲的公式可表达为：

$$\frac{\tau_{cr}}{\tau_y}=\frac{1.5}{0.5+\lambda_s^2}\leqslant 1.0 \qquad (2.13)$$

式（2.12）和式（2.13）中，λ_s 可以分别按照式（2.10）计算，其中，

$$\tau_{cr,l}=4.83E\left(\frac{t_w}{w}\right)^2 \qquad (2.14)$$

$$\tau_{cr,g}=32.4\frac{\sqrt[4]{D_x D_y^3}}{t_w h_w^2} \qquad (2.15)$$

Abbas[2.12]提出的用于计算局部屈曲极限承载力公式可以表达为：

$$\frac{\tau_{cr}}{\tau_y}\begin{cases}\dfrac{1}{\sqrt{2}} & \lambda_s<0.89 \\[2mm] \sqrt{\dfrac{1}{1+1.25\lambda_s^2}} & 0.89\leqslant\lambda_s<1.12 \\[2mm] \sqrt{\dfrac{1}{1+0.98\lambda_s^4}} & \lambda_s\geqslant_y 1.12\end{cases} \qquad (2.16)$$

Yi J[2.13,2.14]通过有限元分析认为波纹腹板的局部屈曲和整体屈曲之间存在相关作用，采用弹性相关剪切屈曲应力计算承载力：

$$\frac{1}{\tau_{cr,I}}=\frac{1}{\tau_{cr,g}}+\frac{1}{\tau_{cr,l}} \qquad (2.17)$$

提出的基于相关屈曲的计算公式为：

$$\frac{\tau_{cr}}{\tau_y}=\begin{cases}1 & \lambda_s<0.6 \\ 1-0.614(\lambda_s-0.6) & 0.6\leqslant\lambda_s<\sqrt{2} \\ 1/\lambda_s^2 & \lambda_s\geqslant_y\sqrt{2}\end{cases} \qquad (2.18)$$

而瑞典规范[2.15]的公式可以表示为：

$$\frac{\tau_{cr}}{\tau_y}=\begin{cases}1.16 & \lambda_s<0.73 \\ 0.84/\lambda_s & 0.73\leqslant\lambda_s<1.38 \\ 1.16/\lambda_s^2 & \lambda_s\geqslant_y 1.38\end{cases} \qquad (2.19)$$

将上述计算式分别按照局部屈曲和整体屈曲作为控制条件，绘制在图 2.3 和图 2.4 上，横坐标用通用宽厚比 $\lambda_s=\sqrt{\tau_y/\tau_{cr,G}}$ 或 $\sqrt{\tau_y/\tau_{cr,L}}$，纵坐标为极限承载力与材料剪切屈服

强度的比值。

图 2.3 中曲线 Elgaaly，Zeman _ G，EC3 _ G 分别对应式（2.9），式（2.11），式（2.13）。可以看出，对于波纹腹板 H 形钢腹板的抗剪整体屈曲极限承载力各个计算公式差别不大，Zeman 公司的技术手册给出的公式与 EUROCODE 3 提供的公式几乎重合。

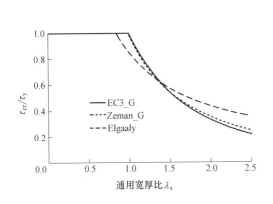

图 2.3 波纹腹板抗剪整体屈曲极限承载力计算公式对比

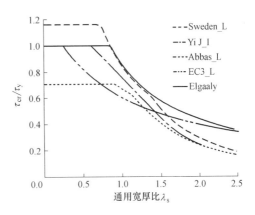

图 2.4 波纹腹板抗剪局部屈曲极限承载力计算公式对比

图 2.4 中曲线 Elgaaly，EC3 _ L，Abbas _ L，Yi J _ I，Sweden _ L 分别对应式（2.9），式（2.12），式（2.16），式（2.18），式（2.19）。观察图可以看到，波纹腹板抗剪局部屈曲极限承载力各个公式之间具有一定的差异性，Abbas 公式较其他公式更为保守，而瑞典规范比其他公式高估了构件的承载力，其他 3 个公式对于极限应力达到材料屈服强度所对应的通用宽厚比取值不同。

为验证上述公式的准确性和适用性，将文献中得到的所有试验数据用图表的形式进行分析。其中构件的几何尺寸材料、屈服强度等参数见表 2.1，试验结果与公式计算结果见表 2.2。

试验数据中腹板波纹几何尺寸表　　　　　　　　　　表 2.1

编号	名称	h_w /mm	t_w /mm	h_w/t_w	b /mm	h_r /mm	θ /°	q /mm
1	V-PILOTA	304.8	0.78	389.62	38.1	25.4	45.0	127.0
2	V-PILOTS	304.8	0.78	388.33	38.1	25.4	45.0	127.0
3	V121216A	304.8	0.64	478.12	38.1	25.4	45.0	127.0
4	V121216B	304.8	0.76	398.69	38.1	25.4	45.0	127.0
5	V181216B	457.2	0.61	750.00	38.1	25.4	45.0	127.0
6	V181216C	457.2	0.76	601.97	38.1	25.4	45.0	127.0
7	V181816A	457.2	0.64	720.00	38.1	25.4	45.0	127.0
8	V181816B	457.2	0.74	620.69	38.1	25.4	45.0	127.0
9	V241216A	609.6	0.64	960.00	38.1	25.4	45.0	127.0
10	V241216B	609.6	0.79	774.19	38.1	25.4	45.0	127.0
11	V121221A	304.8	0.63	483.89	41.9	33.3	55.0	130.6

续表

编号	名称	h_w /mm	t_w /mm	h_w/t_w	b /mm	h_r /mm	θ /°	q /mm
12	V121221B	304.8	0.78	388.33	41.9	33.3	55.0	130.6
13	V122421A	304.8	0.68	451.15	41.9	33.3	55.0	130.6
14	V122421B	304.8	0.78	389.62	41.9	33.3	55.0	130.6
15	V181221A	457.2	0.61	750.00	41.9	33.3	55.0	130.6
16	V181221B	457.2	0.76	600.00	41.9	33.3	55.0	130.6
17	V181821A	457.2	0.64	720.00	41.9	33.3	55.0	130.6
18	V181821B	457.2	0.74	620.69	41.9	33.3	55.0	130.6
19	V241221A	609.6	0.61	1000.00	41.9	33.3	55.0	130.6
20	V241221B	609.6	0.76	800.00	41.9	33.3	55.0	130.6
21	V121232A	304.8	0.64	476.18	49.8	50.8	62.5	152.4
22	V121232B	304.8	0.78	390.87	49.8	50.8	62.5	152.4
23	V121832A	304.8	0.64	476.18	49.8	50.8	62.5	152.4
24	V121832B	304.8	0.92	331.48	49.8	50.8	62.5	152.4
25	V122432A	304.8	0.64	476.18	49.8	50.8	62.5	152.4
26	V122432B	304.8	0.78	392.18	49.8	50.8	62.5	152.4
27	V181232A	457.2	0.60	765.96	49.8	50.8	62.5	152.4
28	V181232B	457.2	0.75	610.17	49.8	50.8	62.5	152.4
29	V181832A	457.2	0.61	750.00	49.8	50.8	62.5	152.4
30	V181832B	457.2	0.75	610.17	49.8	50.8	62.5	152.4
31	V241232A	609.6	0.62	979.59	49.8	50.8	62.5	152.4
32	V241232B	609.6	0.76	800.00	49.8	50.8	62.5	152.4
33	V121809A	304.8	0.71	431.67	19.8	14.2	50.0	63.4
34	V121809C	304.8	0.63	481.90	19.8	14.2	50.0	63.4
35	V122409A	304.8	0.71	427.07	19.8	14.2	50.0	63.4
36	V122409C	304.8	0.66	459.80	19.8	14.2	50.0	63.4
37	V181209A	457.2	0.56	818.18	19.8	14.2	50.0	63.4
38	V181209C	457.2	0.61	750.00	19.8	14.2	50.0	63.4
39	V181809A	457.2	0.61	750.00	19.8	14.2	50.0	63.4
40	V181809C	457.2	0.62	734.69	19.8	14.2	50.0	63.4
41	V241209A	609.6	0.62	979.59	19.8	14.2	50.0	63.4
42	V241209C	609.6	0.64	960.00	19.8	14.2	50.0	63.4
43	L1A	994.0	1.94	512.37	140.0	50.0	45.0	380.0
44	L1B	994.0	2.59	383.78	140.0	50.0	45.0	380.0
45	L2A	1445.0	1.94	744.85	140.0	50.0	45.0	380.0
46	TZR	1445.0	2.54	568.90	140.0	50.0	45.0	380.0

编号	名称	h_w /mm	t_w /mm	h_w/t_w	b /mm	h_r /mm	θ /°	q /mm
47	L3A	2005.0	2.01	997.51	140.0	50.0	45.0	380.0
48	L3B	2005.0	2.53	792.49	140.0	50.0	45.0	380.0
49	B1	600.0	2.10	285.71	140.0	50.0	45.0	380.0
50	B4	600.0	2.11	284.36	140.0	50.0	45.0	380.0
51	B4b	600.0	2.11	284.36	140.0	50.0	45.0	380.0
52	B3	600.0	2.62	229.01	140.0	50.0	45.0	380.0
53	B2	600.0	2.62	229.01	140.0	50.0	45.0	380.0
54	M101	600.0	0.99	606.06	70.0	15.0	45.0	170.0
55	M102	800.0	0.99	808.08	70.0	15.0	45.0	170.0
56	M103	1000.0	0.95	1052.63	70.0	15.0	45.0	170.0
57	M104	1200.0	0.99	1212.12	70.0	15.0	45.0	170.0
58	L1	1000.0	2.10	476.19	106.0	50.0	30.0	385.2
59	L1	1000.0	3.00	333.33	106.0	50.0	30.0	385.2
60	L2	1498.0	2.00	749.00	106.0	50.0	30.0	385.2
61	L2	1498.0	3.00	499.33	106.0	50.0	30.0	385.2
62	No.1	850.0	2.00	425.00	102.0	55.5	33.0	375.0
63	No.2	850.0	2.00	425.00	91.0	56.3	38.2	325.0
64	V1/1	298.0	2.05	145.37	144.0	102.0	45.0	492.0
65	V1/2	298.0	2.10	141.90	144.0	102.0	45.0	492.0
66	V1/3	298.0	2.00	149.00	144.0	102.0	45.0	492.0
67	V2/3	600.0	3.00	200.00	144.0	102.0	45.0	492.0
68	SP1	800.0	2.00	400.00	146.0	104.0	45.0	500.0
69	SP2	800.0	2.00	400.00	170.0	80.0	45.0	500.0
70	SP3	800.0	2.00	400.00	185.0	65.0	45.0	500.0
71	SP4	800.0	2.00	400.00	117.0	83.0	45.0	400.0
72	SP5	800.0	2.00	400.00	136.0	64.0	45.0	400.0
73	SP6	800.0	2.00	400.00	148.0	52.0	45.0	400.0
74	SP2-2-4001	400.0	2.00	200.00	170.0	80.0	45.0	500.0
75	SP2-2-4002	400.0	2.00	200.00	170.0	80.0	45.0	500.0
76	SP2-2-800 1	800.0	2.00	400.00	170.0	80.0	45.0	500.0
77	SP2-2-800 2	800.0	2.00	400.00	170.0	80.0	45.0	500.0
78	SP2-3-600 1	600.0	3.00	200.00	170.0	80.0	45.0	500.0
79	SP2-3-600 2	600.0	3.00	200.00	170.0	80.0	45.0	500.0
80	SP2-3-1200 1	1200.0	3.00	400.00	170.0	80.0	45.0	500.0
81	SP2-3-12002	1200.0	3.00	400.00	170.0	80.0	45.0	500.0

续表

编号	名称	h_w/mm	t_w/mm	h_w/t_w	b/mm	h_r/mm	θ/°	q/mm
82	SP2-4-800 1	800.0	4.00	200.00	170.0	80.0	45.0	500.0
83	SP2-4-800 2	800.0	4.00	200.00	170.0	80.0	45.0	500.0
84	SP2-4-1600 1	1600.0	4.00	400.00	170.0	80.0	45.0	500.0
85	SP2-4-16002	1600.0	4.00	400.00	170.0	80.0	45.0	500.0
86	SP2-8-8001	800.0	8.00	100.00	170.0	80.0	45.0	500.0
87	SP2-8-800 2	800.0	8.00	100.00	170.0	80.0	45.0	500.0
88	MI2	2000.0	4.00	500.00	250.0	60.0	15.3	940.0
89	MI3	2000.0	4.00	500.00	220.0	60.0	18.4	800.0
90	MI4	2000.0	4.00	500.00	220.0	75.0	22.6	800.0
91	G7A	1500.0	6.30	238.10	300.0	150.0	36.9	1000.0
92	G8A	1500.0	6.30	238.10	300.0	150.0	36.9	1000.0
93	GJ1	500.0	1.73	289.02	64.0	38.0	58.0	175.0
94	GJ2	500.0	1.73	289.02	64.0	38.0	58.0	175.0
95	GJ3	500.0	1.73	289.02	64.0	38.0	58.0	175.0
96	GJ4	1000.0	1.91	523.56	70.0	50.0	33.0	300.0
97	GJ5	1000.0	1.91	523.56	70.0	50.0	33.0	300.0
98	GJ6	1000.0	1.91	523.56	70.0	50.0	33.0	300.0
99	GJ9	1000.0	2.00	500.00	64.0	38.0	58.0	175.0
100	GJ10	500.0	3.00	166.67	70.0	50.0	45.0	240.0
101	GJ11	500.0	2.00	250.00	70.0	50.0	45.0	240.0
102	GJ12	1000.0	2.00	500.00	70.0	50.0	45.0	240.0
103	GJ13	500.0	2.00	250.00	40.0	39.0	50.0	130.0

表 2.1 中，编号 1～42 为 Hamilton（1993）的 42 根试验梁，43～67 为 Lindner（1988）的 25 根试验梁，68～87 为 Peil（1998）的 20 根试验梁，88～90 为 Jiho moon and Yi J（2009）3 根试验梁，91～92 为 Abbas（2006）2 根试验梁，93～103 为本书作者进行的 11 根试验梁数据。

试验数据中材料强度及试验结果 表 2. 2

编号	名称	f_{wy}/MPa	τ_t/MPa	$\dfrac{\tau_t}{\tau_y}$	$\dfrac{\tau_{cr,g}^{E}}{\tau_y}$	$\dfrac{\tau_{cr,l}^{E}}{\tau_y}$	$\dfrac{\tau_{cr,g}^{EC3}}{\tau_y}$	$\dfrac{\tau_{cr,l}^{EC3}}{\tau_y}$	$\dfrac{\tau_{cr,l}}{\tau_y}$
1	V-PILOTA	620.52	346.8	0.97	1.00	0.97	1.00	0.63	0.71
2	V-PILOTS	637.76	297.5	0.81	1.00	0.96	1.00	0.63	0.70
3	V121216A	675.68	257.5	0.66	1.00	0.76	1.00	0.55	0.56
4	V121216B	665.34	376.1	0.98	1.00	0.91	1.00	0.61	0.68
5	V181216B	618.32	335.2	0.94	1.00	0.76	1.00	0.55	0.47
6	V181216C	678.58	344.0	0.88	1.00	0.90	1.00	0.61	0.57

续表

编号	名称	f_{wy} /MPa	τ_t /MPa	$\dfrac{\tau_t}{\tau_y}$	$\dfrac{\tau_{cr,g}^{E}}{\tau_y}$	$\dfrac{\tau_{cr,l}^{E}}{\tau_y}$	$\dfrac{\tau_{cr,g}^{EC3}}{\tau_y}$	$\dfrac{\tau_{cr,l}^{EC3}}{\tau_y}$	$\dfrac{\tau_{cr,l}}{\tau_y}$
7	V181816A	591.50	257.5	0.75	1.00	0.80	1.00	0.57	0.52
8	V181816B	613.84	285.7	0.81	1.00	0.92	1.00	0.61	0.59
9	V241216A	591.50	195.3	0.57	0.81	0.80	0.87	0.57	0.41
10	V241216B	587.84	278.0	0.82	0.86	1.00	0.94	0.64	0.53
11	V121221A	665.34	240.9	0.63	1.00	0.68	1.00	0.52	0.52
12	V121221B	665.34	303.1	0.79	1.00	0.85	1.00	0.59	0.67
13	V122421A	620.52	210.3	0.59	1.00	0.76	1.00	0.55	0.60
14	V122421B	637.76	256.7	0.70	1.00	0.87	1.00	0.60	0.68
15	V181221A	577.84	221.9	0.67	1.00	0.71	1.00	0.53	0.49
16	V181221B	605.98	280.9	0.80	1.00	0.87	1.00	0.60	0.62
17	V181821A	551.58	194.6	0.61	1.00	0.76	1.00	0.55	0.54
18	V181821B	596.05	277.4	0.81	1.00	0.84	1.00	0.59	0.61
19	V241221A	609.63	208.0	0.59	0.99	0.69	1.00	0.52	0.40
20	V241221B	638.66	272.9	0.74	1.00	0.84	1.00	0.59	0.52
21	V121232A	665.34	210.9	0.55	1.00	0.58	1.00	0.47	0.41
22	V121232B	641.21	257.3	0.70	1.00	0.73	1.00	0.54	0.59
23	V121832A	703.26	176.6	0.44	1.00	0.57	1.00	0.47	0.39
24	V121832B	561.92	190.4	0.59	1.00	0.91	1.00	0.61	0.74
25	V122432A	713.60	159.4	0.39	1.00	0.56	1.00	0.46	0.38
26	V122432B	634.31	206.6	0.56	1.00	0.73	1.00	0.54	0.59
27	V181232A	551.58	189.2	0.59	1.00	0.60	1.00	0.48	0.41
28	V181232B	602.39	233.7	0.67	1.00	0.72	1.00	0.54	0.55
29	V181832A	689.47	189.9	0.48	1.00	0.55	1.00	0.45	0.34
30	V181832B	579.98	229.7	0.69	1.00	0.73	1.00	0.54	0.57
31	V241232A	673.27	181.9	0.47	1.00	0.57	1.00	0.46	0.34
32	V241232B	584.26	218.6	0.65	1.00	0.74	1.00	0.55	0.54
33	V121809A	572.26	293.4	0.89	1.00	1.00	1.00	0.81	0.78
34	V121809C	668.79	286.1	0.74	0.99	1.00	1.00	0.76	0.70
35	V122409A	586.05	266.0	0.79	1.00	1.00	1.00	0.81	0.78
36	V122409C	620.52	286.3	0.80	1.00	1.00	1.00	0.78	0.74
37	V181209A	689.47	316.9	0.80	0.63	1.00	0.60	0.71	0.40
38	V181209C	592.12	318.6	0.93	0.70	1.00	0.70	0.77	0.50
39	V181809A	618.25	295.2	0.83	0.68	1.00	0.68	0.76	0.48
40	V181809C	558.82	273.0	0.85	0.72	1.00	0.74	0.78	0.53
41	V241209A	605.98	186.5	0.53	0.52	1.00	0.43	0.77	0.30

编号	名称	f_{wy}/MPa	τ_t/MPa	$\dfrac{\tau_t}{\tau_y}$	$\dfrac{\tau_{cr.g}^{E}}{\tau_y}$	$\dfrac{\tau_{cr.l}^{E}}{\tau_y}$	$\dfrac{\tau_{cr.g}^{EC3}}{\tau_y}$	$\dfrac{\tau_{cr.l}^{EC3}}{\tau_y}$	$\dfrac{\tau_{cr.l}}{\tau_y}$
42	V241209C	620.52	204.9	0.57	0.52	1.00	0.43	0.77	0.30
43	L1A	292.00	145.2	0.86	1.00	0.95	1.00	0.63	0.70
44	L1B	335.00	195.0	1.01	1.00	1.00	1.00	0.70	0.79
45	L2A	282.00	120.2	0.74	1.00	0.97	1.00	0.63	0.62
46	TZR	317.00	153.7	0.84	1.00	1.00	1.00	0.70	0.70
47	L3A	280.00	111.7	0.69	0.83	1.00	0.90	0.64	0.51
48	L3B	300.00	152.8	0.88	0.84	1.00	0.93	0.71	0.58
49	B1	341.00	165.0	0.84	1.00	0.95	1.00	0.63	0.75
50	B4	363.00	144.6	0.69	1.00	0.93	1.00	0.62	0.74
51	B4b	363.00	171.4	0.82	1.00	0.93	1.00	0.62	0.74
52	B3	317.00	156.5	0.86	1.00	1.00	1.00	0.71	0.88
53	B2	315.00	173.7	0.96	1.00	1.00	1.00	0.71	0.88
54	M101	189.00	89.3	0.82	1.00	1.00	1.00	0.70	0.71
55	M102	190.00	99.7	0.91	0.87	1.00	0.97	0.70	0.59
56	M103	213.00	88.4	0.72	0.65	1.00	0.63	0.67	0.39
57	M104	189.00	87.5	0.80	0.58	1.00	0.53	0.70	0.35
58	L1	410.00	180.9	0.76	1.00	1.00	1.00	0.69	0.73
59	L1	450.00	203.4	0.78	1.00	1.00	1.00	0.78	0.83
60	L2	376.00	200.4	0.92	0.90	1.00	1.00	0.68	0.59
61	L2	402.00	201.5	0.87	0.96	1.00	1.00	0.80	0.71
62	No. 1	355.00	161.7	0.79	1.00	1.00	1.00	0.70	0.82
63	No. 2	349.00	156.0	0.77	1.00	1.00	1.00	0.74	0.87
64	V1/1	298.00	111.3	0.65	1.00	0.97	1.00	0.63	0.80
65	V1/2	283.00	111.9	0.69	1.00	1.00	1.00	0.65	0.83
66	V1/3	298.00	135.9	0.79	1.00	0.94	1.00	0.62	0.78
67	V2/3	279.00	130.5	0.81	1.00	1.00	1.00	0.76	0.98
68	SP1	306.50	140.7	0.80	1.00	0.92	1.00	0.61	0.75
69	SP2	298.50	134.6	0.78	1.00	0.80	1.00	0.57	0.65
70	SP3	291.50	130.9	0.78	1.00	0.74	1.00	0.55	0.60
71	SP4	297.50	144.3	0.84	1.00	1.00	1.00	0.69	0.86
72	SP5	290.50	137.9	0.82	1.00	1.00	1.00	0.65	0.78
73	SP6	293.50	137.4	0.81	1.00	0.93	1.00	0.62	0.72
74	SP2-2-400 1	262.50	100.3	0.66	1.00	0.85	1.00	0.59	0.72
75	SP2-2-400 2	262.50	110.2	0.73	1.00	0.85	1.00	0.59	0.72
76	SP2-2-800 1	272.00	111.8	0.71	1.00	0.84	1.00	0.58	0.69

编号	名称	f_{wy}/MPa	τ_t/MPa	$\dfrac{\tau_t}{\tau_y}$	$\dfrac{\tau_{cr,g}^E}{\tau_y}$	$\dfrac{\tau_{cr,l}^E}{\tau_y}$	$\dfrac{\tau_{cr,g}^{EC3}}{\tau_y}$	$\dfrac{\tau_{cr,l}^{EC3}}{\tau_y}$	$\dfrac{\tau_{cr,l}}{\tau_y}$
77	SP2-2-800 2	272.00	111.0	0.71	1.00	0.84	1.00	0.58	0.69
78	SP2-3-600 1	294.00	167.5	0.99	1.00	1.00	1.00	0.70	0.90
79	SP2-3-600 2	294.00	171.4	1.01	1.00	1.00	1.00	0.70	0.90
80	SP2-3-1200 1	294.00	169.7	1.00	1.00	1.00	1.00	0.70	0.84
81	SP2-3-12002	294.00	173.7	1.02	1.00	1.00	1.00	0.70	0.84
82	SP2-4-800 1	325.50	187.9	1.00	1.00	1.00	1.00	0.77	0.97
83	SP2-4-800 2	325.50	188.5	1.00	1.00	1.00	1.00	0.77	0.97
84	SP2-4-1600 1	328.00	189.9	1.00	1.00	1.00	1.00	0.77	0.87
85	SP2-4-16002	328.00	191.6	1.01	1.00	1.00	1.00	0.77	0.87
86	SP2-8-8001	269.50	204.5	1.31	1.00	1.00	1.00	0.99	1.00
87	SP2-8-800 2	269.50	214.9	1.38	1.00	1.00	1.00	0.99	1.00
88	MI2	296.00	109.2	0.64	1.00	1.00	1.00	0.67	0.63
89	MI3	296.00	105.4	0.62	1.00	1.00	1.00	0.71	0.67
90	MI4	296.00	131.6	0.77	1.00	1.00	1.00	0.71	0.74
91	G7A	465.00	244.3	0.91	1.00	1.00	1.00	0.68	0.84
92	G8A	465.00	228.2	0.85	1.00	1.00	1.00	0.68	0.84
93	GJ1	199.00	126.0	1.10	1.00	1.00	1.00	0.89	1.00
94	GJ2	199.00	115.6	1.01	1.00	1.00	1.00	0.89	1.00
95	GJ3	199.00	112.6	0.98	1.00	1.00	1.00	0.89	1.00
96	GJ4	263.00	80.6	0.53	1.00	1.00	1.00	0.85	0.92
97	GJ5	263.00	94.8	0.62	1.00	1.00	1.00	0.85	0.92
98	GJ6	263.00	92.6	0.61	1.00	1.00	1.00	0.85	0.92
99	GJ9	265.00	153.0	1.00	1.00	1.00	1.00	0.86	0.90
100	GJ10	265.00	163.7	1.07	1.00	1.00	1.00	0.96	1.00
101	GJ11	265.00	172.9	1.13	1.00	1.00	1.00	0.86	1.00
102	GJ12	265.00	157.6	1.03	1.00	1.00	1.00	0.86	0.94
103	GJ13	265.00	189.7	1.24	1.00	1.00	1.00	1.00	1.00

表 2.2 中，f_{wy} 为腹板材料的屈服强度，τ_t 为试验得到的极限剪切强度，$\tau_{cr,l}^E$ 为式 (2.1) 和式 (2.9) 计算结果，$\tau_{cr,g}^E$ 为式 (2.4) 和式 (2.9) 计算结果，$\tau_{cr,l}^{EC3}$ 为式 (2.12) 计算结果，$\tau_{cr,g}^{EC3}$ 为式 (2.13) 计算结果，$\tau_{cr,l}$ 为式 (2.18) 计算结果。由上表的对比结果可以发现，各个公式的准确性均存在一定限制性，只在一些特定范围内准确有效。

将表 2.1 和表 2.2 中试验数据和试验结果与理论公式提供的曲线进行对比，可得图 2.5 和图 2.6。

图 2.5 中各点为按试验数据确定的整体剪切屈曲的数据，共 22 个，图中线条分别是

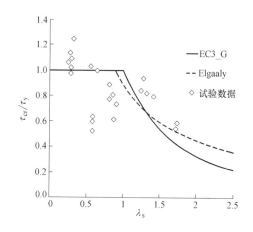

图 2.5 腹板抗剪整体屈曲承载力
公式与试验对比

EUROCODE 3 和 Elgaaly 提出的计算公式。从该图可以明显看出，现有公式计算值与试验结果存在较大差异。主要问题存在于当通用宽厚比为 0.8～1.0 时，各公式给出的计算结果偏于不安全。

按照同样的方法绘制波纹腹板抗剪局部屈曲承载力的试验结果与计算值之间的对比见图 2.6。图 2.6 显示试验结果数据较为集中，Abbas 提出的公式显然过低估计了构件的承载力，而瑞典公式则相反，计算结果过高。相较而言，EUROCODE 3 提出的公式给出了较为准确的计算结果，且具有一定的安全储备，可以作为设计值采用。

为了验证 Yi J 提出的相关屈曲的算式是否适用，绘制了所有试验数据与其提出的计算式之间的对比，见图 2.7。

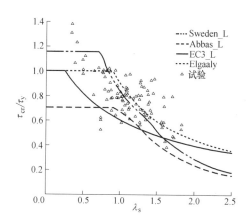

图 2.6 腹板抗剪局部屈曲承载力
公式与试验对比

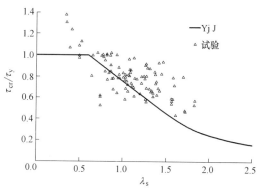

图 2.7 相关屈曲承载力公式与试验对比

由图 2.7 可见，Yi J 提出的计算式具有一定的适用性，但安全储备略不足。

通过上述比较分析可以发现，目前相关研究对波纹腹板抗剪的整体屈曲极限承载力计算方法尚未获得非常理想的结果，而抗剪局部屈曲极限承载力的计算方法差异性较大。这主要是由于整体稳定屈曲极限承载力的控制因素较多，不同的波形及腹板高厚比会造成不同的受剪破坏模式，包括：整体屈曲、局部屈曲、相关屈曲及屈服。因此，很难给出一个适用于所有波形钢板的较为准确的理论解。

2.2 波纹腹板 H 形钢抗剪性能试验研究

作者设计了若干波纹腹板 H 形钢梁抗剪试验，希望能够通过试验对其受力性能和破坏模式进一步加深理解，进而提出适用于我国设计规范体系的波纹腹板抗剪设计方法。

2.2.1 试验概况

在设计试验构件时共考虑了 4 种波形（如表 2.3），进行对比：

表 2.3

试件波形尺寸

波形	b/mm	d/mm	h_{r}/mm	q/mm	s/q
1	64	23.5	38	175	1.25
2	70	80	50	300	1.10
3	70	50	50	240	1.17
4	40	25	30	130	1.22

表 2.3 中的波形参数见图 2.2。共设计了 11 个试件进行试验，所有试件均在工厂内制作，钢材设计采用 Q235 钢，波纹腹板的弯折采用折弯机人工操作，弯折后还需进行矫形，并进行检测，确定误差小于规定值后进行焊接。腹板与翼缘之间采用单面角焊缝，焊接工艺为 CO_2 气体保护焊，焊丝为 0.8mm。在试验支座位置和加载位置设置加劲肋，加劲肋与腹板及翼缘之间均为单面角焊缝。

11 个抗剪构件的基本几何参数见表 2.4：

表 2.4

试验构件基本几何参数

参数 编号	翼缘尺寸 (mm)	波形	t_{w} (mm)	h_{w} (mm)	质量 (kg/m)	惯性矩 (cm^4)	梁剪跨 (m)	梁净跨 (m)
GJ1	200×10	1	1.5	500	36.8	26010	0.5	1.0
GJ2	200×10	1	1.5	500	36.8	26010	1.0	2.0
GJ3	200×10	1	1.5	500	36.8	26010	3.0	7.0
GJ4	280×14	2	2.0	1000	78.8	201526	1.0	2.0
GJ5	280×14	2	2.0	1000	78.8	201526	2.0	4.0
GJ6	280×14	2	2.0	1000	78.8	201526	4.0	10.0
GJ9	150×10	1	2.0	1000	39.3	76507	1.0	2.2
GJ10	150×10	3	2.0	500	32.7	19507	0.5	1.3
GJ11	150×10	3	2.0	500	32.7	19507	1.0	2.2
GJ12	150×10	3	2.0	1000	39.3	76507	1.0	2.2
GJ13	150×10	4	2.0	500	33.1	19507	1.0	2.2

试验均设计为跨中集中加载简支梁试验方案，试验装置如图 2.8 所示。

其中在距离构件边缘 0.2m 位置（有加劲肋处），布置钢管作为支点，保证两端铰接约束。加工了一套侧向支撑约束体系防止构件侧向失稳，构件与夹肢之间通过螺栓杆固定，并在夹肢与构件之间填塞 PTFE 板，PTFE 板上涂抹黄油，保证构件在竖直方向可以自由变形，如图 2.9 所示。

所有构件加载时采用两步加载：第一步预加载至设计屈服荷载的 10%，然后停止卸载至零；随后进行第二步正式加载至破坏。分级缓慢加载，每级 10kN，至构件屈服后采用位移控制。

构件上、下翼缘贴单向应变片，测量弯曲正应变，腹板的不同高度贴应变花，腹板应变片均单侧放置。在布置应变片位置时，兼顾腹板波纹的平面和斜面，同时上翼缘应变片的位置不能与加载点冲突。位移计主要布置在构件的加载点位置的下翼缘，支座位置的竖向及水平方向，以测量构件加载处的位移和支座的水平、竖向位移（见图 2.10、图 2.11）。

21

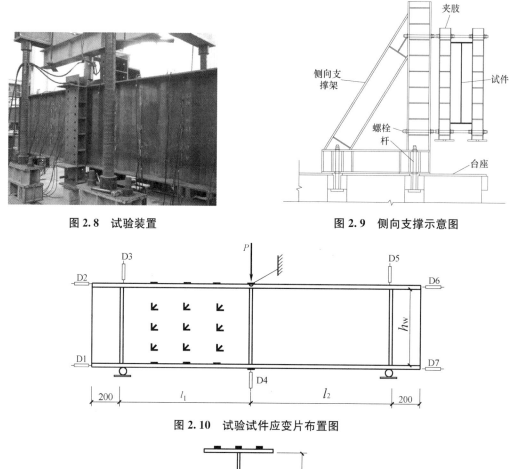

图 2.8　试验装置　　　　　　　　图 2.9　侧向支撑示意图

图 2.10　试验试件应变片布置图

图 2.11　应变片布置截面图

2.2.2　试验结果

试验过程中，首先对所采用的材料进行了材性试验，试验的结果如表 2.5 所示：

由于试件较多，选择其中具有代表性的试件描述其试验现象和过程。同时，取构件的剪力 V 与理论屈服剪力 V_y 的比值为纵坐标，加载点位移为横坐标，绘制成荷载-位移曲线，这种曲线能够直观而且明确反映试件的力学性能。将有限元程序 ANSYS 的分析结果在图中标示为虚线作为参照。

材性试验结果 表 2.5

板材	批次	数量	厚度 /mm	伸长率 %	屈服强度 /MPa	抗拉强度 /MPa	强屈比
1.5mm	1	3	1.7	27.7	199.3	332.0	1.67
2mm	1	3	1.9	27.7	262.9	350.5	1.33
10mm	1	3	9.6	30.8	317.0	480.0	1.51
14mm	1	3	14.1	32.9	268.0	415.0	1.55
2mm	2	3	2.0	28.0	265.0	450.0	1.70
3mm	2	3	3.0	28.0	260.0	435.0	1.67
10mm	2	3	10.0	28.5	265.0	440.0	1.66

1. GJ1 试验现象

GJ1 荷载-位移曲线见图 2.12，可以观察到，当荷载达到约 $0.8V_y$ 时，曲线出现非线性发展特征，曲线达到极值前有一定的塑性发展过程。试验过程中，荷载达到极值点之后，在构件一侧腹板突然发生整体剪切屈曲，屈曲波纹倾斜角度约为 45°，从加载点处下翼缘指向支座处上翼缘，为典型的剪切屈曲形态（图 2.12b 所示），由于变形过大，腹板局部出现撕裂。极限剪力大于屈服剪力，证明 GJ1 的腹板满足屈服强不发生屈曲的基本要求。极值过后，承载力逐渐下降，但保持有一定的屈曲后承载力，其破坏模式属于极值点失稳[2.16]。

为与试验结果进行对比，进行了有限元分析，模拟中采用壳单元 SHELL181，材料选用双折线弹塑性模型，弹性模量 E 取为 $206 \times 10^3 \text{N/mm}^2$，切线模量取为 $0.01E$，按照第一特征值屈曲模态施加缺陷，局部缺陷（面外变形）的最大值分别取 1mm 和 5mm。经反复试算，腹板的水平和倾斜板带沿高度划分为 20 个单元，沿跨度方向划分为 3 个单元。翼缘与腹板相交的区域内，单元划分与腹板相互对应。在分析中同时考虑材料非线性和几何非线性。采用自动荷载步，并控制最小荷载步保证足够的精度。

将有限元结果绘入图 2.12a 中，可以发现，有限元方法得到的试验曲线和破坏形态与试验非常接近，说明有限元分析能够较准确地模拟构件受力过程，对初始刚度和极限承载力的模拟也较为合理，所以有限元方法可以作为试验手段的有效补充。但试验曲线中构件更早进入非线性阶段，而塑性发展过程也较短，说明有限元方法对材料模型仍然有一定误差。同时，从图中可以看到不同的缺陷水平模拟得到的曲线非常接近，证明局部缺陷的影响并不十分显著。

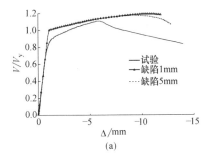 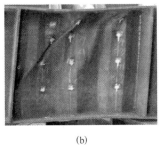 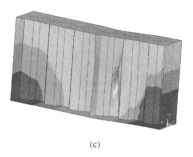

(a) (b) (c)

图 2.12 GJ1 试验结果

(a) GJ1 荷载位移曲线；(b) 破坏形态（试验）；(c) 破坏形态（有限元）

2. GJ4 试验现象

GJ4 的荷载位移曲线见图 2.13a，可以看到该构件在达到剪切屈服强度前就发生了破坏，因此属于弹性段内的脆性破坏。试件在破坏前几乎没有塑性发展阶段，破坏形式见图 2.13b。GJ4 的承载力到达极值点后承载力迅速下降至极限荷载的 50% 左右，并在这个水平的基础上维持。同时，从荷载-位移曲线也可以看到典型的"snap-back（弹性回跳）"现象，破坏模式属于不稳定分岔屈曲。

图 2.13c 中可以看到有限元模拟能够准确反映出这种试验现象，但极限值与试验结果存在较大差异。不同的初始缺陷水平对模拟得到的极限承载力有显著影响，这同样是不稳定分岔屈曲的特征，缺陷值越大承载力越接近试验值，但对屈曲后承载力影响不大。

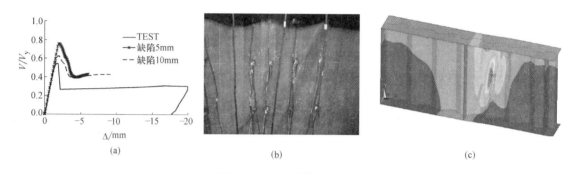

图 2.13　GJ4 荷载位移曲线

（a）荷载位移曲线；（b）试验结果；（c）有限分析结果

3. GJ13 试验现象

GJ13 采用波形 4，是一种优化的波形，该波形波长较小，波纹较为稠密。从试验曲线图 2.14a 来看，承载力较高，其承载力达到了腹板的剪切屈服强度，且具有较好的塑性发展能力。GJ13 的破坏形态见图 2.14b 和图 2.14c。

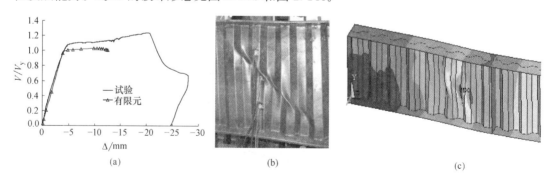

图 2.14　GJ13 荷载位移曲线

（a）荷载位移曲线；（b）试验结果；（c）有限分析结果

综合来看，首先，所有试件均为整体屈曲破坏，其次，除采用波形 2 的 GJ4～6 外，其余采用波形 1、3、4 的试件极限剪切应力都达到或超过了材料的屈服强度，受力发展过程和最终的破坏现象也较为类似，都表现为极值点失稳；而 GJ4～6 在弹性段发生了失稳，现象属于弹性回跳。达到极值后，承载力下降较快。因此，可以得到结论，腹板波形对构件受力性能和破坏形态有非常重要的影响，此外，有限元方法可以作为试验的有效补充工具。

2.2.3　试验结果讨论

以 GJ2 为例，在某荷载水平下，将有限元方法和试验方法得到的 GJ2 截面翼缘和腹板正应力分布绘制成图 2.15。图中显示腹板正应力几乎为零，而翼缘正应力远远大于腹板，此结果验证了腹板几乎不受弯曲正应力作用。

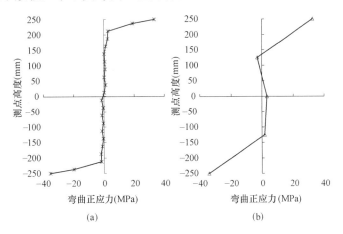

图 2.15　GJ2 截面正应力分布图

(a) 有限元结果；(b) 试验结果

再考察腹板剪应力分布情况，将 GJ2 试验过程中，不同剪力水平下，某截面剪应力数值绘制成图 2.16，可以看到在荷载发展过程中，腹板上的剪应力几乎相等，此结果验证了腹板剪应力均匀分布。

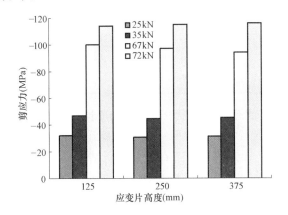

图 2.16　GJ2 腹板剪应力发展分布图（试验）

为了进一步验证，将有限元分析得到的截面剪应力随剪力发展情况绘制成图 2.17，可以看到在任何情况下，翼缘的剪应力都较小，而腹板上剪应力均匀分布，但随着荷载加大腹板上的剪应力呈现不均匀发展的趋势，当剪力达到极限值时，这种现象更加明显，这是因腹板屈曲所造成的。

为得到波纹腹板 H 形钢抗剪承载力与构件参数的关系，将各构件的试验结果和理论

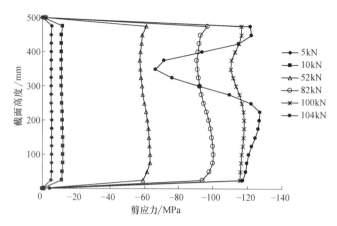

图 2.17　GJ2 截面剪应力分布发展图（有限元）

分析结果列在表 2.6 中进行分析。表中 τ_t 为试验得到的腹板极限剪应力，τ_y 为腹板材料的剪切屈服强度，τ_E 为式（2.9）计算得到的弹塑性极限承载力，τ_{EC3} 为式（2.12）和（2.13）计算得到的较小值，τ_{FEM} 为有限元方法得到的结果。

承载力理论值与试验结果比较

表 2.6

	t_w /mm	τ_t /MPa	τ_y /MPa	τ_{FEM} /MPa	τ_E /MPa	τ_{EC3} /MPa	$\dfrac{\tau_y}{\tau_t}$	$\dfrac{\tau_{FEM}}{\tau_t}$	$\dfrac{\tau_E}{\tau_t}$	$\dfrac{\tau_{EC3}}{\tau_t}$
GJ1	1.7	126	115	137	115	102	0.91	1.09	0.91	0.81
GJ2	1.7	116	115	120	115	102	0.99	1.03	0.99	0.88
GJ3	1.7	113	115	114	115	102	1.02	1.01	1.02	0.90
GJ4	1.9	81	152	94	152	115	1.88	1.16	1.88	1.42
GJ5	1.9	95	152	109	152	115	1.60	1.15	1.60	1.21
GJ6	1.9	93	152	124	152	115	1.63	1.33	1.63	1.24
GJ9	2.0	153	153	152	153	136	1.00	0.99	1.00	0.89
GJ10	3.0	164	153	167	153	147	0.93	1.02	0.93	0.90
GJ11	2.0	173	153	150	153	131	0.88	0.87	0.88	0.76
GJ12	2.0	157	153	150	153	131	0.97	0.96	0.97	0.83
GJ13	2.0	189	153	158	153	153	0.81	0.84	0.81	0.81

表 2.6 中 t_w 为腹板实测厚度，从表中可以看出不同构件表现出的不同承载力特性。采用波形 2 的 GJ4～GJ6，试验得到的抗剪承载力显著低于材料的剪切屈服强度，名义剪切屈曲强度仅是材料强度的 60% 左右，而有限元分析结果得到的结果则介于理论计算值和试验值之间。分析原因，GJ4～6 波形较为稀疏，各板带之间的相互支撑作用相对较弱，弹性屈曲应力相对较低，同时导致破坏更加突然，未达到屈曲荷载前，直接从弹性未屈曲平衡位形转到非邻近的屈曲平衡位形，这与受到轴压作用的圆柱壳非常相似。而且这种屈曲受初始缺陷的影响严重，现有公式无法得到较为准确的解，有限元方法也不能准确模拟实际构件受力状况，其承载力较难预测。

与此对应的则是，其余构件采用了不同的波形，腹板的屈曲应力均达到或者超过了材料屈服强度，满足了屈服前不发生屈曲这一基本原则。尤其是，与 GJ4～GJ6 一样，GJ9 和 GJ12 的腹板高厚比同为 500，其结果也都达到了材料屈服强度，证明腹板高厚比不是导致 GJ4～6 承载力较低的主要原因，这就从侧面说明了腹板波形对极限承载力是最重要的影响因素。

从上述试验的分析结果，结合图 2.5，可以发现目前现有波纹腹板抗剪整体稳定极限承载力的计算方法存在一定误差。为此，经对已有研究成果的分析和作者开展的试验研究，提出波纹腹板 H 形钢腹板整体屈曲时抗剪承载力的改进计算公式：

$$\frac{\tau_{cr}}{\tau_y} = \frac{0.68}{\lambda_s^{0.65}} \leqslant 1.0 \tag{2.20}$$

将上式与其他公式结果与试验结果进行对比，见图 2.18。

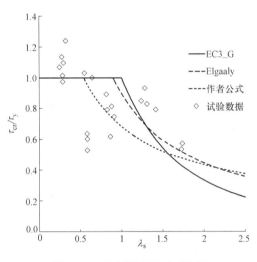

图 2.18　作者提出公式对比图

如图 2.18 可见，作者提出的公式与试验结果相比具有更好的安全性，且形式简单便于应用。同时，图中少数未能落入公式预测范围的试验数据点，包括了作者试验中的 GJ4～6 试件数据。对于这些因设计不合理而导致腹板在弹性段发生屈曲的波形，可以通过构造要求避免此类波形的应用。具体来讲，主要的波形尺寸应当控制在：$h_r = 30 \sim 100\text{mm}$，$b/(d/\cos\theta) \approx 1$，$\theta = 45 \sim 60°$，$s/q \geqslant 1.15$，$h_w/t_w \leqslant 600$。

从用钢量角度来看，波形 1 的 $s/q = 1.25$，波形 2 的 $s/q = 1.10$，波形 3 的 $s/q = 1.17$，波形 4 的 $s/q = 1.22$。由于波纹腹板的用钢量在整个构件的比重已经相当小，所以通过略微提高褶皱率 s/q 来提高剪切刚度是依然经济的。

综合上述分析，作者认为波纹腹板 H 形钢的抗剪承载力可按照下列原则进行计算：

1）若有充分的试验能够证明波纹腹板能够满足屈服前不发生屈曲，则抗剪承载力可以用下式计算：

$$V \leqslant f_v h_w t_w \tag{2.21}$$

2）若无试验证明，则抗剪承载力可以用下式计算：

$$V \leqslant \chi_c f_v h_w t_w \tag{2.22}$$

χ_c 为考虑屈曲的承载力折减系数，取 $\chi_{c,l}$ 和 $\chi_{c,g}$ 的较小值：

$$\chi_{c,l} = 1.15/(0.9 + \bar{\lambda}_{c,l}) \leqslant 1.0 \tag{2.23}$$

$$\chi_{c,g} = 0.68/\bar{\lambda}_{c,g}^{0.65} \leqslant 1.0 \tag{2.24}$$

式中，$\bar{\lambda}_{c,l}=\sqrt{(f_y/\sqrt{3})/\tau_{cr,l}}$，$\bar{\lambda}_{c,g}=\sqrt{(f_y/\sqrt{3})/\tau_{cr,g}}$。

2.3 波纹腹板 H 形钢腹板波形的优化

波纹腹板的抗剪性能与腹板波形关系很大，不同的波形会表现出了不同的性能，某些波形无法满足"屈服前不屈曲"这一基本原则；而能够满足这一原则的波形还存在延性性能的差异，若以腹板波纹褶皱率来衡量用钢量，各种波形的经济指标也存在不同。

如果从波纹腹板 H 形钢的推广应用角度考虑，最终能够投入生产和应用的波形，只能是最优化的一个或少数几个波形，这样既能够保证不至于过低估计承载力，又可以提高生产效率。这里所说的最优波形应当满足下列 3 个条件：

1）腹板屈服前不发生屈曲，即腹板抗剪强度可以达到材料剪切屈服强度。

2）腹板用钢量较省，此指标可以用腹板褶皱率 s/q 来进行衡量。

3）腹板除了具有较高的强度外，也要具有较好的塑性性能，即延性系数。

2.3.1 优化基本理论

传统的结构设计，实际上指的是结构分析，其过程大致是假设——分析——校核——重新设计。重新设计的目的也是要选择一个合理的方案，但只属于"分析"的范畴。结构构件的优化设计指的是结构综合，其过程是假设——分析——搜索——最优设计，这个过程是一个主动的、有规则的搜索过程，并以达到预定的最优目标为满足。

结构的优化设计可以表达为一般的数学表达式，在这些表达式中包含了结构优化设计的三大要素：设计变量、目标函数和约束条件。

1. 设计变量

一个结构设计的方案由若干个数值来描述的，例如材料属性、截面尺寸等。这些数值若在优化设计中保持常量，则称之为预定参数，若在优化设计中视为变量，则称之为设计变量。为方便预算，可以将设计变量表示为 n 维的设计向量：

$$X=(x_1\ x_2\ x_3\cdots x_n)^T \tag{2.25}$$

一个设计向量代表一个设计方案，它的 n 个分量可以组成一个设计空间。

从理论上讲，在无约束优化设计问题中，设计变量的变化是连续的，变化区间可以从负无穷到正无穷。但是在工程实际中，设计变量的变化区间是有限制的。即有：

$$x_{ibottom}\leqslant x_i\leqslant x_{itop}\quad i=1,2,\cdots n \tag{2.26}$$

在由设计变量构成的正交轴系中，以各个设计变量的变化区间所界定的空间称为探索空间，或称为变量空间。

在同一设计问题中，同时参与优选的各设计变量的数值在量级上可能相差悬殊。显然，这样的设计变量在寻优过程中如果都使用真实值，计算误差对数量级小的变量影响会很大，从而造成失真。为了避免这种情况的发生，通常将设计变量进行变换，即将设计变量的真实值转换为变量区间的相对值，使各个设计变量的变化范围均在 0~1 区间内，这种处理称为设计变量的标准化。

设变量 x_i 的变化区间为：[A，B]，在优化设计中用 x_{ri} 来代替 x_i，即：

$$x_{ri} = \frac{1}{B-A} x_i - \frac{A}{B-A} \tag{2.27}$$

因此，在实际优化设计中，使用的设计变量为 X_r

$$X_r = \{x_{r1}, x_{r2}, \cdots x_{rn}\}^T \quad i = 1, 2, \cdots n \tag{2.28}$$

2. 目标函数

目标函数有时称之为价值函数，为设计变量的函数。目标函数是用来作为选择"最佳设计"的标准的，代表着设计中某个最重要的特征，波纹腹板波形的优化可以用用钢量最少为目标。

3. 约束条件

在结构设计中应该遵循的条件称之为约束条件，从纯数学的角度讲，存在无约束优化问题，而且在优化设计课程中，无约束优化问题是约束优化问题的基础。但是在工程实际中，任何一个设计几乎都是有限制条件的。波纹腹板波形优化的约束条件为：保证波纹腹板梁正常工作的强度、刚度和稳定条件。

4. 优化设计问题的数学表达

如果设计变量为 n 个，约束条件为 m 个，一个目标函数，求目标函数最小时对应的设计变量值。则该优化设计问题的数学表达式为：

$$
\begin{aligned}
&X = \{x_1, x_2, \cdots, n\}^T \\
&X \in R \\
&\min \quad f(X) \\
&R = \{X \mid g_i(x) \geqslant 0\} \quad i = 1, 2, \cdots, m
\end{aligned} \tag{2.29}
$$

2.3.2 优化分析

波纹腹板H形钢最主要的技术改进在于将平腹板设计为波形，通过这种形式获得较高的平外面刚度和屈曲强度，从而提高抗剪承载力。因此对波形的优化可以以简支梁GJ1的剪切破坏作为基本模型，通过优化腹板波形的控制参数，最终优化选择出一种或若干种波形。

在优化分析前，可以首先对这些参数进行灵敏性分析，找到其中对腹板影响最为显著的参数。对于参数的敏感性分析，可以采用Monte Carlo结合有限元的方法，该方法具有模拟的收敛速度高，极限状态函数的复杂程度与模拟过程无关、无需将状态函数线性化和随机变量当量正态化的特点。通过若干次有限元模拟，可以给出输出变量与变量的关系，而且灵敏性分析结果是基于输出量与变量的相关系数，所以能够较准确的反映各变量的相对敏感程度。

为全面了解各因素的敏感程度，在敏感性分析中考虑了腹板高度 h_w 和腹板厚度 t_w。同时，波纹高度 h_r，水平板带宽度 b 和倾斜板带的投影宽度 d 也作为变量进行对比。假设上述参数均按照正态分布，输出量取为腹板上分布的最大剪应力和构件挠度，则最终得到置信水平为 0.95 时，输出量对各参数的敏感性分析结果如图2.19所示：

图2.19中图例HW，TW，B依次对应于腹板高度 h_w，厚度 t_w 和水平板带宽度 b，D和HR分别对应于倾斜板带的投影宽度 d 和波纹高度 h_r。上图显示的结果为输出量与变量的相关系数，所以能够客观显示各变量的敏感性水平。其中，腹板高度 h_w 和厚度 t_w 影

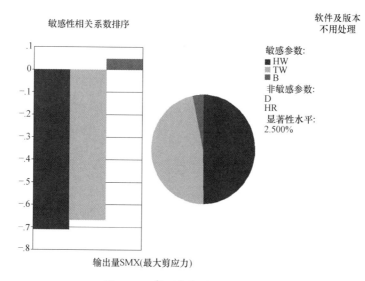

图 2.19　波形参数的灵敏性分析

响最为显著，且二者水平相当，h_w 敏感系数略大于 -0.7，t_w 水平约为 -0.68 左右。水平板带宽度 b，对构件影响较为不明显，约为 0.03 左右，而波形中参数 d 和波纹高度 h_r 对输出量（最大剪应力）几乎没有影响，可以视为不敏感因素。

波纹腹板钢梁的腹板高度除了受到抗剪承载力控制外，还要满足构件的刚度要求，生产时还需要按照一定的模数的约束，而腹板厚度也面临同样的问题。所采用的腹板厚度必须遵循所提供的钢板厚度的模数，不能随意取值。也就是说，在波纹腹板生产过程中，钢梁高度一旦确定，只需要按照不同的抗剪承力来选择腹板厚度，这两个参数在优化过程应保持常量，此外，材料也是常量。因此，影响波纹腹板性能的因素只能限定在波纹高度 h_r，水平板带宽度 b 和倾斜板带的投影宽度 d 这 3 个因素之中。所以，对波纹腹板 H 形钢腹板的优化其实也就是对波形的优化。

同时，为保证水平板带和倾斜板带的具有相同的局部屈曲稳定性，国际上普遍都规定：

$$b \approx d/\cos\theta \tag{2.30}$$

因此，最终参与波形优化的设计变量只包括水平板带宽度 b、波纹高度 h_r。而目标函数定为波纹腹板的自重，约束条件为腹板最大剪应力 τ_{max} 满足：

$$\tau_{max} - \tau_y \leqslant 0 \tag{2.31}$$

同时考虑到加工中要受到设备尺寸的限制，波形的尺寸不能过大或过小，应当满足下列一些基本要求：

$$30\text{mm} \leqslant b \leqslant 100\text{mm} \tag{2.32}$$

及：

$$20\text{mm} \leqslant h_r \leqslant 100\text{mm} \tag{2.33}$$

通过分析可得可行的优化结果共 17 个序列，其中最优序列为：

$$b = 0.0399\text{m}$$
$$h_r = 0.03\text{m} \tag{2.34}$$

近似取 $b=40\text{mm}$，$h_r=30\text{mm}$。

一旦这两个参数确定，那么波形中倾斜板带跨度、倾角都基本确定，腹板高度按照截面高度、刚度要求设计，厚度按照抗剪承载力要求选取，也就意味着波纹腹板 H 形钢中的腹板参数设计就基本完成了。

2.3.3 优化结果验证

为对优化分析得到的结果进行验证，特设计了 GJ13 进行抗剪承载力的试验和有限元分析，GJ13 的试验结果和现象已在前文详细叙述。这里将 GJ13 的试验结果与相似腹板高厚比和剪跨比的 GJ2、GJ11 进行对比。其中 GJ2 采用波形 1，梁净跨 2.0m，GJ11 采用波形 3，梁净跨 2.2m，GJ13 采用波形 4，梁净跨 2.2m。将三个试件的试验曲线绘制在图 2.20 中：

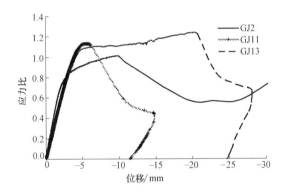

图 2.20　GJ2、GJ11、GJ13 试验曲线对比

可以看到，3 个试件都能满足屈服前不发生屈曲这一基本要求，承载力最高的为 GJ13，其剪切强度达到了剪切屈服强度的 1.24 倍。同时，通过图可以直观的观察到，GJ11 虽然强度较高，但延性系数最小，GJ2 其次，而 GJ13 延性最优。再从用钢量角度分析，GJ2 采用波形 1，$s/q=1.25$；GJ11 采用波形 3，$s/q=1.17$；GJ13 采用波形 4，$s/q=1.22$。GJ13 承载力最高，塑性发展能力最优，仅比 GJ11 用钢量稍大。由于波纹腹板本身的用钢量在钢梁中的比重相当小，所以仅增加极少用钢量而获得较好的强度和延性指标。因此，可以认为波形 4 最符合优化设计的目标。

参考文献

[2.1]　Galambos，T. V. （ed.）. Gui de to stability design criteria for metal structures. John Wiley&Sons, Inc. , New York，1988.

[2.2]　Easley J T. Buckling formulas for corrugated metal shear diaphragms [J]. J. Struct. Div, ASCE，1975，101 (7)，1403-1417.

[2.3]　Smith D. Behavior of corrugated plate subjected to shear [D]. Dept. of Giv. Engrg. Univ. of Maine，Orono，Maine，1992.

[2.4]　Elgaaly M，Hamilton R W and Seshadri A. Shear strength of beams with corrugated webs [J]. J. Struct. Eng. ，1996，122 (4)，390-398.

［2.5］　Abbas H H. Analysis and design of corrugated web I-girders for bridges using high performance steel ［D］. Lehigh Univ. , Bethlehem, Pa, 2003.

［2.6］　Driver R G, Abbas H H, Sause R. Shear Behavior of Corrugated Web Bridge Girders ［J］. J of structural engineering , 2006, 132 (2): 195-203.

［2.7］　Abbas H H, Sause R, Driver R G. Behavior of Corrugated Web I-Girders under In-Plane Loads ［J］. Journal of Engineering Mechanics, 2006, 132 (8): 806-814.

［2.8］　Abbas H H, Sause R, Driver R G. Analysis of Flange Transverse Bending of Corrugated Web I-Girders under In-Plane Loads ［J］. Journal of Structural Engineering, 2007, 133 (3): 347-355.

［2.9］　Elgaaly M, Hamilton R W and Seshadri A. Shear strength of beams with corrugated webs ［J］. J. Struct. Eng. , 1996, 122 (4), 390-398.

［2.10］　Zeman & Co Gesellschaft mbH. Corrugated web beam (Technical documentation) ［OL］. Austria: 2003. http: //www. zeman-steel. com.

［2.11］　European Committee for Standardisation. prEN 1993-1-5. EUROCODE 3: Design of steel structures; Part 1. 5 : Plated structural elements. 2004.

［2.12］　Driver R G, Abbas H H, Sause R. Shear Behavior of Corrugated Web Bridge Girders ［J］. J of structural engineering , 2006, 132 (2): 195-203.

［2.13］　Yi J, Gil H, Youm K, et al. Interactive shear buckling of trapezoidally corrugated webs ［J］. Eng Struct 2008, 30: 1659~1666.

［2.14］　Jiho Moon, Jongwon Yi, et al. Shear strength and design of trapezoidally corrugated steel webs ［J］. Journal of Constructional Steel Research, 2009, 65: 1198~1205.

［2.15］　Stockholm, Sweden, 1982: Swedish Code for Light-Gauge metal Structures (Swedish Institute of Steel Construction)

［2.16］　陈绍藩. 钢结构设计原理 ［M］. 北京：科学出版社，2005.

［2.17］　Zhang, Zhe Optimization research on the corrugated web of H-beam with trapezoidal webs. 1st International Conference on Civil Engineering, Architecture and Building Materials (CEABM 2011), 2011/6/18-2011/6/20, pp 2141-2145, Haikou, PEOPLES R CHINA, 2011.

第 3 章 波纹腹板 H 形钢翼缘受压局部稳定

3.1 概述

由于翼缘局部失稳会导致钢构件承载力极大地降低，钢结构设计规范（GB 50017—2003）[3.1]和门式刚架轻型房屋钢结构技术规程（CECS 102：2002）[3.2]中都对工字形钢翼缘板的宽厚比提出了限制。对于波纹腹板钢梁，由于波纹腹板的约束作用使得梁翼缘的屈曲性能与普通工形梁存在着很大的差别。波纹腹板梁翼缘的局部稳定问题是国内外学者研究不够深入的部分，合理地利用腹板约束对翼缘屈曲应力的增强作用可以放宽翼缘宽厚比限值，使构件绕弱轴惯性矩增大，从而有效增加构件的弱轴抗弯能力和整体弯扭性能。为了提出更加合理的波纹腹板梁受压翼缘宽厚比限值，需要对构件翼缘的屈曲性能进行系统地研究，从而为波纹腹板梁在中国的应用提供有益的参考。

国外波纹腹板梁翼缘局部稳定方面的研究较少，1997 年 R. P. Johnson 和 J. Cafolla 通过对波纹腹板梁有限元分析和实验验证指出只有在保证腹板对翼缘的约束区域占一定比例以上，波纹腹板梁的翼缘稳定性才会高于普通平腹板梁[3.3]。2005 年 Sayed-Ahmed 利用有限元分析与加拿大钢结构设计规范关于翼缘宽厚比限值比较得出：目前大多数规范中关于翼缘宽厚比的限值对于波纹腹板梁而言都偏小[3.4-3.6]。

在 Eurocode 3[3.7]中为保证波纹腹板梁翼缘的局部稳定，其处理方法是：取受压翼缘的有效宽度为

$$b_{1,\text{eff}} = \rho b_1 \tag{3.1}$$

式中：ρ 为板屈曲后的折减系数

当 $\bar{\lambda}_\text{p} \leqslant 0.748$ 时

$$\rho = 1.0 \tag{3.2a}$$

当 $\bar{\lambda}_\text{p} > 0.748$ 时

$$\rho = \frac{\bar{\lambda}_\text{p} - 0.188}{\bar{\lambda}_\text{p}^2} \leqslant 1.0 \tag{3.2b}$$

式中：

$$\bar{\lambda}_\text{p} = \sqrt{\frac{f_\text{y}}{\sigma_\text{cr}}} = \frac{\bar{b}/t}{28.4\varepsilon\sqrt{k_\sigma}} \qquad \bar{b} = \frac{b_1}{2} \qquad \varepsilon = \sqrt{\frac{235}{f_\text{y}\,[\text{N/mm}^2]}}$$

t 为翼缘板厚，b_1 为受压翼缘宽度（图 3.1）。

上式中 k_σ 的计算方法如下：

$$k_\sigma = 0.43 + \left(\frac{b}{a}\right)^2 \tag{3.3a}$$

$$k_\sigma = 0.60 \tag{3.3b}$$

k_σ 取式（3.3a）和式（3.3b）的较小值。

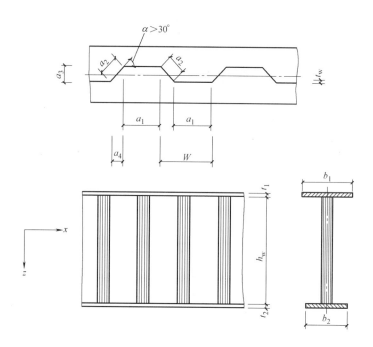

图 3.1　波纹腹板梁几何尺寸示意图

式中 $a=a_1+2a_4$，b 为从焊缝的焊脚到自由边缘的最大宽度，$b=\dfrac{b_1+a_3}{2}$，a_1、a_3，a_4 见图 3.1。

而在另一本波纹腹板梁的技术文件中，提出为考虑波纹腹板对翼缘的弹性约束效应翼缘的计算宽度取为实际宽度减去腹板波折高度的 1/2[3.8]。在马来西亚理工大学出版的一本关于波纹腹板构件的分析、设计的书中指出，相比于平腹板梁，波纹腹板梁的腹板使得翼缘具有更高的局部屈曲强度，但是波纹腹板的这种有利作用会随着翼缘宽度的增大而减小，同时其实验结果还指出波纹腹板的波折角度 α 也会影响翼缘的屈曲强度，且 $\alpha=45°$ 相比 $\alpha=30°$ 波纹腹板，其翼缘的局部屈曲荷载更大，此外长度 a_1 对翼缘的屈曲荷载也有影响[3.9]。

我国对于波纹钢腹板梁的研究相对较晚，在设计应用方面相对于欧美等国家较为落后。但近年来逐渐提高重视，对其研究投入逐渐增大，在部分领域内取得了一定的成果。在波纹腹板梁翼缘局部稳定研究方面，郭彦林[3.10]提出了研究波折腹板工形构件翼缘稳定性能的合理简化模型，探讨了翼缘弹性屈曲应力与翼缘名义宽厚比、腹板波形的关系。认为基于翼缘屈曲时可能出现 2 种屈曲模态（图 3.2），分别解释了其发生机理并给出了相应的临界荷载计算公式。屈曲模态 1 的特征是腹板两侧的翼缘板分别向相反方向发生整体的单波状变形，在此基础上，叠加多个余弦波变形，余弦波的分布与腹板波形相对应。屈曲模态 2 接近于加载边简支，其为一边夹支，另一边自由的板的屈曲模态。翼缘边缘以初始位置为基准，在此基础上，叠加多个正弦波变形，正弦波的分布与腹板波形无关而与翼缘长宽比密切相关。并且经过大量算例表明，1 型屈曲模态的构件对初始缺陷较为敏感。一旦初始缺陷引发了与 1 型屈曲模态相似的变形将会导致部分截面过早进入屈服，构件承载力急剧下降，因此在设计时应避免翼缘发生 1 型屈曲；而 2 型屈曲模态的构件对初缺陷相对不敏感。由于腹板能在几何上提供较好的约束，在达到弹性屈曲应力或屈服应力之前，翼缘的变形能够被很好抑制，不会产生过大不均匀的内力，故翼缘容易达到全截面屈服。

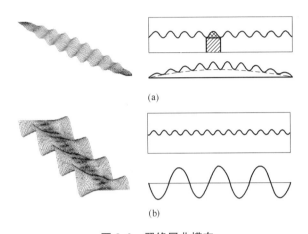

(a)

(b)

图 3.2　翼缘屈曲模态

(a) 1 型屈曲模态；(b) 2 型屈曲模态

此外我国《波纹腹板钢结构技术规程》CECS 291：2011[3.11]对波纹腹板梁受压翼缘的局部稳定规定受压翼缘自由外伸宽度 B 与厚度 t 的比值应满足下列要求：

$$\frac{B}{t} \leqslant r_{\mathrm{f}} \sqrt{\frac{235}{f_{\mathrm{y}}}} \qquad (3.4)$$

式中 $B = \dfrac{b_{\mathrm{f}} - h_{\mathrm{r}}/2}{2}$

其中，b_{f} 为受压翼缘宽度，h_{r} 为腹板波高，如图 3.3 所示。r_{f} 为调整系数，对于 8 度和 9 度地震设防地区，分别取 12 和 11；对于其他情况，取 15。

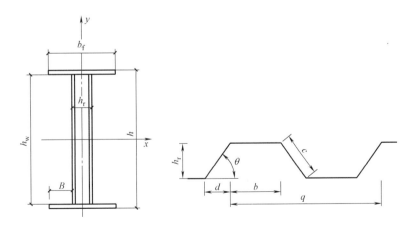

图 3.3　波纹腹板梁截面几何参数

3.2　理论分析

3.2.1　波纹腹板 H 形钢梁翼缘局部屈曲三角级数解

1. 理论模型

如图 3.4 所示的波纹腹板梁受弯矩作用时，上翼缘受压下翼缘受拉。受压翼缘局部失稳时，受压翼缘在其纵向中心线处的位移近似为 0，边缘以初始位置为基准，在此基础上，叠加多个近似正弦波变形（图 3.5），受压翼缘产生的平面外位移使得局部腹板绕梁的中轴线弯曲（图 3.6）。即翼缘的局部失稳会受到腹板的弹性转动约束作用，这种约束作用是由腹板绕梁中轴线的弯曲刚度提供。

翼缘失稳时腹板的受力分析模型如图 3.7 所示。定义梁的中轴线为 y 轴，沿翼缘板宽度方向为 x 轴，梁高度方向为 z 轴。当翼缘局部失稳时，腹板受到翼缘的作用，相当于一简支梁受一端的弯矩作用。

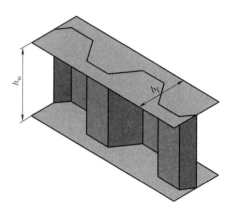

图 3.4　波纹腹板 H 形钢梁示意图

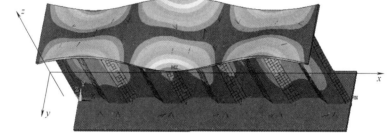

图 3.5　波纹腹板梁翼缘局部失稳变形

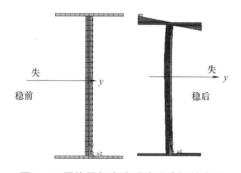

图 3.6　翼缘局部失稳后波纹腹板的变形

图 3.7　波纹腹板受力模型

设单个波长范围的腹板对 y 轴的抗弯刚度为 EI，易知当支座 B 端发生单位转角所需施加的弯矩 M 为：

$$M = \frac{3EI}{h_w} \tag{3.5}$$

式中：$I = \frac{h_r^2 t_w (s+3b)}{6}$；

t_w 为波纹腹板厚度；

b、s、h_r 为腹板波纹几何参数（见图 3.3）。

因此翼缘局部失稳时，腹板对翼缘的等效弹性转动约束系数为：

$$k = \frac{M}{2q} \tag{3.6}$$

式中：q 为腹板单个波长（见图 3.3）。

上式中系数 2 是考虑到腹板对左右两侧翼缘均有约束作用，因此对单侧翼缘的弹性转动约束为总约束的一半。

翼缘失稳的受力模型可简化为两加载边简支，非加载边一边自由，一边弹性转动约束的弹性板（图 3.8），板的计算宽度取为翼缘宽度的一半。对于两加载边简支的薄板屈曲问题，其通解可以假设为单三角级数。将位移函数取为下列三角级数的形式[3.12]：

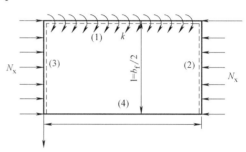

图 3.8　翼缘局部失稳力学模型

$$w = A_1 (\cosh\alpha y + A_2 \sinh\alpha y + A_3 \cos\beta y + A_4 \sin\beta y) \sin\frac{m\pi x}{a} \tag{3.7}$$

式中：m 为半波数。α、β 为下列方程的解：

$$x^4 - 2\left(\frac{m\pi}{a}\right)^2 x^2 + \left(\frac{m\pi}{a}\right)^4 = -\frac{N_x}{D}\left(\frac{m\pi}{a}\right)^2 \tag{3.8}$$

求解可得：

$$\alpha = \sqrt{\left(\frac{m\pi}{a}\right)^2 + \sqrt{\frac{N_x}{D}\left(\frac{m\pi}{a}\right)^2}}, \beta = \sqrt{\sqrt{\frac{N_x}{D}\left(\frac{m\pi}{a}\right)^2} - \left(\frac{m\pi}{a}\right)^2} \tag{3.9}$$

式中：$D = \frac{Et^3}{12(1-\nu^2)}$，为单位宽度板的抗弯刚度。其中 E 为弹性模量；ν 为泊松比（钢材可取为 0.3）；t 为翼缘板厚度。

上述薄板的边界条件是：边（1）为弹性转动支承边，边（4）为自由边。上述边界条件可表述为以下方程的形式：

$y = 0$ 时，

$$w = 0 \tag{3.10}$$

$$D\left(\frac{\partial^2 w}{\partial y^2} + \nu\frac{\partial^2 w}{\partial x^2}\right) = k\frac{\partial w}{\partial y} \tag{3.11}$$

$y = l$ 时，

$$\frac{\partial^2 w}{\partial y^2} + \nu\frac{\partial^2 w}{\partial x^2} = 0 \tag{3.12}$$

$$\frac{\partial^3 w}{\partial y^3} + (2-\nu)\frac{\partial^3 w}{\partial x^2 \partial y} = 0 \tag{3.13}$$

将式（3.7）代入边界条件（3.10）、（3.11）、（3.12）可以解得 A_2、A_3、A_4 分别如下：

$$A_2 = \frac{D(\alpha^2+\beta^2)(\beta^2+\upsilon q^2)\sin(\beta b) - k\beta(\alpha^2\cosh(\alpha b)+\beta^2\cos(\beta b)-\upsilon q^2\cosh(\alpha b)+\upsilon q^2\cos(\beta b))}{k\alpha(\beta^2+\upsilon q^2)\sin(\beta b)-k\beta(-\alpha^2+\upsilon q^2)\sinh(\alpha b)}$$

$$(3.14)$$

$$A_3 = -1 \tag{3.15}$$

$$A_4 = \frac{(\alpha^2\cosh(\alpha b)+\beta^2\cos(\beta b)-\upsilon q^2\cosh(\alpha b)+\upsilon q^2\cos(\beta b))k\alpha - D(-\alpha^2+\upsilon q^2)(\alpha^2+\beta^2)\sinh(\alpha b)}{k\alpha(\beta^2+\upsilon q^2)\sin(\beta b)-k\beta(-\alpha^2+\upsilon q^2)\sinh(\alpha b)}$$

$$(3.16)$$

其中 $q=\dfrac{m\pi}{a}$。

将上述表达式代入边界条件（3.13）则可得超越方程：

$$A_1\sin(qx)(\sinh(\alpha b)\alpha^3 + A_2\cosh(\alpha b)\alpha^3 + A_3\sin(\beta b)\beta^3 - A_4\cos(\beta b)\beta^3$$
$$-2q^2\sinh(\alpha b)\alpha - 2q^2 A_2\cosh(\alpha b)\alpha + 2q^2 A_3\sin(\beta b)\beta - 2q^2 A_4\cos(\beta b)\beta$$
$$+q^2\upsilon\sinh(\alpha b)\alpha + q^2\upsilon A_2\cosh(\alpha b)\alpha - q^2\upsilon A_3\sin(\beta b)\beta + q^2\upsilon A_4\cos(\beta b)\beta)=0 \tag{3.17}$$

由于系数 $A_1\sin(qx)$ 不恒等于 0，上式可化为：

$$\sinh(\alpha b)\alpha^3 + A_2\cosh(\alpha b)\alpha^3 + A_3\sin(\beta b)\beta^3 - A_4\cos(\beta b)\beta^3$$
$$-2q^2\sinh(\alpha b)\alpha - 2q^2 A_2\cosh(\alpha b)\alpha + 2q^2 A_3\sin(\beta b)\beta - 2q^2 A_4\cos(\beta b)\beta$$
$$+q^2\upsilon\sinh(\alpha b)\alpha + q^2\upsilon A_2\cosh(\alpha b)\alpha - q^2\upsilon A_3\sin(\beta b)\beta + q^2\upsilon A_4\cos(\beta b)\beta=0 \tag{3.18}$$

上式（3.18）无法直接求出其解析的解，但可编程通过迭代求解出其数值解。

2. 有限元方法验证

为了验证上述理论，采用有限元方法，首先分析上述边界条件所作的假定与实际情况的差别，然后验证上述式（3.18）的数值解与有限元分析结果的差别。

上述理论推导的基础是：翼缘的局部失稳受到腹板的弹性转动约束作用，这种约束作用是由腹板绕梁中轴线的弯曲刚度提供。为了验证上述理论的正确性，首先需要分析这种假定与波纹腹板梁翼缘实际受力的差别。可利用 ANSYS 有限元软件建立波纹腹板梁的壳单元模型。同时建立两加载边简支，非加载边一边自由，一边弹性转动约束的弹性板。板的长度取相应的波纹腹板梁的长度，宽度取梁翼缘宽度的一半，厚度取翼缘厚度，弹性转动约束系数按照式（3.6）求得。

ANSYS 建立的波纹腹板梁如图 3.9 所示，约束梁两端板的面外位移以及切向位移，对上下翼缘分别施加轴向的均布压力和拉力来模拟梁受纯弯荷载。等效的板有限元模型如

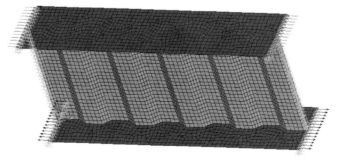

图 3.9　波纹腹板梁有限元模型及其边界条件

图 3.10 所示。

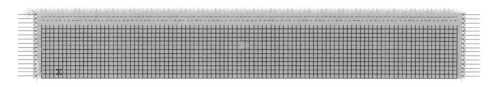

图 3.10 等效板有限元模型及其边界条件

选取三根波纹腹板梁，用于有限元验证边界条件的假设，其几何参数如表 3.1 所示，表中的单位均为 mm，构件长度取 10 个波长。

波纹腹板梁几何参数（mm）   表 3.1

编号	b_f	t	h_w	t_w	b	d	h_r
A-1	300	16	500	2	60	30	40
A-2	500	20	1000	8	70	50	50
A-3	600	25	1600	8	100	70	70

上述三根波纹腹板梁以及相应板模型在沿板轴向荷载作用下的第一阶屈曲模态如图 3.11 所示，二者的误差见表 3.2，表中 $F_{cr,b}$ 为实际梁模型屈曲分析结果，$F_{cr,s}$ 为板模型屈曲分析结果。

实际梁模型和等效板模型屈曲临界值误差   表 3.2

编号	N	$F_{cr,b}/MPa$	$F_{cr,s}/MPa$	$\delta/\%$
A-1	5	1527.8	1477.5	3.3
A-2	4	1063.7	998.9	6.1
A-3	5	1097.8	1018.0	7.3

由图 3.11 可知，两种模型的屈曲模态基本一致，屈曲半波数相等。由表 3.2 可知，三根构件不同分析模型所得板屈曲时的屈曲荷载误差较小，说明上述边界条件的假设所带来的误差非常小，波纹腹板相比于平腹板对翼缘失稳提供了较大的弹性转动约束，其约束模型合理。

为了验证式（3.18）解的正确性，将由该式所得不同几何参数的波纹腹板梁屈曲荷载结果与实际梁有限元模型 ANSYS 计算结果的对比如表 3.3 所示，表中长度单位均为 mm，$F_{cr,1}$ 为（3.18）数值解，$F_{cr,2}$ 为有限元结果，构件长度取 10 个波长。

由表 3.3 可知，不同几何参数的波纹腹板梁翼缘屈曲的有限元计算结果与超越方程（3.18）数值结果相比误差在 5% 以内，说明上述三角级数求解得出的结果能够满足工程的需要。

3.2.2 波纹腹板 H 形钢梁翼缘局部屈曲多项式解

1. 理论模型

为了得到波纹腹板 H 形钢梁翼缘局部屈曲荷载的简便计算方法，本节采用多项式假设翼缘板屈曲时的位移函数，推导相应的屈曲荷载。

薄板的弹性屈曲方程为：

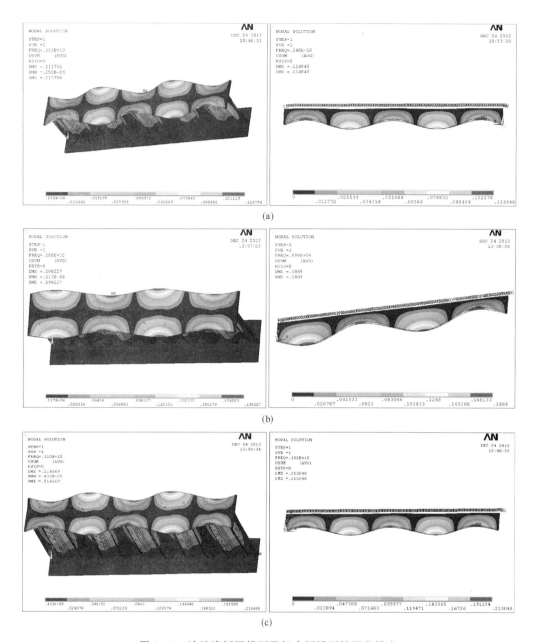

图 3.11　波纹腹板梁模型及相应板模型的屈曲模态

（a）构件 A-1；（b）构件 A-2；（c）构件 A-3

$$D\left(\frac{\partial^4 w}{\partial x^4}+2\,\frac{\partial^4 w}{\partial x^2 \partial y^2}+\frac{\partial^4 w}{\partial y^4}\right)=N_x\,\frac{\partial^2 w}{\partial x^2}+2N_{xy}\frac{\partial^2 w}{\partial x \partial y}+N_y\,\frac{\partial^2 w}{\partial y^2} \tag{3.19}$$

设板失稳后的挠曲函数为[3.13-3.15]：

$$w=A_1\left[\frac{y}{l}+A_2\left(\frac{y}{l}\right)^2+A_3\left(\frac{y}{l}\right)^3+A_4\left(\frac{y}{l}\right)^4\right]\sin\frac{m\pi x}{a} \tag{3.20}$$

式中：m 为半波数（正整数）；l 为翼缘宽度的一半（图 3.8）；a 为波纹腹板梁翼缘板的长度（图 3.8）。

有限元计算结果与（3.18）数值解对比 表3.3

编号	b_f	t	h_w	t_w	b	d	hr	$F_{cr.1}$/MPa	$F_{cr.2}$/MPa	δ/%
B-1	520	8	500	1.5	60	30	40	190.8	189.8	0.5%
B-2	250	10	520	4	64	23.5	38	1202.7	1185.8	1.4%
B-3	300	12	524	2	64	23.5	38	996.5	987.6	0.9%
B-4	300	12	524	4	63	31	40	1140.1	1111.9	2.5%
B-5	350	15	530	2	64	23.5	38	1034.1	1039.8	−0.5%
B-6	350	15	530	2	63	31	40	1049.9	1042.6	0.7%
B-7	400	20	540	2	64	23.5	38	1232.5	1247.4	−1.2%
B-8	400	20	540	2	70	50	50	1331.7	1300.7	2.4%
B-9	400	20	540	4	63	31	40	1407.3	1416.6	−0.7%
B-10	450	25	550	2	64	23.5	38	1414.2	1435.3	−1.5%
B-11	450	25	550	2	70	50	50	1495.5	1477.4	1.2%
B-12	450	25	550	2	63	31	40	1423.7	1425.7	−0.1%
B-13	450	30	560	2	70	50	50	1962.3	1942.6	1.0%
B-14	300	12	1024	2	70	50	50	946.4	932.2	1.5%
B-15	350	15	1030	2	64	23.5	38	929.4	972.1	−4.4%

同样，上述假设的挠曲函数需满足边界条件式（3.10）～（3.13）。

将假设的挠曲函数（3.20）代入上述4个边界条件（3.10）～（3.13），令泊松比$v=0.3$可求得：

$$A_2 = \frac{kl}{2D} \tag{3.21}$$

$$A_3 = -\frac{1.53c^4D + 0.51c^4kl + 10c^2kl + 13.2c^2D + 24kl}{D(72 + 15c^2 + 0.51c^4)} \tag{3.22}$$

$$A_4 = \frac{8.4c^2D + 4.2c^2kl + 0.255c^4kl + 1.02c^4D + 6kl}{D(72 + 15c^2 + 0.51c^4)} \tag{3.23}$$

$$c = \frac{ml\pi}{a} \tag{3.24}$$

板的弯曲应变能U_e、边界转动约束势能U_k和轴向载荷N_x所作的功V分别为：

$$U_e = \frac{D}{2} \int_0^a \int_0^l [w_{xx}^2 + w_{yy}^2 + 2vw_{xx}w_{yy} + 2(1-v)w_{xy}^2] dx dy \tag{3.25}$$

$$U_k = \frac{k}{2} \int_0^a (w_y \mid_{y=0})^2 dx \tag{3.26}$$

$$V = \frac{N_x}{2} \int_0^a \int_0^l w_x^2 dx dy \tag{3.27}$$

式中：N_x为作用在翼缘板上的轴向压力（图3.8）。

由最小势能原理：

$$\prod = U_e + U_k - V \tag{3.28}$$

$$\frac{\partial \prod}{\partial A_1} = 0 \tag{3.29}$$

方程（3.29）对 A_1 偏分可消去未知数 A_1，所得方程中仅含未知数 N_x 和 m，从而可解得 N_x 关于 m 的表达式。正整数 m 取合适值时可使 N_x 的值最小，从而可求得翼缘板的局部屈曲应力 σ_{cr}：

$$\sigma_{cr} = \frac{N_{x,\min}}{t} = k_1 \frac{\pi^2 E t^2}{12(1-v^2)l^2} \tag{3.30}$$

式中：$k_1 = f(\alpha, \beta)$；

$\alpha = a/l$；

$\beta = \dfrac{Et^3}{lk} = \dfrac{8ct^3 h_w}{b_f t_w h_r^2 (c+3b)}$。

由此求得屈曲应力系数 k_1 是关于参数 α 和 β 的函数。由于正整数 m 的值未知，因此 k_1 的表达式无法给出，但 σ_{cr} 可通过试算求得。

2. 有限元方法验证

为了验证上述理论分析结果，采用有限元软件 ANSYS 进行波纹腹板 H 形钢梁翼缘局部失稳的有限元分析。模型中，翼缘和腹板的单元类型采用 4 结点壳单元，材料选用线弹性模型，弹性模量取为 2.06×10^5 MPa，泊松比取为 0.3，单元划分网格的尺寸为 0.02m，约束两端翼缘以及腹板的平面外自由度以及任意一点的平面内自由度，在上下翼缘板的两端分别施加平衡的轴向均布力作用（图 3.12）。

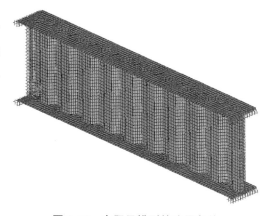

图 3.12　有限元模型的边界条件

由式（3.30）求解不同几何参数的波纹腹板 H 形钢梁翼缘屈曲荷载结果与真实模型有限元模型计算结果的对比如表 3.4 所示，表中长度单位均为 mm，$F_{cr,1}$ 为多项式理论解，$F_{cr,2}$ 为有限元结果，δ 为两者的相对误差。计算时构件长度取 10 个腹板波长。

有限元计算结果与理论解对比　　　　　　　　　　　　　　　表 3.4

编号	b_f	t	h_w	t_w	b	d	h_r	$F_{cr,1}$/MPa	$F_{cr,2}$/MPa	δ/%
C-1	520	8	500	1.5	60	30	40	192.0	189.8	1.2%
C-2	250	10	520	4	64	23.5	38	1209.3	1185.8	2.0%
C-3	300	12	524	2	64	23.5	38	1001.8	987.6	1.4%
C-4	300	12	524	4	63	31	40	1146.4	1111.9	3.1%
C-5	350	15	530	2	64	23.5	38	1039.3	1039.8	0.0%
C-6	350	15	530	2	63	31	40	1054.8	1042.6	1.2%
C-7	400	20	540	2	64	23.5	38	1237.7	1247.4	−0.8%
C-8	400	20	540	2	70	50	50	1339.1	1300.7	3.0%
C-9	400	20	540	4	63	31	40	1415.2	1416.6	−0.1%
C-10	450	25	550	2	64	23.5	38	1418.4	1435.3	−1.2%
C-11	450	25	550	2	70	50	50	1502.8	1477.4	1.7%
C-12	450	25	550	2	63	31	40	1430.1	1425.7	0.3%
C-13	450	30	560	2	70	50	50	1968.5	1942.6	1.3%
C-14	300	12	1024	2	70	50	50	951.7	932.2	2.1%
C-15	350	15	1030	2	64	23.5	38	934.2	972.1	−3.9%

由表 3.4 可知，不同几何参数的构件翼缘屈曲有限元计算的结果与根据理论模型公式求出的数值结果相比误差在 5% 以内，说明上述多项式求解得出的结果能够满足工程的需要。

3. 受拉翼缘内力对受压翼缘屈曲的影响

实际工程中的梁可能受到一定的轴压力作用，在压弯共同作用下，下翼缘的拉力减小，而上翼缘的压力增大。由于下翼缘拉力的减小可能会降低其对腹板的约束作用，从而影响腹板对上翼缘局部失稳的约束，因此需要研究下翼缘中内力对上翼缘屈曲的影响。对两个钢构件进行计算，构件几何参数见表 3.5。改变下翼缘中内力的大小，得到构件由于下翼缘内力的不同，上翼缘的局部屈曲应力 σ_{cr} 如图 3.13 所示。σ_c 为上翼缘中的内力，σ_{cr0} 为梁受到纯弯矩作用时上翼缘的屈曲应力。图 3.14 为 $\sigma_t/\sigma_c = -1$、0、1 时对应波纹腹板梁的三种受力情况。

构件几何参数（mm）　　　　　　　　　　　　　　　表 3.5

编号	BF	T	h_w	t_w	b	d	h_r	L
GJ1	300	16	500	2	60	30	40	1800
GJ2	450	30	1560	2	70	50	50	2400

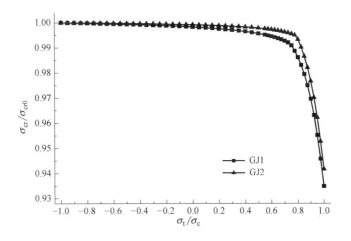

图 3.13 下翼缘内力对上翼缘屈曲应力的影响

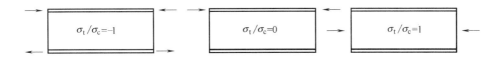

图 3.14 波纹腹板梁的三种受力情况

由图 3.13 知，下翼缘中内力对上翼缘的局部屈曲有一定影响。随着下翼缘中拉力逐渐降低直至受到较小的压力时，上翼缘的屈曲应力几乎保持不变，只有当梁受到小偏心的轴压作用时，上翼缘的屈曲应力才急剧下降 6% 左右。这是由于下翼缘压应力会减弱对波纹腹板的约束作用，从而削弱波纹腹板对上翼缘的弹性约束。但总体而言，下翼缘中内力的大小对上翼缘屈曲影响很小。

4. 梁长度对翼缘屈曲的影响

根据上述理论研究，翼缘板的屈曲应力系数 k_1 与参数 α 有关，参数 α 对翼缘屈曲应力的影响，实际上表现为梁长度对翼缘屈曲的影响，因此需研究梁长度对翼缘屈曲应力的影响。当改变上述两构件的长度（改变梁段波纹的个数 n）时，根据理论计算和有限元分析得到的翼缘屈曲应力如图 3.15 所示，其中参数 $\alpha=nq/b$（参数 q、b 参见图 3.3），点为有限元模型计算结果，实线为理论模型计算结果。

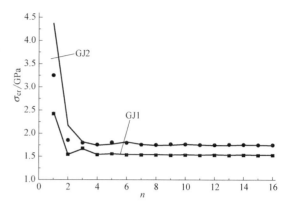

图 3.15　梁长度对翼缘屈曲应力的影响

由图 3.15 可知，当梁的长度较小时，翼缘屈曲应力随着波纹个数的变化有较大的波动，当梁长度取 10 个波长时，翼缘的屈曲应力已基本不再变化，这说明当 α 增大到一定值时，翼缘的屈曲应力系数 k_1 仅是参数 β 的函数而与参数 α 无关，为消除梁长度对翼缘局部屈曲的影响，有限元分析时梁的长度可取 10 个波长。且有限元分析结果表明翼缘局部失稳正弦波状变形的分布与腹板波形无关而与翼缘长宽比密切相关。

5. 梁腹板对翼缘屈曲的影响

波纹腹板对翼缘局部失稳的约束为弹性转动约束，其弹性转动约束系数为 k，该系数影响参数 β 的取值，因此为了得到参数 β 与翼缘屈曲应力系数 k_1 的关系，调整梁参数 b（50～100mm）、d（25～60mm）、t（5～30mm）、h_r（25～60mm）、h_w（30～1560mm）、t_w（1.5～4mm）和 b_f（20～55mm）从而改变 β，经有限元和理论计算得到梁翼缘的屈曲应力系数 k_{cr} 与参数 β 的关系如图 3.16 所示，图中点为有限元模型计算结果，实线为理论模型计算结果。

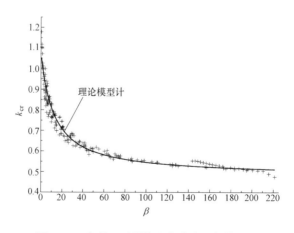

图 3.16　参数 β 对翼缘屈曲应力系数的影响

由图 3.16 可知，随着 β 值的增大，翼缘局部屈曲应力系数 k_{cr} 降低。当 β 较小时，k_{cr} 随 β 值的增大而急剧下降；当 β 较大时，k_{cr} 随 β 值的增大基本保持不变。这是由于当 β 趋于 0 时，等效于腹板对翼缘的转动约束系数 k 趋于无穷大，此时腹板对翼缘的局部失稳有很大的转动约束作用，翼缘板相当于两加载边简支，非加载边一边自由，一边固定。当 β 趋于无穷大时，等效于腹板对翼缘的转动约束系数 k 趋于 0，此时腹板对翼缘无转动约束作用，翼缘板相当于三边简支板。

因此为了使翼缘具有更大的屈曲应力系数 k_{cr}，可通过调整腹板的波形使 k 的值尽量大，从而降低参数 β 的取值。

6. 翼缘屈曲应力拟合公式

根据大量有限元分析结果得到的翼缘局部屈曲应力数据，经拟合可得如下公式：

$$\sigma_{cr} = k_{cr} \frac{\pi^2 E t^2}{12(1-v^2)l^2} = \left(0.48 + \frac{7.37}{12.37+\beta}\right) \frac{\pi^2 E t^2}{12(1-v^2)l^2} \tag{3.31}$$

经公式（3.31）计算得到的波纹腹板梁翼缘受压局部屈曲应力与有限元计算得到的大部分结果误差在 10% 以内，特别是当腹板对翼缘的转动约束较大，参数 β 较小时，结果的误差基本在 5% 以内，式（3.31）中与 β 有关的项表示腹板对翼缘的转动约束作用对翼缘局部失稳的有利作用。

7. 翼缘宽厚比限值

为得到翼缘宽厚比的限值，可使其局部屈曲应力值 σ_{cr} 大于屈服荷载值 f_y，即 $\sigma_{cr} \geqslant f_y$，由式（3.31）经变化可得：

$$\frac{l}{t} \leqslant 28 \sqrt{\left(0.48 + \frac{7.37}{12.37+\beta}\right) \frac{235}{f_y}} \tag{3.32}$$

对上式进行偏于保守的简化可得设计公式（3.33）：

$$\frac{l}{t} \leqslant 28 \sqrt{\left(0.425 + \frac{6}{12+\beta}\right) \frac{235}{f_y}} \tag{3.33}$$

由式（3.33）可得到翼缘宽厚比的限值。

3.3 试验研究

1. 试件

设计三组试验构件，一组构件的宽厚比限值接近公式（3.33）的值，一组远小于公式（3.33）的限值，一组大于公式（3.33）的限值。三组试验构件尺寸如下表 3.6 所示，每组试件制作两根。

表 3.6

试验构件参数

编号	b_f	t	h_w	t_w	L	宽厚比	宽厚比限值
GJ1	240	6	250	2	1440	20.0	22.0
GJ2	220	8	250	2	2400	13.7	21.7
GJ3	310	6	250	2	1440	25.8	22.0

注：表中几何尺寸单位均为 mm，L 为构件的长度。

试验采用的波纹腹板 H 型钢腹板波纹规格为 $h_r = 38.5$mm，$b = 62$mm，$d = 32$mm。

2. 材性试验

拉伸试件为矩形试样，按照《钢及钢产品力学性能试验取样位置及试样制备》GB/T 2975—1998[3.16]从同批钢材中切取，然后根据《金属拉伸试验试样》GB 6397—1986[3.17]的规定加工成材性试样，加载按《金属材料室温拉伸试验方法》GB/T 228—2002[3.18]的规定进行，测量了钢材的材料性质，包括屈服强度 f_y、抗拉强度 f_u 和伸长率，材性试验结果如表 3.7 所示。

材性试验结果   表 3.7

名义厚度 t/mm	部件	实测厚度 t'/mm	屈服强度 f_y/MPa	抗拉强度 f_u/MPa	强屈比	伸长率 %
2	腹板	2.06	524	577	1.10	25.7
6	翼缘	5.73	400	538	1.35	34.2
8	翼缘	7.68	396	553	1.39	31.2

3. 加载方案

试验的主要装置有：龙门架、液压千斤顶、应变及位移测量系统等。

试验加载装置示意如图 3.17 所示，试验构件通过两根平腹板 H 形钢梁进行加载，平放于地上的梁 2 通过前后两根地锚固定于台座上，试验采用 200kN 千斤顶在梁 1 的末端施加荷载，梁 1 的左右两端均设有侧向支撑防止构件发生平面外的侧扭失稳，保证试验构件仅受弯矩和轴力。试验采用单调加载直至千斤顶达到最大行程，试验现场加载装置如图 3.18 所示。

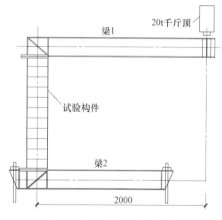

图 3.17 试验加载示意图

图 3.18 试验现场加载装置图

4. 测点布置

选取构件四等分点上的三个截面，在受压翼缘三个截面上分别对称布置四个应变测点（位于翼缘宽度方向六等分点上）以测量受压翼缘的应变变化，测点分布如图 3.19 所示。

为测量受压翼缘的出平面位移，需消除试验构件整体弯曲变形的影响，可通过测量同一截面受拉、受压翼缘的相对位移来实现。位移测点的分布如图 3.20 所示。位移计的另一端固定于受拉翼缘上。此外在千斤顶加载位置处还设置了一位移计 7 测量千斤顶作用位置的竖向位移变化。

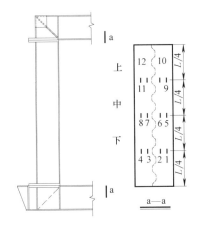

图 3.19　试验构件翼缘应变测点布置图

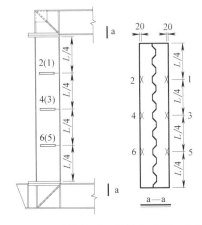

图 3.20　试验构件受压翼缘位移测点布置图

5. 试件几何初始缺陷

试验前测定了各构件的初始几何缺陷大小，得到各构件翼缘初始出平面的缺陷如表 3.8 所示。

各构件初始出平面几何缺陷大小　　　　　　　　　表 3.8

构件编号	GJ1-1	GJ1-2	GJ2-1	GJ2-2	GJ3-1	GJ3-2
Δ/mm	2.0	2.0	3.0	3.0	3.5	3.7

根据《钢结构工程施工质量验收规范》GB 50205—2001[3.19]，钢板的局部平面度以及工字钢、H 形钢翼缘对腹板的垂直度的要求如表 3.9 所示。

钢材矫正后的允许偏差（mm）　　　　　　　　　表 3.9

项　　目		允许偏差	图例
钢板的局部平面度	$t \leqslant 14$	1.5	
	$t > 14$	1.0	
工字钢、H 形钢翼缘对腹板的垂直度		$b/100$ 且不大于 2.0	

根据《钢结构工程施工质量验收规范》GB 50205—2001[3.19]对于钢板的局部平面度以及工字钢、H 形钢翼缘对腹板的垂直度的规定，初始出平面的几何缺陷值不应大于 1.5mm。上述构件分两批制作加工，GJ2 为第一批制作，其加工质量相比于第二批的 GJ1、GJ3 差，GJ3 的翼缘宽厚比较大，因此加工过程中容易产生较大的焊接变形，其初始缺陷大。

6. 试验现象

6 个试件的破坏模式均为波纹腹板 H 形钢梁翼缘的压屈破坏。在各构件达到极限荷载之前，受压翼缘出现不同形态的出平面位移分布模式，达到极限荷载时，波纹腹板 H 形钢梁受压翼缘出现较大的出平面位移，翼缘不能继续加载。卸载后受压翼缘存在不可恢复的塑性变形。

GJ1 与 GJ3 由于翼缘宽厚比较大，达到极限状态时受压翼缘出现整体分布的压屈破坏形状，而 GJ2 由于翼缘宽厚比较小破坏时，受压翼缘只出现局部范围的压屈，典型的破坏模式如图 3.21 所示。

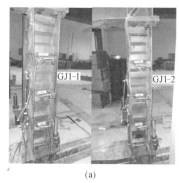

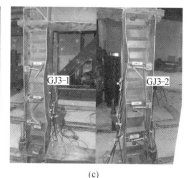

(a)　　　　　　　　　　　(b)　　　　　　　　　　　(c)

图 3.21　三组试验构件破坏形态

(a) CJ1 破坏形态；(b) GJ2 破坏形态；(c) GJ3 破坏形态

7. 试验荷载-位移曲线

试验构件 GJ1、GJ2 和 GJ3 千斤顶作用位置的荷载－位移曲线如图 3.22、图 3.23、图 3.24 所示，其中位移为加载点的位移。

GJ1-1 的极限荷载为 41.2kN，此时试验波纹腹板梁承受 82.4kN·m 的弯矩和 41.2kN 的轴力作用，对应加载点的竖向位移为 62mm。GJ1-2 的极限荷载为 45.8kN，此时试验波纹腹板梁承受 91.6kN·m 的弯矩和 45.8kN 的轴力作用，对应加载点的竖向位移为 68.2mm，两构件极限承载力相差约 10%。构件最后破坏是由于受压翼缘的局部破坏，试验梁的整个梁段受压翼缘出现了连续波纹状的出平面压屈，此现象 GJ1-2 更明显。

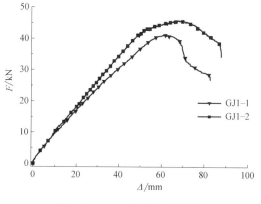
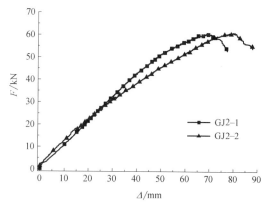

图 3.22　GJ1 荷载-位移曲线　　　　**图 3.23　GJ2 荷载-位移曲线**

受压翼缘局部压屈的位置与波纹腹板的波纹分布有关，压屈位置位于腹板波峰或波谷处，这些地方翼缘的局部宽厚比更大。两构件的破坏模态稍有差别，这主要是由于受压翼缘的初始几何缺陷的差别以及腹板波纹分布不同而导致的。

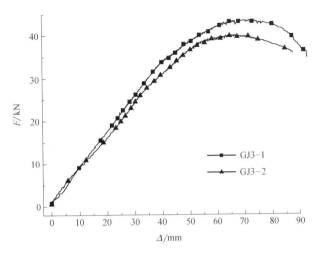

图 3.24　GJ3 荷载-位移曲线

GJ2-1 的极限荷载为 60.5kN，此时试验波纹腹板梁承受 121.0kN·m 的弯矩和 60.5kN 的轴力作用，对应加载点的竖向位移为 69.2mm。GJ2-2 的极限荷载为 61.0kN，此时试验波纹腹板梁承受 122.0kN·m 的弯矩和 61.0kN 的轴力作用，对应加载点的竖向位移为 79.8mm。GJ2-1 和 GJ2-2 的最大初始几何缺陷相同，最后的极限承载力也很接近。GJ2-1 最后的破坏位置位于梁的上方，而 GJ2-2 最后的破坏位置位于构件中部。两根试验梁都是由于受压翼缘局部压屈而破坏，但其破坏模态与 GJ1-1 和 GJ1-2 有明显的不同，这两根梁局部压屈位置未出现在整个梁段，仅在局部出现，出现局部压屈的位置初始几何缺陷较大。

GJ3-1 的极限荷载为 43.6kN，此时试验波纹腹板梁承受 87.2kN·m 的弯矩和 43.6kN 的轴力作用，对应加载点的竖向位移为 68.6mm。GJ3-2 的极限荷载为 40.0kN，此时试验波纹腹板梁承受 80.0kN·m 的弯矩和 40.0kN 的轴力作用，对应加载点的竖向位移为 66.8mm。这两根梁的破坏模态与 GJ1-1 和 GJ1-2 相似，两构件破坏模态的差别，亦是由于受压翼缘的初始几何缺陷及腹板波纹的分布不同导致的。

8. 翼缘轴向应变

直至试验结束 GJ1-2、GJ2-1 两根试件的中间截面测点部位未发生明显的压屈，而 GJ3-2 中间截面则明显发生了压屈，三构件相应截面上 4 个应变测点（测点 5、6、7、8）的平均值与荷载的关系曲线如图 3.25 所示，GJ3-2 的上截面 4 个测点应变与荷载的关系曲线如图 3.26 所示，其相应测点在翼缘上的位置如图 3.27 所示，GJ2-1 的中截面 4 个测点应变与荷载的关系曲线如图 3.28 所示，其相应测点在翼缘上的位置如图 3.29 所示。

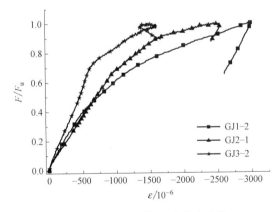

图 3.25　试件荷载-平均应变曲线

由图 3.25 可知，受压翼缘的荷载-平均应变值曲线在荷载较小时为直线，此时截面处于弹性，截面各部分同步加载，随着荷载的增加曲线的切线斜率减小，截面开始进入塑性。未发生明显压屈的截面在卸载时曲线的斜率与其初始斜率基本一致，表明卸载阶段截面是同步卸载的，压屈的截面卸载时由于截面各个部位卸载不一致，其曲线变化无规律。

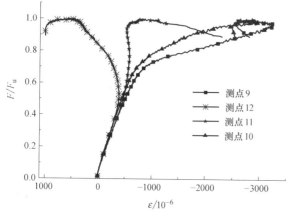

图 3.26　GJ3-2 上截面荷载-应变曲线

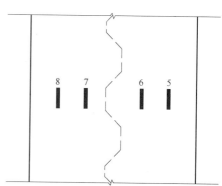

图 3.27　GJ3-2 中截面应变测点的分布

GJ3-2 的上截面被压屈，加载初始阶段四个测点的应变随着荷载的变化基本一致，随着荷载的增大，由于截面存在初始几何缺陷截面被压屈，部分测点的应变迅速增大，部分测点的应变反而减小出现反向加载的现象，这是由于该截面半边（9、10 号测点所在一侧）被压内凹，另半边（11、12 号测点所在一侧）被压外凸，内凹部位的应变为轴向压应变与内凹产生的压应变之和因此其应变迅速增大，外凸部位的应变为轴向压应变减去外凸产生的拉应变，因此会出现反向加载的现象，被压屈的截面由于截面应力分布十分不均匀，局部截面承担了大部分荷载使得截面过早进入塑性，截面的弹塑性屈曲应力大大降低。

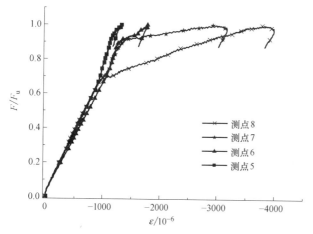

图 3.28　GJ2-1 中截面荷载-应变曲线

图 3.29　GJ2-1 中截面应变测点的分布

GJ2-1 的中截面在到达极限状态时基本保持平面未被压屈，其荷载——应变曲线在荷载较小时基本保持同步增长。当荷载达到 0.68 倍极限荷载时，测点 8 的曲线提前出现了拐点，说明该测点已经进入塑性发展阶段。根据残余应力分布模式，测点 8 的残余应力最大，因此该测点最先进入塑性，此外造成这种现象的原因还与应力在翼缘截面的不均匀分布有关。相比于压屈截面的曲线（图 3.26），该曲线的卸载部分基本保持一条直线，且该直线斜率与曲线的初始斜率基本相同，说明该截面卸载阶段是同步的。

9. 试验结论

通过试验可得到如下结论：

（1）GJ1、GJ3 最后破坏是由于受压翼缘的局部破坏，试验梁的整个梁段受压翼缘出现了连续波纹状的出平面压屈。受压翼缘局部压屈的位置与波纹腹板的波纹分布有关，压屈位置位于腹板波峰或波谷处，这些地方翼缘的局部宽厚比更大。两构件的破坏模态稍有差别，这主要是由于受压翼缘的初始几何缺陷的差别以及腹板波纹分布不同而导致的。

（2）GJ2-1 的破坏位置位于梁的上方，GJ2-2 的破坏位置位于构件中部。两根试验梁都是由于受压翼缘局部压屈而破坏，但其破坏模态与 GJ1 和 GJ3 有明显的不同，这两根梁局部压屈位置未出现在整个梁段，仅在局部出现，出现局部压屈的位置初始几何缺陷较大。

（3）未发生明显压屈的截面在卸载时截面荷载——应变曲线的斜率与其初始斜率基本一致，其卸载阶段截面是同步卸载的，压屈的截面卸载时由于截面各个部位卸载不一致，其荷载—应变曲线变化无规律。

（4）存在初始几何缺陷的截面在加载过程中，由于截面半边被压内凹，该侧测点的应变会迅速增大，另半边被压外凸，其相应测点的应变反而减小出现反向加载的现象。被压屈的截面由于截面应力分布十分不均匀，局部截面承担了大部分荷载使得截面过早进入塑性，截面的弹塑性屈曲应力大大降低。未压屈的截面随着荷载的增大，部分测点的荷载—应变曲线会提前出现拐点，这是由于测点位置的残余应力最大，因此该测点将先进入塑性，此外造成这种现象的原因还与应力在翼缘截面的不均匀分布有关。相比于压屈截面的未压屈的截面卸载阶段是同步的。

3.4 试验分析与设计建议

1. 试验分析的有限元模型

采用有限元软件 ANSYS 建立试验构件的模型对其进行屈曲分析。模型中，单元类型采用 4 结点壳单元，材料选用理想弹塑性模型，弹性模量取为 2.06×10^5 MPa，屈服强度采用材性试验结果，泊松比取为 0.3，试验构件一般部位单元划分网格的尺寸为 0.015m，由于翼缘板边缘的单元大小对其的弹塑性屈曲应力有较大的影响，因此有限元分析时翼缘板外边缘 1/4 截面的采用矩形网格划分的尺寸为 0.006m×0.015m，构件其他部分单元划分的特征尺寸为 0.006m，由于辅助加载梁对试验梁的屈曲荷载几乎无影响，辅助加载梁单元划分的特征尺寸为 0.07m，构件的约束条件及所施加的荷载如图 3.30 所示。各构件有限元模型的波纹腹板分布及各板件厚度、宽度和材性均采用实测值。

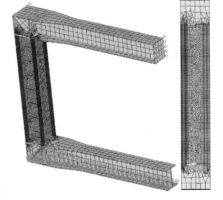

图 3.30 试验构件约束条件及网格划分

试验中发现试验构件与辅助加载梁两块 20mm 厚钢板之间的螺栓连接具有较高的可靠性，且该处的螺栓连接节点对分析结果几乎没有影响仅起到传递力的作用，为简化分析，有限元模型中不考虑螺栓连接，直接采用单块板模拟。

2. 极限承载力分析

利用有限元分析，考虑构件的初始几何缺陷以及残余应力的影响，得到各构件的极限承载力与试验结果对比如表 3.10 所示。分析时初始缺陷模式采用构件的一阶局部屈曲模态，最大的出平面几何缺陷大小采用实测值，最大残余压应力取 $0.5f_y$，残余应力峰值参考平腹板梁。

试件弹塑性屈曲应力　　　　　　　　　表 3.10

构件编号	GJ1-1	GJ1-2	GJ2-1	GJ2-2	GJ3-1	GJ3-2
$F_{u,t}$/kN	41.2	45.8	60.5	61.0	43.6	40.0
$F_{u,f}$/kN	40.4	41.0	59.3	59.3	45.9	46.6
Δ	-2.0%	-10.4%	-2.0%	-2.8%	5.2%	16.5%

注：$F_{u,t}$ 为试验实测极限状态时千斤顶所加的最大荷载，$F_{u,f}$ 为有限元分析所得的极限荷载，Δ 为有限元结果与试验结果的误差。

由表 3.10 可知，试件 GJ1、GJ2 的有限元结果比试验结果稍小，试件 GJ3 的有限元分析结果比试验结果偏大。而 GJ2 的有限元分析结果与试验值非常接近，说明上述考虑 $0.5f_y$ 的残余应力结果可以反映真实情况残余应力的影响。

3. 初始几何缺陷影响

由于波纹腹板梁腹板与翼缘的焊缝并非平直焊缝，加工过程中翼缘容易产生较大的出平面初始几何缺陷，波纹腹板梁的翼缘不易达到《钢结构工程施工质量验收规范》GB 50205—2001 的要求。

对六根试验构件施加不同大小的初始几何缺陷，初始几何缺陷取第一阶屈曲模态，得到翼缘板的弹塑性屈曲应力随缺陷大小 $\sqrt{u_0/t}$ 的变化曲线如下图 3.31 所示。

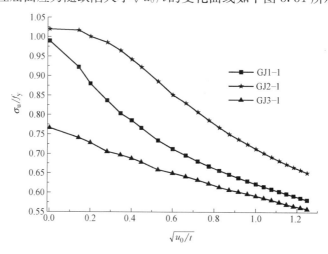

图 3.31　板的弹塑性屈曲应力-初始几何缺陷曲线

弹塑性屈曲应力 σ_u 为构件极限状态时所受弯矩和轴力计算得到的受压翼缘边缘纤维应力值，当 GJ2 不存在初始几何缺陷时，σ_u 可大于 f_y，此时构件受压翼缘存在塑性发展。

由图 3.31 可知受压翼缘板的弹塑性屈曲应力随着构件初始几何缺陷的增大而降低。

GJ3 翼缘宽厚比大于公式（3.36）对翼缘宽厚比的限制，翼缘相应的屈曲荷载小于屈服强度，因此翼缘在小于屈服荷载的情况下会发生局部屈曲达到其承载力极限状态。其极限荷载随着几何缺陷的增大而降低，二者基本保持一条直线变化。GJ1 翼缘宽厚比等于公式（3.33）对翼缘宽厚比的限制，翼缘存在初始缺陷，其弹塑性屈曲应力将下降，该曲线斜率变化较小。GJ2 翼缘宽厚比小于公式（3.33）对翼缘宽厚比的限制，当缺陷很小时翼缘板允许塑性发展，随着缺陷值的增大曲线基本保持一条直线下降。

由于《钢结构工程施工质量验收规范》GB 50205—2001 对于"$t<14mm$ 钢板的局部平面度允许偏差 Δ 为 1.5mm"这一要求对于波纹腹板梁可能过于苛刻，可考虑放宽到 2mm，试验加工的构件 GJ1 确实也能够达到这一要求。根据图 3.31，在最大初始几何缺陷达到 2mm 时，构件 GJ1、GJ2、GJ3 的弹塑性屈曲应力 σ_u 分别为 f_y 的 72%、89%、65%左右。

综上可知，对于满足设计公式（3.33）宽厚比限值的构件由于翼缘具有初始几何缺陷，其翼缘受压的弹塑性屈曲荷载最大将会降低 28%左右，考虑初始几何缺陷的影响可将弹性模量 E 取折减系数 0.72。

4. 残余应力影响

钢构件中的残余应力是因为构件在生产和制作过程中产生的不均匀变形而引起的。生产工艺的不同导致构件中的残余应力性质也不完全相同，通常情况下构件中的残余应力可分为：热轧残余应力、焊接残余应力和冷弯残余应力。前面两种统称为热加工残余应力[3.20]。由于波纹腹板梁的制作方法以焊接为主，其相应的残余应力主要是因为焊接造成的。焊接过程是一个不均匀的加热过程，在施焊时，焊件上会产生不均匀的分布温度场，从而使得焊件产生不均匀的温度膨胀，温度较高处的钢材膨胀大，由于两侧温度较低，因而其膨胀受到两侧钢材的限制，产生了热状态塑性压缩。焊缝冷却时，被塑性压缩的区域将收缩，此时其收缩变形受到两侧钢材的限制，使焊缝区产生纵向拉应力。

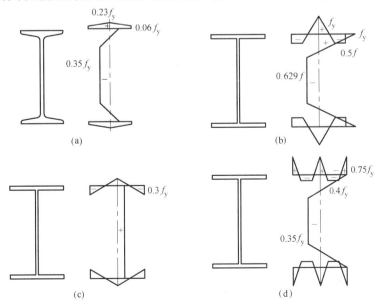

图 3.32 H 形钢的几种残余应力分布模式

构件中的残余应力是构件内部自平衡的内应力。影响构件轴线方向截面残余应力分布和大小的因素有：截面的形状和尺寸、型钢和钢板的轧制、焊接工艺和材料性能等有关。许多国家曾采用锯割法测定构件中的残余应力[3.21~3.23]，图 3.32 为典型的 H 形钢残余应力分布。

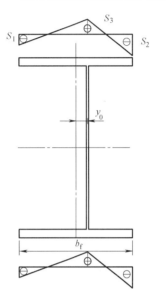

图 3.33　波纹腹板 H 形钢梁翼缘残余应力分布

由于波纹腹板梁翼缘与腹板的连接只能通过焊接实现，无法轧制而成。其残余应力的分布模式可参考平腹板Ｉ型钢梁中残余应力的分布情况图 3.32b 和图 3.32d。经过火焰切割后的翼缘外边缘其残余应力为拉应力，而边缘残余应力为拉应力的情况对于翼缘的局部稳定是有利的，因此不考虑图 3.32d 所示的残余应力分布模式，只考虑如图 3.32b 所示残余应力分布模式。此外由于波纹腹板梁的腹板相比于平腹板梁更薄，腹板与翼缘连接处的焊缝尺寸可以更小，因此在焊接时翼缘的热塑性区域小，冷却时在翼缘内造成的残余应力峰值小，而腹板较薄其残余应力对翼缘板影响很小，可忽略腹板中的残余应力。综合上述因素对波纹腹板梁翼缘中残余应力分布进行简化，并对其进行偏于保守地估计，认为其残余压应力峰值为 $0.5f_y$，其具体的分布模式如图 3.33 所示。

如图 3.33 所示，波纹腹板距截面中轴 y 的距离为 y_0，翼缘板宽度为 b_f。假设波纹腹板梁翼缘与腹板交接部位的最大残余拉应力为 S_2，而翼缘板边缘部分的残余压应力 S_1、S_3，残余应力在翼缘板中成直线分布。根据翼缘板自平衡的条件有如下关系：

$$S_1 = -\frac{b_f}{b_f - 2y_0} S_2$$

$$S_3 = -\frac{b_f}{b_f + 2y_0} S_2$$

将上述假定的残余应力分布模式施加于试验构件上，对其进行弹塑性屈曲应力分析。有限元分析时为防止构件出现平衡分叉现象导致有限元无法计算，在构件上施加 0.5mm 的出平面初始缺陷，缺陷采用第一阶模态形式。

经有限元计算得到翼缘边缘最大残余压应力大小（S_1）对翼缘板的弹塑性屈曲应力影响如图 3.34 所示，图中 F_u 为不同大小残余应力时构件的极限承载力，F_{u0} 为残余应力为 0 时构件的极限承载力。

由图 3.34 可知，翼缘板的弹塑性屈曲应力随着最大残余压应力的增大而降低，二者基本呈线性变化。GJ2 翼缘宽厚比小于公式（3.33）对翼缘宽厚比的限制，最

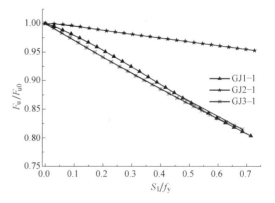

图 3.34　试件弹塑性屈曲应力-残余应力关系曲线

大残余压应力的增大对构件弹塑性屈曲应力的影响很小。

GJ3 翼缘宽厚比大于公式（3.33）限值，考虑 $0.5f_y$ 的残余压应力峰值影响，其弹塑性屈曲应力将降低 15% 左右。GJ1 翼缘宽厚比等于公式（3.33）限值，考虑 $0.5f_y$ 的残余压应力峰值影响，其弹塑性屈曲应力将降低 14% 左右。综上可知，对于翼缘宽厚比远小于公式（3.33）限值的波纹腹板梁，翼缘中的残余应力对其弹塑性屈曲应力影响相对较小。而对于翼缘宽厚比接近公式（3.33）限值的波纹腹板梁考虑 $0.5f_y$ 的残余压应力峰值影响，其相应的弹塑性屈曲应力将降低 14% 左右。因此考虑残余应力的影响，求解波纹腹板梁翼缘弹塑性屈曲应力时可将弹性模量 E 取折减系数 0.86。

5. 波纹腹板 H 形钢梁受压翼缘宽厚比限值设计建议

公式（3.33）未考虑初始几何缺陷以及残余应力的影响，如考虑其对波纹腹板梁受压翼缘屈曲承载力的影响，偏于安全地认为上述两因素对翼缘板弹塑性屈曲应力的影响相互独立，则利用上述分析结果对式（3.33）进行修正，得翼缘板的宽厚比限值为式［3.24］、［3.25］：

$$\frac{b_f}{2t} \leqslant 28 \times \sqrt{0.86 \times 0.72} \times \sqrt{\left(0.425 + \frac{6}{12+\beta}\right)\frac{235}{f_y}} \tag{3.34}$$

$$\approx 22\sqrt{\left(0.425 + \frac{6}{12+\beta}\right)\frac{235}{f_y}}$$

式中：$\beta = \dfrac{8ct^3 h_w}{b_f t_w h_r^2 (s+3b)}$。

当波纹腹板退化成平腹板时，可认为 $h_r = t_w$，$s=0$，$b=c/2$，则：

$$\beta = \frac{16h_w}{3b_f}\left(\frac{t}{t_w}\right)^3$$

一般情况 $h_w \approx 2b_f$，$t \approx 3t_w$，则 $\beta \approx 288$。将该值代入式（3.34），得

$$\frac{b_f}{2t} \leqslant 14.68\sqrt{\frac{235}{f_y}}$$

上述限值与平腹板 H 形钢梁的翼缘宽厚比限值基本一致。

6. 各种设计要求的对比

将本节得到的波纹腹板梁受压翼缘宽厚比限值设计建议式（3.34）与 Eurocode 3 以及我国《波纹腹板钢结构技术规程》CECS 291：2011 的设计要求（式（3.4））进行对比。由于 Eurocode 3 采用有效面积的方法来限制波纹腹板梁受压翼缘的截面，当计算得到式（3.2）中的 $\rho = 1.0$ 时认为宽厚比满足要求。对于我国《波纹腹板钢结构技术规程》，公式（3.4）中 r_f 取为 15。取不同翼缘宽厚比的波纹腹板 H 形钢构件（钢材的强度取235MPa），翼缘宽厚比限值的不同设计要求的对比如表 3.11 所示。

翼缘宽厚比限值的不同设计要求对比　　　　　　　　表 3.11

构件编号	b_f	t	h_w	t_w	b	d	h_r	式(3.34)	Eurocode 3	CECS
D-1	220	8	250	2	62.0	32.0	38.5	Y	Y	Y
D-2	220	8	1000	3	120.0	60.0	80.0	Y	Y	Y
D-3	265	8	250	2	62.0	42.0	55.0	Y	N	Y
D-4	280	8	1000	3	120.0	60.0	80.0	Y	N	Y

续表

构件编号	b_{f}	t	h_{w}	t_{w}	b	d	h_{r}	式(3.34)	Eurocode 3	CECS
D-5	240	6	250	2	62.0	32.0	38.5	Y	N	N
D-6	380	10	1200	2	70.0	50.0	50.0	Y	N	N
D-7	400	10	1200	2	70.0	50.0	50.0	N	N	N
D-8	380	10	1200	2	60.0	40.0	38.5	N	N	N
D-9	260	8	250	2	62.0	32.0	38.5	Y	Y	N

注：本表中 Y 表示满足要求，N 表示不满足要求。几何尺寸单位为 mm。

　　由表 3.10 可知，设计建议式（3.34）综合考虑波纹腹板对翼缘局部失稳的有利影响，因此允许翼缘板具有更大的宽厚比限值。而欧洲规范 Eurocode3 在计算翼缘的屈曲系数时取单波长度范围内的三边简支板（宽度取翼缘边缘到腹板距离的最大值）的屈曲系数与 0.6 之间的较小值，这种方法低估了波纹腹板对翼缘局部失稳的有利影响。我国《波纹腹板钢结构技术规程》没有考虑波纹腹板对翼缘局部失稳影响，对波纹腹板梁翼缘宽厚比限值取值也较为保守。

参考文献

[3.1]　GB 50017—2003 钢结构设计规范［S］. 北京：中国计划出版社. 2013. 10

[3.2]　CECS102：2002 门式刚架轻型房屋钢结构技术规程［S］. 北京：中国计划出版社，2002.

[3.3]　Johnson R P, Cafolla J. Local flange buckling in plate girders with corrugated webs. Structures and Buildings，1997，122（2），148-156.

[3.4]　Sayed-Ahmed, E. Y. Lateral Torsion-Flexure Buckling of Corrugated Web Steel Girders. Structures &. Buildings，158，53-69.

[3.5]　Sayed-Ahmed, E. Y. Innovative Steel Plate Girders with Corrugated Webs for Short Span Bridges. Proc. , 4th Int. Conf. on Current and Future Trends in Bridge Design，construction and Maintenance，Institution of Civil Engineering，Kuala Lumpur，Malaysia，Oct. 2005.

[3.6]　Sayed-Ahmed, E. Y. Design aspects of steel I-girders with corrugated steel webs. Journal of Structural Engineering，2007，7，27-40.

[3.7]　Eurocode 3，Design of Steel Structures part 1-5. Plated Structural Elements.

[3.8]　SIKOLA W. Corrugated Web Beam：Technical Documentation. Vienna：Zeman&. Co，1999.

[3.9]　Mohd. Hanim Osman. Analysis，Design and Performance of Steel Section with Trapezoid Web. UNIVISION PRESS. 2008

[3.10]　郭彦林，张庆林. 波折腹板工形构件翼缘稳定性能研究［J］. 建筑科学与工程学报，2007，24（4），64-69

[3.11]　CECS 291：2011 波纹腹板钢结构技术规程［S］. 北京：中国计划出版社 .2011

[3.12]　刘鸿文，林建兴，曹曼玲. 板壳理论［M］. 杭州：浙江大学出版社，1987.

[3.13]　毛佳，江振宇，陈广南，张为华. 弹性支承上边界转动约束矩形板屈曲分析［J］. 工程力学，2010，27（12）：59-63.

[3.14]　Qiao P Z, Zou G P. Local buckling of elastically restrained FRP plates and its application to box sections［J］. ASCE，2002，128（12）：1324-1330.

[3.15]　莫时旭，钟新谷，赵人达. 刚性基底上弹性约束矩形板的屈曲行为分析［J］. 工程力学，2005，

22 (2)：174 — 178.

[3.16] GB/T 2975—1998 钢及钢产品力学性能试验取样位置及试样制备．北京：中国计划出版社：2004.

[3.17] GB 6397—86 金属拉伸试验试样．北京：中国计划出版社：1986.

[3.18] GB/T 228—2002 金属材料室温拉伸试验方法．北京：中国计划出版社：2002.

[3.19] GB 50205—2001 钢结构工程施工质量验收规范 [S]．北京：中国计划出版社：2001.

[3.20] 于雷．厚壁冷成型钢残余应力理论分析及其影响研究．硕士学位论文，南京工业大学，2005.

[3.21] R. C. Spoorenberg，H. H. Snijder，J. C. D. Hoenderkamp. Experimental investigation of residual stresses in roller bent wide flange steel sections [J]. Journal of Constructional Steel Research. 2010，66，pp. 737-747.

[3.22] 米谷茂 [日]．残余应力的产生和对策 [M]．朱莉璞等译，伍尚礼校．北京：机械工业出版社．1983.

[3.23] 王国周，赵文蔚．热轧普通 I 字钢和焊接 I 字钢残余应力的测定 [J]．工业建筑，1986，7：32-37

[3.24] 朱奇，李国强．波纹腹板 H 形钢梁受压翼缘局部稳定研究 [J]．工程力学，2014，v. 3109：51-56.

[3.25] 李国强，朱奇．波纹腹板 H 形钢梁受压翼缘宽厚比限值研究 [J]．建筑结构学报，2015，v. 3607：91-98.

第4章 波纹腹板 H 形钢截面抗弯性能

4.1 概述

通过第 2 章中对抗剪性能的研究，已经证明在波纹腹板 H 形钢中，可以采用较薄的腹板厚度而获得较大的平面外刚度和屈曲强度，腹板高厚比可以取得很大，所以波纹腹板 H 形钢梁截面可以更为开展。从这个角度来讲，波纹腹板 H 形钢非常适合作为受弯构件。

目前，对波纹腹板 H 形钢抗弯性能的研究资料较少，其中，1990 年，Linder[4.1]研究了波纹腹板 H 形钢的侧向扭转性能。研究认为截面的扭转惯性矩与平腹板钢梁相同，但截面的翘曲常数是不同的。1997 年，Elgaaly[4.2]进行了波纹腹板 H 形钢梁受弯试验和理论分析，认为腹板对受弯极限承载力的贡献较少，可以忽略，极限弯矩一般取决于翼缘的屈服强度。Johnson，R. P. and Cafolla，J（1997）[4.3]研究了梁的整体弯曲性能及受压翼缘局部屈曲。2002 年，C. L. Chan[4.4]采用有限元方法研究了三种腹板形式：平腹板、水平向波纹腹板和竖向波纹腹板情况下梁的强度，结果证明竖向采用竖向波纹腹板的梁的强度比水平波纹腹板梁高出 40％左右，主要原因在于波纹腹板给翼缘提供了更强的支撑，而且波高越大，承载力越高。2004 年，Y. A. Khalid and C. L. Chan[4.5]采用试验和有限元方法研究了水平波纹和竖向波纹梁的性能，同样证明了竖向波纹梁的承载力更高。

2006 年，Abbas[4.6]分析了在面内荷载作用下梁的弯曲行为，并认为梁的面外扭转可以作为翼缘的横向屈曲问题进行求解。最后，通过有限元方法对上述理论进行了验证。2007 年，Abbas[4.7]用理论、试验和有限元方法研究了面内荷载作用下，波纹腹板钢梁的线弹性行为。认为梁的面内弯曲不仅需要按照传统的理论进行求解，还需要对翼缘的横向弯曲进行分析，并提出了相应的求解方法。Abbas 提出[4.8]了简化方法来分析波纹腹板 H 形钢梁翼缘的横向弯曲，也就是所谓的 C-因子法。

2009 年，JihoMoon，Jong-WonYi[4.9]首先对波纹腹板钢梁弯曲和扭转刚度的研究进行了总结，然后给出了近似的求解截面剪切中心和翘曲常数的方法，依据上述方法，可以求出波纹腹板 H 形钢梁在纯弯曲作用下其弯扭屈曲强度。最后通过有限元方法验证了上述方法的正确性，并进一步讨论了腹板波形对弯扭屈曲强度的影响。

欧洲规范 EC3（prEN 1993-1-5：2004）计算波纹腹板 H 形钢梁抗弯承载力时，分别考虑了翼缘的抗弯强度及稳定问题，并考虑了翼缘的横向弯曲和侧向弯扭屈曲对梁强度的降低所造成的强度的折减。

4.2 抗弯承载力

由于波纹腹板钢梁最主要的技术创新就在于采用波形腹板，从而可以将腹板高厚比取相对较大的值。用于实际工程的波纹腹板高厚比可以达到 500～600，远远大于我国《钢结构设计规范》规定的"任何情况下梁腹板高厚比不得大于 250"的规定。因此，波纹腹板 H 形钢尤其适合作为受弯构件，抗弯承载力是其应用方面的重要研究内容。

4.2.1 理论分析

根据第 2 章中波纹腹板钢梁在横向荷载作用下的理论模型分析可知，由于腹板波形的"折叠"效应，腹板基本不承受任何正应力，所以理论上波纹腹板 H 形钢抗弯承载力可认为完全由上、下翼缘提供。

在波纹腹板梁受力过程中，在弹性阶段，上下翼缘的弯曲应力逐渐增大。当上、下翼缘最外边缘纤维达到屈服强度后，塑性区逐渐向内发展，由于翼缘厚度相对较薄，所以翼缘很快达到全部塑性状态。所以，屈服弯矩和塑性极限弯矩相差很小。为方便计算，可以取截面塑性弯矩作为截面的抗弯承载力[4.10]：

$$M_P = b_f t_f f_y (h_w + t_f) \qquad (4.1)$$

式中，b_f 为梁翼缘宽度，t_f 为梁翼缘厚度，h_w 为梁腹板高度，f_y 为梁翼缘钢材屈服强度。

公式（4.1）概念明确，形式简单，下面将试验对其进行验证。

4.2.2 试验研究

设计 2 个波纹腹板 H 形钢梁试件，试件腹板尺寸：500mm×3mm，翼缘尺寸：150mm×10mm。腹板波形尺寸如下：波高 $h_r = 38$mm，波纹水平段宽度 $b = 64$mm，倾斜段水平投影长度 $d = 23.5$mm。经试验验证，该波形腹板剪切屈曲强度可以达到材料的剪切屈服强度（参见第 2 章波形 1）。试件钢材设计采用 Q235 钢，实测腹板屈服强度 $f_{wy} = 260$MPa，翼缘屈服强度 $f_{fy} = 265$MPa。腹板与翼缘之间采用单面角焊缝，焊接方法为 CO_2 气体保护焊，焊丝为 0.8mm。

两个试验设计为简支梁两点对称加载，纯弯段长度为腹板高度的 2 倍。在试验支座位置和加载位置设置加劲肋，加劲肋与腹板及翼缘之间均为单面角焊缝。

在剪跨段，构件上、下翼缘贴单向应变片，测量弯曲正应变，腹板的不同高度贴三向应变花，腹板应变片均单侧放置。在纯弯段，构件上、下翼缘贴单向应变片，腹板的不同高度贴单向应变片（图 4.1）。测量弯曲正应变。7 个位移计主要布置在试件的跨中下翼缘、支座位置竖向及水平方向，以测量构件的跨中的位移和支座的水平、竖向位移，图中字母 D 代表位移计。P 代表所施加荷载，l_1 和 l_2 分别代表剪跨长度和纯弯段长度。

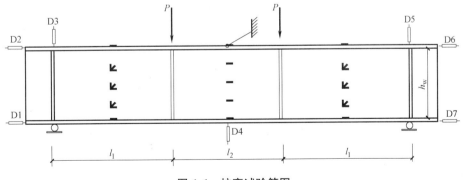

图 4.1 抗弯试验简图

波纹腹板 H 形钢梁的抗弯强度试件的基本参数见表 4.1:

抗弯试验构件参数　　　　　　　　　　　　　　表 4.1

试件	$b_\mathrm{f} \times t_\mathrm{f}$ /mm×mm	波形	t_w /mm	h_w /mm	l_1 /mm	l_2 /mm	f_fy /MPa	I_x /cm⁴
GJ7	150×10	1	3.0	500	1.5	1.0	265	19507
GJ8	150×10	1	3.0	500	2.0	1.0	265	19507

注:波纹腹板波形见第 2 章 2.2.1

表 4.1 中,l_1 和 l_2 分别为剪跨段和纯弯段长度,I_x 为截面惯性矩。试验设计为简支梁两点对称加载。为了防止发生梁的水平侧向扭转变形,在梁跨中设置侧向支撑,试件位于侧向支撑的两夹肢之间,在夹肢与试件之间填塞 PTFE 板,PTFE 板上涂抹黄油,保证试件在竖直方向自由移动。在剪跨段,试件上、下翼缘贴单向应变片,腹板的不同高度贴三向应变花。在纯弯段跨中截面,试件上、下翼缘及腹板的不同高度贴单向应变片,腹板应变片均单侧放置。7 个位移计 D1～D7 分别测量试件的跨中位移,支座的水平位移、竖向位移和梁端转角。

试验过程中首先预加载至 $0.1P_\mathrm{u}$(P_u 为试件的预估极限荷载),卸载后正式加载,每 10kN 一级,分级加载到 $0.4P_\mathrm{u}$,然后连续加载,每分钟加载 10kN,每秒采样一次。试验在同济大学建筑工程系实验室完成,所采用加载设备最大压力可达到 1000kN。位移的测量采用 YHD2100 型位移传感器,其最大量程为 10cm,力和位移的采集均由 DH3815 型静态应变测试系统完成。通过数据采集和控制系统对试件的荷载-挠度曲线进行监测。

为了与试验结果进行对比,并支持进一步的参数分析,采用有限元软件 ANSYS 进行了波纹腹板 H 形钢梁受弯性能的有限元分析。模型中,翼缘、腹板和加劲肋的单元类型采用 4 节点壳单元 SHELL181,材料选用双折线弹塑性模型,弹性模量 E 取为 206×10^3 N/mm²,切线模量取为 $0.01E$。板件的几何尺寸和材料的强度按照材性试验的实际结果取值。经反复试算,腹板的水平和倾斜板带沿高度划分为 20 个单元,沿跨度方向划分为 3 个单元。翼缘与腹板相交的区域内,单元划分与腹板相互对应。在梁支座及试验荷载位置布置加劲肋,并在梁上翼缘施加竖向荷载。同时,在两端支座截面设置约束,使支座截面可以自由翘曲,但不能绕转动,且不能侧向移动。在梁的跨中设置侧向约束,防止发生侧向位移。按照第一特征值屈曲模态施加缺陷,然后启动程序中的非线性静力分析模块,分析中同时考虑材料非线性和几何非线性。采用自动荷载步,并控制最小荷载步保证足够的精度。

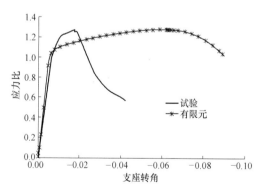

图 4.2　GJ7 试验曲线

为了与试验结果进行对比,并获得更多试验数据,同时进行了有限元分析。将试验结果和有限元计算结果绘制成支座转角-应力比曲线,见图 4.2。横坐标为试件的转角,近似取为跨中挠度和梁跨度一半的比值,纵坐标为翼缘的弯曲应力与翼缘材料屈服强度的比值。由于有限元模型中边界条件更接近理想情况,所以荷载位移曲线显示出较好的塑性发展过程。

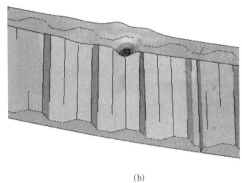

(a)   (b)

图 4.3 GJ7 破坏形态

（a）试验破坏现象；（b）有限元分析结果

为了验证波纹腹板 H 形钢梁的理论受力模型，以 GJ7 为例，跨中截面的正应力的实测数据绘制于图 4.4 中。可以看到，随着荷载的发展，无论是试验还是有限元方法的数据，都证明了在竖向荷载作用下波纹腹板几乎不产生任何正应力作用的推断。

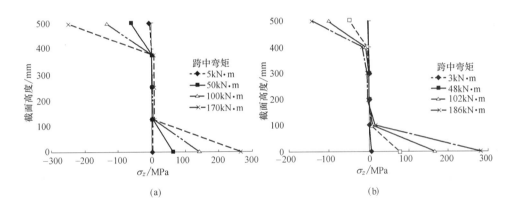

(a)   (b)

图 4.4 GJ7 截面正应力发展分布

（a）试验结果；（b）有限元分析

另外，有限元方法得到的极限弯矩与试验结果较为接近，而且初始刚度与试验值也几乎一致。但有限元方法得到的荷载位移曲线显示 GJ7 具有较好的塑性性能。这主要是由于有限元方法对约束的施加更为理想，而试验过程中侧向支撑对钢梁的约束由于刚度有限，钢梁的破坏仍然存在一定的梁平面外整体失稳因素。此外，梁受压翼缘的局部失稳尽管通过宽厚比加以限制，保证翼缘屈服前不屈曲，然而由于屈服导致材料弹性模量的降低及几何初始

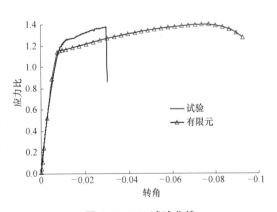

图 4.5 GJ8 试验曲线

缺陷的存在，翼缘受压屈服后仍难以保证不屈曲，而翼缘的弹塑性屈曲则限制了梁抗弯塑性变形能力的发展。

GJ8 的试验过程与 GJ7 较为类似，试验和有限元方法得到的弯矩-转角曲线如图 4.5 所示，得到的试件破坏形态如图 4.6 所示。

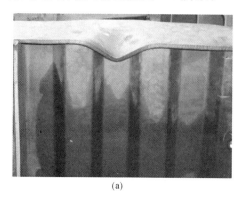
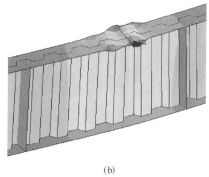

(a)   (b)

图 4.6　GJ8 受弯试验破坏形态
（a）试验破坏现象；（b）有限元分析结果

GJ8 的破坏是纯弯段受压翼缘的局部受压向下凹曲。从试验得到的破坏形态可以明显的看出，破坏发生在翼缘自由外伸宽度较大的一侧，说明波形腹板对这个部位的翼缘约束相对较弱。

4.2.3　试验结果讨论

将式（4.1）计算得到的塑性弯矩 M_{pc}、试验结果 M_{pt} 和有限元结果 M_{PFEM} 列入表 4.2。

试件抗弯承载力结果对比表　　　　　　　　　　　　　　　　　　　　　　表 4.2

试件编号	M_{pc} /kN・m	M_{pt} /kN・m	M_{PFEM} /kN・m	$\dfrac{M_{pt}}{M_{pc}}$	$\dfrac{M_{pt}}{M_{PFEM}}$
GJ7	203	257	260	1.27	0.99
GJ8	203	280	284	1.38	0.99

可以看到，试验和有限元得到的试件极限弯矩很接近，且都大于理论塑性弯矩，幅度都达到了 20% 以上。因此，以截面塑性弯矩作为波纹腹板 H 形钢梁的抗弯承载力设计值是有安全保证的。

为更深入了解影响波纹腹板 H 形钢梁受弯承载力的因素，进一步采用有限元方法进行参数分析。主要考虑的参数包括：材料屈服后切线模量、腹板波形、翼缘宽厚比、翼缘的强度和腹板高厚比等，具体参数及分析得到的极限弯矩见表 4.3。以试件 GJ7、GJ8 为基本参数，改变部分参数得到其他波纹腹板构件。其中，GJ7-1、GJ8-1 的翼缘切线模量 $E_t=0$，GJ7-2 的翼缘切线模量 $E_t=0.005E$；GJ7-3、GJ7-4 的腹板波形分别采用波形 2 和波形 3（波形 2 中，$h_r=50mm$，$b=70mm$，$d=50mm$；波形 3 中，$h_r=30mm$，$b=40mm$，$d=25mm$）；GJ7-5、GJ7-6 的翼缘厚度分别为 12mm、15mm；GJ7-7、GJ7-8 翼缘屈服强度分别为 235MPa、300MPa；GJ7-9、GJ7-10 腹板高度分别为 750mm，1000mm。

波纹腹板 H 形钢梁参数分析结果

表 4.3

计算模型	波形	h_{w} /mm	t_{w} /mm	b_{f} /mm	t_{f} /mm	f_{fy} /MPa	E_{t}/E	M_{pc} /kN·m	M_{PFEM} /kN·m	$\dfrac{M_{PFEM}}{M_{pc}}$
GJ7	1	500	3	150	10	265	0.01	203	260	1.28
GJ8	1	500	3	150	10	265	0.01	203	284	1.40
GJ7-1	1	500	3	150	10	265	0	203	211	1.04
GJ7-2	1	500	3	150	10	265	0.005	203	228	1.12
GJ8-1	1	500	3	150	10	265	0	203	227	1.12
GJ7-3	2	500	3	150	10	265	0.01	203	242	1.19
GJ7-4	3	500	3	150	10	265	0.01	203	291	1.43
GJ7-5	1	500	3	150	12	265	0.01	244	338	1.39
GJ7-6	1	500	3	150	15	265	0.01	307	438	1.43
GJ7-7	1	500	3	150	10	235	0.01	180	250	1.39
GJ7-8	1	500	3	150	10	300	0.01	230	280	1.22
GJ7-9	1	750	3	150	10	265	0.01	302	380	1.27
GJ7-10	1	1000	3	150	10	265	0.01	401	528	1.31

注：腹板波形见第 2 章 2.2.1

由表 4.3 数据可以观察到：

（1）如果从材料模型的角度考察，切线模量越小，有限元极限弯矩 M_{PFEM} 越接近塑性弯矩 M_{pc}，若采用理想弹塑性材料模型，则两者结果最为接近，这也能够验证文中提出的力学模型的合理性。

（2）腹板波形对极限弯矩的影响具有以下规律：波形越稠密，则 M_{PFEM}/M_{pc} 越大。这种现象的原因是由于试件最终的破坏形态为受压翼缘屈服后的屈曲，而稠密的波形能够为翼缘提供更强的约束和支撑作用。

（3）翼缘宽厚比越小，M_{PFEM}/M_{pc} 越大。这一点仍然与试件的破坏形态有关，较小的翼缘宽厚比具有更高的局部稳定承载力。

（4）翼缘的屈服强度越小，M_{PFEM}/M_{pc} 越大。原因仍然在于最终控制破坏的因素是翼缘的局部屈曲，而低屈服点钢材有利于翼缘的局部稳定性。

（5）腹板高厚比对极限弯矩无显著影响。

由于波形越稠密，梁的极限弯矩越大，而且从荷载-位移曲线中可以观察到其塑性发展过程更长，所以在选择腹板波形时，在兼顾经济性的前提下，应尽可能的选择较稠密的波形。翼缘宽厚比的减小虽然能够提高极限弯矩，但从经济角度考虑，仍建议满足承载力和局部稳定的构造要求即可。通过试验和有限元分析可知，合理的参数能够有效地提高波纹腹板 H 形钢梁的抗弯承载力，但是实际设计工程中，考虑到达到极限荷载时，所对应的梁的挠度也较大，仍建议保守地取截面塑性弯矩作为波纹腹板 H 形钢梁的抗弯承载力设计值，即按下式进行梁截面抗弯验算：

$$\frac{M_{x}}{\gamma_{x}W_{nx}} \leqslant f \tag{4.2}$$

式中，γ_{x} 为截面塑性发展系数，取为 1.0；W_{nx} 为净截面抵抗矩，$W_{nx}=b_{f}t_{f}h$；f 为梁翼缘强度设计值。

4.3　变形性能

由于腹板采用波纹形式，使得其受力特点与普通 H 形钢梁不同，必然造成其变形性能也有所不同[4.11][4.12]。

结构或构件的变形能力可以从两个层次进行评价，层次一为构件屈服前的变形能力，主要考察构件的弹性变形，验算是否满足正常使用极限状态的要求，主要指标为构件的初始刚度。层次二为构件屈服后变形能力，以构件的延性为指标。延性能够反映结构在地震作用下抵抗变形和消耗地震能量的能力，因此构件屈曲后变形能力在抗震设计中有重要意义。例如，在欧洲抗震规范 Eurocode 8[4.13]中，对不同延性结构按照不同地震作用进行设计。延性较好的结构可以取用较小的地震作用进行强度设计，地震作用下较早进入塑性，然后靠延性和耗能保证结构的屈服后承载力；延性较差的结构取用较大的地震作用进行强度设计，地震作用下进入塑性较晚，对延性的依靠较小；完全脆性的结构可以直接用弹性反应谱进行结构强度设计，这样保证地震作用下结构保持弹性，完全靠强度抵抗地震作用。通过这样的灵活调整和相应延性要求的保证可以使不同类型结构都达到相同的抗震可靠度[4.14]。

4.3.1　波纹腹板 H 形钢弹性刚度分析

波纹腹板 H 形钢梁受力特点与桁架较为类似，上、下翼缘可视为弦杆，波纹腹板为腹杆，上下翼缘之间仍然保持平截面假定，波纹腹板通过张力场起到了斜腹杆的作用。由于波纹腹板不承受弯矩作用，所以腹板上剪应力呈均匀分布，而腹板厚度较薄，剪切刚度较小，因此有必要考虑腹板的剪切对构件变形的影响。根据虚功原理，等截面直杆在荷载作用下的弹性位移一般可以表达为：

$$\Delta = \sum \int \frac{\overline{N} N_p}{EA} \mathrm{d}s + \sum \int \frac{k \overline{Q} Q_p}{GA} \mathrm{d}s + \sum \int \frac{\overline{M} M_p}{EI} \mathrm{d}s \qquad (4.3)$$

$\overline{N}$、$\overline{Q}$、$\overline{M}$ 为单位荷载引起的杆件轴力、剪力和弯矩，N_p、Q_p、M_p 为实际荷载引起的内力。一般情况下，梁构件的变形主要是弯矩引起的，剪力和轴力的影响可以不考虑。对于波纹腹板 H 形钢梁也可以忽略轴力的影响，以跨中受单位集中力的简支梁为例，其弯曲变形为 δ_1：

$$\delta_1 = \overline{M}\, \overline{M}/(EI) = l^3/(48EI) \qquad (4.4)$$

工字型截面的剪应力不均匀分布系数 k 可以取为 A/A_w，所以剪切引起的变形 δ_2：

$$\delta_2 = k \overline{Q}\, \overline{Q}/(GA) = l/(4G'A_w) \qquad (4.5)$$

需要注意的是，由于腹板采用波纹形式，对剪切变形的积分公式中，应沿波纹的波形积分，腹板剪切模量应修正为 $G' = G \cdot q/s$，G 为钢材的剪切模量，q 为波纹腹板的波长，s 为波长的展开长度。

构件总的初始刚度为：

$$k_0 = 1/(\delta_1 + \delta_2) \qquad (4.6)$$

弹性模量和剪切模量关系可以定义为：$E = 2(1 + \mu)G$，$\mu = 1/3$，截面惯性矩仅考虑翼缘的影响，所以 $I = A_f h^2/2$，其中 A_f 为一个翼缘的面积，h 为上下翼缘形心之间的距离。

由此可得：$\delta_2/\delta_1 = 16(s/q)(A_f/A_w)(h/l)^2$。

根据统计，波纹腹板 H 形钢的腹板用钢量一般占到整个构件的 25% 左右，最低甚至可至 4%，所以 $A_f/A_w = 1.5 \sim 12$。为方便分析，假设 $s/q = 1$，$h/l = 1/10$（h 和 l 分别为梁的跨度和截面高度），则 δ_2/δ_1 的范围为 $0.24 \sim 1.92$，若腹板用钢量比例过小，则可能导致剪切变形成为主要因素；若假设 $A_f/A_w = 1.5$，而 $h/l = 1/10 \sim 1/2$，则 δ_2/δ_1 范围为 $0.24 \sim 6$。由此可见，当构件跨高比较大时，剪切变形有可能将超过弯曲变形。

同理，在均布荷载作用下：$\delta_2/\delta_1 = 12.8(s/q)(A_f/A_w)(h/l)^2$，若假设 $s/q = 1$，δ_2/δ_1 范围为 $0.19 \sim 1.54$。若假设 $A_f/A_w = 1.5$，而 $h/l = 1/10 \sim 1/2$，则 δ_2/δ_1 范围为 $0.19 \sim 4.8$。

对于两端固支的梁，如连续梁及框架梁，在跨中单位集中荷载作用下，梁的挠度为：

$$\delta = \frac{l^3}{192EI} + \frac{l}{4G'A_w} \tag{4.7}$$

在单位均布荷载作用下，梁的挠度为：

$$\delta = \frac{l^4}{384EI} + \frac{l^2}{8G'A_w} \tag{4.8}$$

在这两种情况下，$\delta_2/\delta_1 = 64(s/q)(A_f/A_w)(h/l)^2$，假设 $s/q = 1$，δ_2/δ_1 范围为 $0.96 \sim 7.68$。若假设 $A_f/A_w = 1.5$，而 $h/l = 1/10 \sim 1/2$，则 δ_2/δ_1 范围为 $0.96 \sim 24$。

从上述分析可以看到，简支情况下，剪切变形可以达到弯曲变形的 20% 以上，而且腹板面积所占比重越小，剪切变形的比重越大。在两端固支条件下，剪切变形所占比重更大。因此，计算波纹腹板 H 形钢梁的变形时，剪切因素必须考虑。

为验证上述分析的准确性，将第 2 章和本章中的波纹腹板 H 形钢梁抗剪和抗弯试验进行分析，将试验得到的梁的初始刚度 k_t 及有限元分析得到的初始刚度 k_{FEM} 与理论值 k_0 进行对比，并将结果列表如下：

构件初始刚度（kN/mm）　　　　　　　　表 4.4

	k_1	k_2	k_0	k_t	k_{FEM}	k_0/k_t	k_0/k_{FEM}
GJ1	2497	219	201	201	201	1.002	1.000
GJ2	312	109	81	78	88	1.036	0.920
GJ3	8	32	7	7	—	0.985	—
GJ4	2491	274	247	223	218	1.107	1.133
GJ5	311	137	95	94	85	1.012	1.118
GJ6	11	34	8	9	8	0.960	1.000
GJ7	17	63	13	13	14	0.999	0.929
GJ8	8	47	7	8	7	0.932	1.000
GJ9	722	232	176	182	174	0.965	1.011
GJ10	979	329	246	258	233	0.954	1.056
GJ11	184	124	74	82	72	0.903	1.028
GJ12	722	248	185	175	181	1.055	1.022
GJ13	184	119	72	80	71	0.903	1.014

表 4.4 中 k_t 为试验结果，k_1，k_2，k_0 分别为弯曲刚度、剪切刚度和总刚度。数据显示刚度理论计算与试验结果和有限元分析结果均较为接近，两者差值均在 10% 的范围内。当梁跨度较短时，构件的剪切变形为主要因素，也就是说剪切引起的变形要大于弯曲引起的变形；当梁跨度较大时，以弯曲变形为主，但剪切变形不能忽略。

若将此结论推广到结构层次，如采用矩阵位移法时，单元刚度方程应采用下述形式[4.15]

$$
\begin{bmatrix}
\dfrac{EA}{l} & 0 & 0 & -\dfrac{EA}{l} & 0 & 0 \\
0 & \dfrac{12EI}{(1+\phi)l^3} & \dfrac{-6EI}{(1+\phi)l^2} & 0 & \dfrac{-12EI}{(1+\phi)l^3} & \dfrac{-6EI}{(1+\phi)l^2} \\
0 & \dfrac{-6EI}{(1+\phi)l^2} & \dfrac{(4+\phi)EI}{(1+\phi)l} & 0 & \dfrac{6EI}{(1+\phi)l^2} & \dfrac{(2+\phi)EI}{(1+\phi)l} \\
-\dfrac{EA}{l} & 0 & 0 & \dfrac{EA}{l} & 0 & 0 \\
0 & \dfrac{-12EI}{(1+\phi)l^3} & \dfrac{6EI}{(1+\phi)l^2} & 0 & \dfrac{12EI}{(1+\phi)l^3} & \dfrac{6EI}{(1+\phi)l^2} \\
0 & \dfrac{-6EI}{(1+\phi)l^2} & \dfrac{(2+\phi)EI}{(1+\phi)l} & 0 & \dfrac{6EI}{(1+\phi)l^2} & \dfrac{(4+\phi)EI}{(1+\phi)l}
\end{bmatrix}
\tag{4.9}
$$

式（4.9）需要注意的是，由于轴向正应力完全由翼缘承担，矩阵中 $A=2A_f$，而 I 为只考虑上下翼缘影响的惯性矩，$\phi=12kEI/(G'Al^2)=12EI/(G'A_w l^2)$，$G'=G \cdot q/s$。

4.3.2　波纹腹板 H 形钢延性性能分析

对于结构抗震而言，延性与强度同等重要，而且延性更有意义。一般情况下，可以用延性系数对延性进行定量的衡量，延性系数可以取为构件最大变形 Δ_u 与屈服变形 Δ_y 之比。

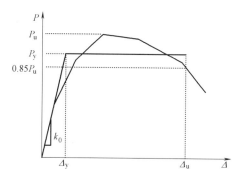

图 4.7　延性系数计算图示

在计算构件延性系数时，若荷载位移曲线有明显的屈服平台，Δ_y 可以直接确定；若荷载位移曲线无明显的屈服平台，可以按能量相等的原则确定屈服强度 P_y，并取所对应的挠度 Δ_y 为屈服挠度（如图 4.7 所示）。极限挠度 Δ_u 可以取屈曲后强度为 $0.85P_u$ 所对应的挠度，并取 Δ_u/Δ_y 为构件的延性系数[4.16]。

按照上述方法，通过对各试验构件的荷载位移曲线进行分析，得出了各试验构件的延性系数，并列入表 4.5 进行对比分析。

各构件延性系数　　　　　　　　　　　　　　　　　　表 4.5

	高厚比	剪跨比	Δ_y	Δ_u	Δ_u/Δ_y
GJ1	289	1	1.1	12.5	11.4
GJ2	289	2	2.4	18.8	7.8
GJ3	289	6	17.8	39.4	2.2
GJ4	524	1	1.7	2.8	1.6
GJ5	524	2	4.9	5.6	1.1

	高厚比	剪跨比	Δ_y	Δ_u	Δ_u/Δ_y
GJ6	524	4	22.3	26.2	1.2
GJ7	167	3	16.7	43.6	2.6
GJ8	167	4	18.8	75.5	4.0
GJ9	500	1	3.2	4.0	1.3
GJ10	250	1	2.1	14.7	7.0
GJ11	250	2	4.1	5.7	1.4
GJ12	500	1	2.9	4.9	1.7
GJ13	250	2	4.9	22.1	4.5

表 4.5 的数据显示同样是剪切破坏形式，GJ1、GJ2、GJ10、GJ13 的延性系数较高，参考 Eurocode8，其延性等级均应属于高延性等级，而采用波形 2 的 GJ4、GJ5 和 GJ6 的为脆性破坏；剪跨比越大（如 GJ3、6、7、8），延性系数越低。

在梁整体稳定可以保证的前提下，波纹腹板 H 形钢梁的破坏模式包括腹板剪切破坏，翼缘弯曲受压破坏等。对于波纹腹板 H 形钢梁，当构件剪跨比较小时，构件易首先发生腹板的剪切破坏，但构件的刚度不会降低太多，构件后续塑性发展能力较强，荷载位移曲线的下降也较为平缓，因此延性系数较大。这类似于桁架结构中腹杆首先破坏，结构中的多余约束及弦杆依然能够保证一定的承载力。如果构件跨高比较大，易首先发生翼缘的屈服，构件丧失抗弯刚度，而剪切刚度又较小，构件将迅速丧失承载力，这种情况类似于桁架的弦杆首先破坏，构件延性系数较小。

以上通过弹性和塑性两个层次对波纹腹板 H 形钢梁的变形能力进行分析，发现在计算其弹性变形时，必须考虑剪切变形的影响。在构建单元刚度方程时也要注意与普通梁单元的区别。

4.4 总结

本章首先通过理论分析，说明波纹腹板钢梁在横向荷载作用下，其受力机理与桁架较为类似，随后通过钢梁的抗弯试验对上述推断进行验证。试验结果表明，波纹腹板钢梁的腹板几乎不承受任何弯曲正应力作用，稠密的腹板波纹及较小的翼缘宽厚比能够提高梁的抗弯承载力。波纹腹板 H 形钢梁试验得到的极限弯矩高于截面的塑性弯矩，所以在波纹腹板 H 形钢梁的设计中，可以保守地采用截面塑性弯矩作为波纹腹板 H 形钢梁的截面抗弯承载力设计值。

本章还探讨了波纹腹板钢梁的弹性和弹塑性变形性能。通过对梁的弹性初始刚度的理论分析和试验验证，提出在计算波纹腹板钢梁的变形时，必须考虑腹板剪切变形的影响，并给出了考虑剪切变形的构件的单元刚度矩阵。此外，以延性系数的概念比较了不同构件的延性性能，讨论了影响构件延性的主要因素，腹板波形、翼缘宽厚比、梁剪切比等均对波纹腹板 H 形钢梁的延性性能有影响，翼缘宽厚比和梁剪跨比越小，梁的抗弯延性系数越大。

参考文献

［4.1］ Lindner J. Lateral torsional buckling of beams with trapezoidally corrugated webs ［R］. Proc.，Int. Colloquium of Stability of Steel Structures，Budapest，Hungary，1990：79-86.

［4.2］ Elgaaly M，Seshadri A，Hamilton R W. Bending strength of steel beams with corrugated webs ［J］. J. Struct. Eng.，1997，123（6），772-782.

［4.3］ Johnson R P，Cafolla J. Local flange buckling in plate girders with corrugated webs ［J］. Proceedings of the Institution of Civil Engineers，Structures and Buildings，1997，22（2）2：148-156.

［4.4］ Chan C L，Khalid Y A. Finite element analysis of corrugated web beams under bending ［J］. Journal of Constructional Steel Research. 2002，58：1391-1406.

［4.5］ C. L. Chan，Y. A. Khalid，et al. Bending behaviour of corrugated web beams ［J］. Journal of Materials Processing Technology，2004，150：242～254.

［4.6］ Abbas H H，Sause R，Driver R G. Behavior of Corrugated Web I-Girders under In-Plane Loads ［J］. Journal of Engineering Mechanics，2006，132（8）：806-814.

［4.7］ Abbas H H，Sause R，Driver R G. Analysis of Flange Transverse Bending of Corrugated Web I-Girders under In-Plane Loads ［J］. Journal of Structural Engineering，2007，133（3）：347-355.

［4.8］ Hassan H. Abbas，Richard Sause，et al. Simplied analysis of flange transverse bending of corrugated web I-girders under in-plane moment and shear ［J］. EngineeringStructures，2007.

［4.9］ Jiho Moon，Jong-Won Yi，et al. Lateral-torsional buckling of I-girder with corrugated webs under uniform bending ［J］. Thin-Walled Structures，2009，47：21～30.

［4.10］ 张哲，李国强，孙飞飞. 波纹腹板 H 形钢梁受弯承载力性能研究 ［J］. 建筑结构学报，2011，10：113-118.

［4.11］ 张哲，李国强，孙飞飞. 波纹腹板 H 形钢梁变形性能 ［J］. 建筑结构，2009，07：27-29.

［4.12］ 李国强，张哲，2012，波纹腹板 H 形钢的研究. 第七届海峡两岸及香港钢结构技术交流会文集，中国建筑工业出版社.

［4.13］ European Committee for Standardization. Eurocode8：Design of Structures for Earthquake Resistance，2003.

［4.14］ 范力，赵斌，吕西林. 欧洲规范 8 与中国抗震设计规范关于抗震设防目标和地震作用的比较 ［J］. 结构工程师. 2006，22（6）：595-63.

［4.15］ 朱伯芳. 有限单元法原理与应用（第 2 版）［M］. 北京：中国水利水电出版社，1998.

［4.16］ 徐绩青. 延性系数确定方法的探讨 ［J］. 水运工程，2004，368（9）：14-17.

第5章 波纹腹板 H 形钢梁整体稳定

5.1 概述

对于平腹板 H 形钢梁在弯矩作用下，其中一个翼缘会受压，则因受压翼缘失稳可使梁发生弯矩平面外的整体失稳。对于波纹腹板 H 形钢梁，梁的承载力也可能由整体稳定控制，所以有必要进行波纹腹板 H 形钢梁整体稳定性研究。

1990 年，Lindner[5.1]研究了波纹腹板 H 型钢的侧向扭转性能。研究认为截面的扭转常数与平腹板钢梁相同，但截面的翘曲常数是不同的：

$$I_w^* = I_w + c_w \frac{L^2}{\pi^2 E} \tag{5.1}$$

式中，I_w^* 为波纹腹板 H 型钢梁的截面翘曲常数，$I_w = t_f b_f^3 h_w^2 / 24$ 为平腹板梁的翘曲常数，t_f 和 b_f 分别为翼缘的厚度和宽度，L 为梁的跨度，$c_w = (h_r^2 \cdot h^2) / (8\beta(b+d))$，$\beta = h_w / (2Gbt_w) + h_w^2 (b+d)^3 / (25b^2 E b_f t_f^3)$。

Lindner 提出用下式来计算波纹腹板 H 形钢梁的侧向弯扭屈曲承载力：

$$M_u = k_b M_p \tag{5.2}$$

式中，$k_b = (1/(1 + \bar{\lambda}_M^{2n}))^{1/n}$ 为侧向扭转屈曲承载力的减小系数。n 为计算参数，对热轧型钢梁 $n = 2.5$，焊接梁 $n = 2.0$，$\bar{\lambda}_M = (M_p/M_k)^{0.5}$ 为通用长细比，M_k 为梁弹性侧向弯扭屈曲弯矩，M_p 为梁全截面塑性弯矩。

欧洲规范 EC3（prEN 1993-1-5：2004）计算其抗弯承载力时，分别考虑了翼缘的抗弯强度及稳定问题：

$$M_{Rd} = \min \left\{ \frac{b_2 t_2 f_{yw,r}}{\gamma_{M0}} \left(h_w + \frac{t_1 + t_2}{2} \right), \frac{b_1 t_1 f_{yw,r}}{\gamma_{M0}} \left(h_w + \frac{t_1 + t_2}{2} \right), \frac{b_1 t_1 \chi f_{yw}}{\gamma_{M1}} \left(h_w + \frac{t_1 + t_2}{2} \right) \right\} \tag{5.3}$$

式中，b_1，b_2，t_1，t_2 分别为上、下翼缘的宽度和厚度。$f_{yw,r}$ 为翼缘屈服强度，此强度考虑了翼缘的横向弯矩引起的强度的降低：

$$f_{yw,r} = f_T f_{yw} = \left(1 - 0.4 \sqrt{\frac{\sigma_x(M_z)}{f_{yT}/\gamma_{M0}}} \right) f_{yw} \tag{5.4}$$

f_T 为强度折减系数，$\sigma_x(M_z)$ 为横向弯矩在翼缘内引起的应力。横向弯矩可以用剪力流的概念来解释。对于正弦曲线腹板，折减系数可以取为 1.0。χ 是由于侧向扭转屈曲引起的强度折减系数：

$$\chi = \frac{1}{\Phi_{LT} + \sqrt{\Phi_{LT}^2 - \lambda_{LT}^2}} \leqslant 1 \tag{5.5}$$

$$\Phi_{LT} = 0.5 [1 + \alpha_{LT} (\lambda_{LT} - 0.2) \lambda_{LT}^2] \tag{5.6}$$

$$\lambda_{LT} = \sqrt{\frac{M_p}{M_{ecr}}} \tag{5.7}$$

式中，α_{LT} 为弯扭屈曲初始缺陷系数，对于波纹腹板 H 形钢，可以按照 c 类屈曲曲线取 $\alpha_{LT}=0.49$，λ_{LT} 为通用长细比，M_{ecr} 为弹性弯扭屈曲极限弯矩。

Jiho Moon[5.2] 则认为截面翘曲常数是沿梁长度方向变化的，所以为了简化计算，Jiho Moon 提出用平均波纹高度来计算截面的翘曲常数：

$$e_{avg}=\frac{(2b+d)h_r}{4(b+d)} \tag{5.8}$$

Zeman 公司[5.3] 在其公司的产品技术手册中认为，计算波纹腹板钢梁的整体稳定，可以忽略腹板对受压翼缘的约束作用，将受压翼缘作为"独立"的轴压杆件进行分析，所以可以借鉴德国规范的相关公式：

$$N_u=\frac{0.5\pi}{\sqrt{12}}\sqrt{E\cdot f_{yk}}\frac{b_f^2\cdot t_f}{k_c\cdot c} \tag{5.9}$$

式中，N_u 为受压翼缘的稳定承载力，f_{yk} 为翼缘的强度标准值，k_c 为规范中规定的压力系数，c 为受压翼缘侧向支撑之间的间距。从上式也可以反推出不需要计算整体稳定的侧向支撑间距。

上述分析方法中，最简单的做法是将受压翼缘作为独立构件进行分析，但这种方法可能存在低估波纹腹板钢梁稳定承载力的现象。较常用的做法是将梁作为一个整体进行研究，本章将按照这种思路进行波纹腹板梁的理论和试验研究，并对上述的各个公式进行对比、讨论。

5.2　等截面波纹腹板 H 形钢梁整体稳定性能

5.2.1　弹性稳定承载力

同平腹板 H 形钢梁的整体稳定性类似，等截面上下翼缘相同的波纹腹板 H 形钢梁的整体稳定临界弯矩也可以表达为：

$$M_{ecr}=\beta_b\frac{\pi}{l}\sqrt{EI_y\left(GI_k+EI_w^*\frac{\pi^2}{l^2}\right)} \tag{5.10}$$

式中，I_y 为梁截面对腹板中轴线 y 轴的惯性矩，I_t 为截面扭转惯性矩，I_w^* 为截面翘曲常数，l 为梁跨度，β_b 为与梁受载形式和边界条件相关的系数。

与平腹板钢梁相比，求取波纹腹板梁弹性整体稳定承载力的差异在于翘曲常数的确定。

Lindner 提出的公式（5.1）是计算波纹腹板钢梁截面翘曲常数中普遍认可的方法，但该式计算较为复杂，形式上又将翘曲常数定为梁跨度的函数，不同长度、不同截面的梁的翘曲常数是不同的，所以不方便使用。Jiho Moon 提出了取平均波高的方法，但我们认为将翘曲常数沿长度方向进行平均更为合理。以图 5.1 所示的单轴对称截面为例：

若假设图 5.1 中 S 点为剪力中心，推导得出，由于腹板上剪应力均匀分布，所以当腹板偏离上下翼缘中心连线距离 e 时，S 到腹板的距离也等于 e。

若以剪力中心 S 为扇形主极点（原点），腹板中点 M_0 点为扇性零点，则截面的扇性坐标 $\bar{\omega}_d$ 如图 5.2 所示。截面翘曲常数可以通过下式计算得到：

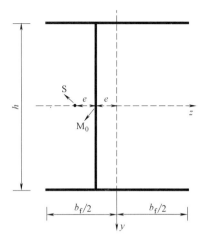

图 5.1　截面参数

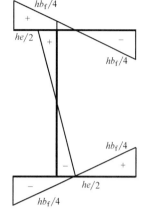

图 5.2　截面扇性坐标

$$I_w^* = \frac{2}{3} b_f t_f \left(\frac{h^2 b_f^2}{16} + \frac{h^2 b_f^2}{16} - \frac{h^2 b_f^2}{16} \right) + \frac{1}{3} h t_w \left(\frac{h^2 e^2}{4} \times 2 - \frac{h^2 e^2}{4} \right)$$

$$= \frac{t_f h^2 b_f^3}{24} + \frac{t_w h^3 e^2}{12} = I_w + \frac{t_w h^3 e^2}{12} \tag{5.11}$$

当腹板位于翼缘中心连线时（$e=0$），其翘曲常数等于双轴对称工字型截面：

$$I_w^* = \frac{t_f h^2 b_f^3}{24} = I_w$$

当腹板位于波纹的波峰或波谷位置时：

$$I_w^* = I_w + \frac{t_w h^3 h_r^2}{48} \tag{5.12}$$

由上述 3 个公式可见，腹板的偏移可以增大截面的翘曲常数，增大的程度可以通过转换公式（5.12）得到：

$$\frac{I_w^* - I_w}{I_w} = \frac{h}{2b_f} \cdot \frac{t_w}{t_f} \cdot \frac{h_r^2}{b_f^2} \tag{5.13}$$

由式（5.13）可见，截面翘曲常数增大的程度与波纹的高度 h_r 和翼缘宽度 b_f 的比值呈二次抛物线关系。

由于波纹腹板 H 形钢沿长度方向呈周期性的变化，对此，采用一个周期内翘曲常数的加权平均值作为截面翘曲常数是合理的：

$$I_w^* = \frac{\int_0^q \frac{t_f h^2 b_f^3}{24} + \frac{t_w h^3 e^2}{12} \mathrm{d}x}{q} = \frac{t_f h^2 b_f^3}{24} + \frac{t_w h^3 \int_0^q e^2 \mathrm{d}x}{12q}$$

$$= I_w + \frac{t_w h^3 h_r^2}{24q} \left(b + \frac{d}{3} \right) \tag{5.14}$$

若将 Jiho Moon 提出的平均波纹高度的概念所对应的式（5.8）代入式（5.11）可得：

$$I_w^* = I_w + \frac{t_w h^3 h_r^2}{48} \frac{(2b+d)^2}{q^2} \tag{5.15}$$

为简化分析，减少影响条件，以承受纯弯曲的波纹腹板 H 形钢简支梁为研究对象。梁根据经典弹性稳定理论，其弹性屈曲极限弯矩为：

71

$$M_{cr} = \frac{\pi}{l}\sqrt{EI_y\left(GI_t + EI_w\frac{\pi^2}{l^2}\right)} \tag{5.16}$$

采用有限元方法可得出其弹性稳定承载力 M_{cr}，然后通过公式（5.16）反推得出截面翘曲常数：

$$I_w = \left(\frac{M_{cr}^2}{EI_y}\frac{l^2}{\pi^2} - GI_t\right)l^2/(\pi^2 E) \tag{5.17}$$

将公式（5.17）计算结果与目前现有的各个公式进行对比，从而可以对各个公式进行评价。在有限元分析时，首先按照 Jiho Moon[5.2] 文中提供的构件参数建立模型：$b = 330mm$，$d = 270mm$，$t_w = 12mm$，$h_w = 2000mm$，$b_f = 500mm$，$t_f = 40mm$，$L = 15600mm$，波高 h_r 包括 50mm、100mm、200mm、250mm、350mm 共 5 种情况。

在有限元分析时，仅在梁端上下翼缘施加水平方向拉压荷载，同时在两端支座截面设置约束，使其满足"夹支"边界条件，使支座截面可以自由翘曲，但不能绕 x 轴转动，亦不能侧向移动。在此条件下，可以得到波纹腹板钢梁的弹性弯扭屈曲第一阶特征值模态如图 5.3 所示。

将有限元计算得到梁弹性屈曲弯矩通过式（5.17）计算得到的翘曲常数用 $I_{w\text{-}F}$ 表示，而公式（5.1）、（5.12）、（5.14）和（5.15）计算得到结果分别用的 $I_{w\text{-}L}$、$I_{w\text{-}Z'}$、$I_{w\text{-}Z}$ 和 $I_{w\text{-}M}$ 表示，将不同方法结果绘制成随波高变化的曲线，见图 5.4，图中横坐标为波纹高度，纵坐标为有限元分析结果与其他公式计算结果的比值。

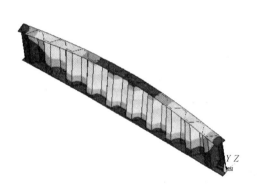

图 5.3　弹性屈曲模态

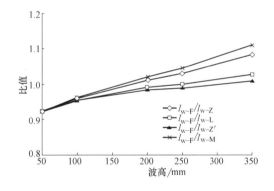

图 5.4　翘曲常数计算方法比较

从图 5.4 可以看出，若以有限元计算结果为标准值，在其他参数不变化的情况下，各种方法对翘曲常数的计算比较接近，误差都在 ±10% 之内，其中公式（5.12）和（5.1）较为接近，在波纹高度较大的情况下准确性也更高。

为了进一步进行比较，本文按照参数：$b = 330mm$，$d = 270mm$，$t_w = 12mm$，$h_w = 2000mm$，$b_f = 500mm$，$t_f = 40mm$，$h_r = 350mm$，分析当梁的长度变化范围 12～

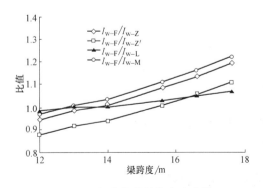

图 5.5　翘曲常数计算方法比较

17.6m 时，有限元结果和各公式计算结果的比值，如图 5.5 所示。

图 5.5 横坐标为梁的跨度，纵坐标为有限元结果与各公式计算结果的比值。可见，式（5.1）结果与有限元分析结果最接近，公式（5.12）次之。而式（5.8）得到的结果与有限元结果差值较大。此外，需要注意的是，虽然公式（5.14）理论上更完备，但公式（5.12）更准确。

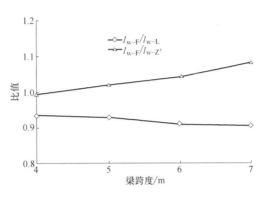

图 5.6　翘曲常数计算方法比较

为进一步说明问题，采用第 4 章试件 GJ7、GJ8 为例进行对比分析，再次考察不同跨度时各个公式的计算结果，如图 5.6 所示。由于式（5.12）、（5.14）、（5.15）结果几乎一致，所以图 5.6 仅表示了式（5.1）和（5.12）的计算结果。

从图 5.6 可以看出，I_w^* 的 4 种公式计算结果差别不大，但公式（5.1）可能高估截面翘曲常数，这可能会带来不安全因素。而公式（5.12）在各项比较中显示出了比较好的准确性和适用性，且形式简单，计算方便，建议作为计算波纹腹板钢梁截面翘曲常数的方法。

5.2.2　弹塑性极限稳定承载力

进行波纹腹板 H 形钢梁整体稳定设计时，还需要考虑材料弹塑性的影响。国外一般将钢梁整体稳定弹塑性极限承载力表达为对塑性弯矩进行折减的形式，而我国规范则采用了整体稳定系数的方法。若将 Lindner 提出的公式（5.2），EC3 给出的公式（5.5），以及我国《钢结构设计规范》GB 50017 给出的设计公式统一用通用长细比的概念用图 5.7 进行表示，发现 EC3 给出的曲线最为保守，Lindner 提出的公式更接近于中国规范 GB 50017 的计算结果。图中 Elastic 代表弹性屈曲承载力曲线。

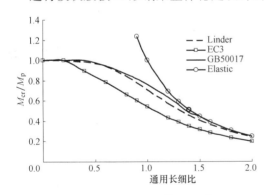

图 5.7　梁整体稳定计算公式对比

下面通过一系列有限元分析，验证上述不同方法结果的差异。有限元分析采用 3 类构件，分别用 BG1、BG2 和 BG3 表示，其基本参数见表 5.1。

整体稳定有限元分析构件参数　　　　　　　　　　　　　　　　　　表 5.1

	b /mm	d /mm	h_r /mm	h_w /mm	t_w /mm	b_f /mm	t_f /mm	f_y /MPa	l /m
BG1	180	140	100	1500	8	300	25	250	5~11
BG2	330	270	200	2000	12	500	40	250	11~18
BG3	64	23.5	38	500	1.73	200	9.63	235	4~8

通过改变梁的跨度获得不同的通用长细比，需要注意的是，梁的跨度不能过短，否则第一阶屈曲模态可能为受压翼缘的局部屈曲，与分析目标不符。

在有限元分析中，构件为承受纯弯曲的简支梁，梁端的两个截面均设置夹支约束，材料采用切线模量为 $0.01E$ 的双折线模型，经过分析得到各个梁在不同长度下的极限弯矩 M_{FEM}，然后按照不同算法将结果绘制在图 5.8 中。

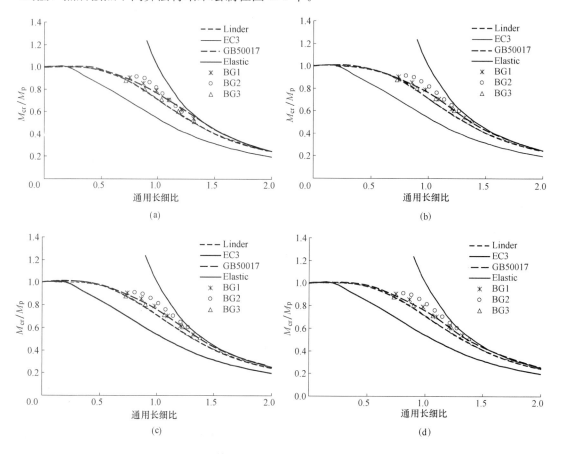

图 5.8　各算法计算弹塑性极限稳定承载力对比

（a）采用公式（5.1）计算 I_w^*；（b）采用公式（5.12）计算 I_w^*；

（c）采用公式（5.14）计算 I_w^*；（d）采用公式（5.15）计算 I_w^*

图 5.8 中横坐标为梁的通用长细比 $\lambda = \sqrt{M_p/M_{ecr}}$，$M_{ecr}$ 为梁的弹性屈曲临界弯矩，M_p 为梁的塑性弯矩，纵坐标为梁的弹塑性极限弯矩 M_{cr} 与塑性弯矩的比值。每个小图中 4 条曲线分别为 Linder、EC3、GB50017 给出的设计公式结果，以及弹性屈曲临界弯矩曲线，图中散点为有限元分析结果。4 个图形 a、b、c、d 分别是代表了不同方法计算结果与设计公式的对比。

从图 5.8 的对比中可以发现，有限元计算结果都低于弹性理论弯矩，而 EC3 给出的公式是基于 c 类梁屈曲曲线的，显得过于保守。Lindner 的设计公式较为合理，而我国规范公式略微偏不安全，需要修正。

对于梁翘曲常数的算法从弹性角度分析，其准确性各有差异，但通过图 5.8 的对比可以发现，在弹塑性稳定承载力的计算上各公式差别很小，体现在通用长细比的计算结果几乎一致。因此，在波纹腹板 H 形钢梁的设计中，依然建议采用公式（5.12）来计算梁的翘曲常数。

5.2.3 整体稳定承载力设计方法

通过上述分析，波纹腹板 H 形钢梁的极限稳定承载力建议采用下列修正后的公式进行计算：

$$M \leqslant \begin{cases} \dfrac{M_p}{\lambda^2} & \lambda \geqslant 1.5 \\ (1.05 - 0.29\lambda^2)M_p & \lambda < 1.5 \end{cases} \tag{5.18}$$

式中，$M_p = b_f \cdot t_f \cdot f \cdot (h_w + t_f)$ 为截面塑性弯矩；

$\lambda = \sqrt{M_p / M_{ecr}}$ 为梁通用长细比；

M_{ecr} 为梁的弹性极限弯矩，对上下翼缘尺寸相同的波纹腹板 H 形钢梁可以按照下式计算：

$$M_{ecr} = \beta_b \frac{\pi}{l} \sqrt{EI_y \left(GI_t + EI_w^* \frac{\pi^2}{l^2} \right)} \tag{5.19}$$

如果按照我国钢结构规范稳定系数的概念进行计算，可以取：

$$\varphi_b = \beta_b \frac{\pi E}{h l_1} \sqrt{0.064 \frac{b_f}{t_f} I_t + 1.64 \frac{b_f}{t_f} \frac{I_w^*}{l_1^2}} \cdot \frac{235}{f_y} \tag{5.20}$$

式中　β_b——梁整体稳定的等效临界弯矩系数，按表 5.2 采用；

　　　I_y——截面对 y 轴的惯性矩；

　　　A——梁的毛截面面积；

　　　I_t——截面的抗扭惯性矩；

　　　I_w^*——波纹腹板 H 形钢梁截面翘曲常数，按式（5.12）确定；

　　　l_1——受压翼缘的自由长度。

当按上式算的 φ_b 大于 0.45 时，应用下式计算的 φ_b' 代替 φ_b 值：

$$\varphi_b' = 1.05 - \frac{0.29}{\varphi_b} \leqslant 1.0 \tag{5.21}$$

等效临界弯矩系数 β_b　　　　　　　　　　　　　　　表 5.2

项次	侧向支承	荷载		$\xi = \dfrac{l_1 t_1}{b_1 h}$	
				$\xi \leqslant 2.0$	$\xi > 2.0$
1	跨中无侧向支承	均布荷载作用在	上翼缘	$0.69 + 0.13\xi$	0.95
2			下翼缘	$1.73 - 0.20\xi$	1.33
3		集中荷载作用在	上翼缘	$0.73 + 0.18\xi$	1.09
4			下翼缘	$2.23 - 0.28\xi$	1.67
5	跨度中点有一个侧向支承点	均布荷载作用在	上翼缘	1.15	
6			下翼缘	1.40	
7		集中荷载作用在截面高度上任何位置		1.75	

续表

项次	侧向支承	荷载		$\xi=\dfrac{l_1 t_1}{b_1 h}$	
				$\xi \leqslant 2.0$	$\xi > 2.0$
8	跨中有不少于两个等距离侧向支承点	任意荷载作用在	上翼缘	1.2	
9			下翼缘	1.4	
10	梁端有弯矩,但跨中无荷载作用			$1.75-1.05\dfrac{M_2}{M_1}+0.3\left(\dfrac{M_2}{M_1}\right)^2 \leqslant 2.3$	

注：1. $\xi=l_1 t_1/b_1 h$, b_1 为受压翼缘的宽度, l_1 为受压翼缘的自由长度。
　　2. M_1 和 M_2 为梁的端弯矩, 使梁产生同向曲率时, M_1 和 M_2 取同号, 产生反向曲率时, 取异号, $|M_1| \geqslant |M_2|$。
　　3. 表中项次 3、4 和 7 的集中荷载是指一个或少数几个集中荷载位于跨中附件的情况, 对于其他情况的集中荷载, 应按表中项次 1、2、5、6 内的数值采用。
　　4. 表中项次 8、9 的 β_b, 当集中荷载作用在侧向支承点处时, 取 $\beta_b=1.20$。
　　5. 荷载作用在上翼缘系指荷载作用点在翼缘表面, 方向指向截面形心; 荷载用在下翼缘, 系指荷载作用点在翼缘表面, 方向背向截面形心。

式（5.20）与有限元分析结果的对比见图 5.9，两者很接近，表明其用于设计是合理的。

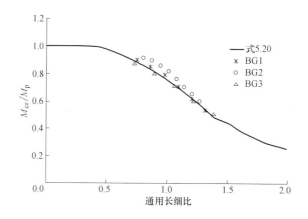

图 5.9　有限元结果与公式（5.20）对比

5.3　变截面波纹腹板 H 形钢梁整体稳定性能

楔形波纹腹板 H 形钢构件可以认为是波纹腹板 H 形钢和变截面 H 形钢的综合体，其截面强度问题可以依据现有的研究成果比较方便地处理，这在 CESE 291：2011《波纹腹板钢结构技术规程》[5.4] 已有详细的规定。但是，变截面梁的整体弯扭失稳理论非常复杂，加之波纹腹板对于其整体稳定性能的影响，目前尚无成熟的研究成果可供设计人员使用。

关于腹板波折对梁弯扭失稳的影响，目前比较成熟的成果是用考虑腹板波折影响的翘曲常数取代平腹板 H 形钢的翘曲常数，其余皆同平腹板梁[5.5-5.7]，因此难点在于处理变截面问题。

对于最常用的楔形变截面构件，当其翼缘尺寸不变，仅腹板高度随着轴线线性变化，因其几何参数随着轴线变化，用能量法很难求解，一般采用数值方法计算[5.8]。到目前为止，通过数值方法得到的楔形 H 形钢梁的弹性临界弯矩皆是基于平腹板的情况，通过数值拟合得到的公式也有其适用范围，对楔形波纹腹板 H 形钢梁并不适用[5.9—5.11]。

本节基于楔形梁在不等端弯矩作用下的平衡微分方程，采用适于波纹腹板 H 形钢的截面常数，用数值方法求解，最终拟合得到翼缘尺寸不变，仅腹板高度随轴线线性变化的楔形波纹腹板 H 形钢梁的弹性临界弯矩计算公式。

5.3.1 弹性稳定承载力

波纹腹板 H 形钢梁与平腹板 H 形钢梁相比，其整体稳定性能的差异主要表现在翘曲常数上。根据文献[5.7]的对比研究，图 5.10 所示楔形波纹腹板 H 形钢梁，其翘曲常数表达式为：

$$I_w^*(z) = \frac{t_f b_f^3 h(z)^2}{24} + \frac{t_w h_r^2 h(z)^3}{48} = I_w(z) + I_{ww}(z) \tag{5.22}$$

其中，$I_w(z)$ 表示平腹板 H 形钢梁的截面翘曲常数；$I_{ww}(z)$ 表示波纹腹板 H 形钢梁腹板波折对翘曲常数的贡献量；h_r 为腹板波高（参见图 5.11）；t_f，b_f 和 t_w 分别为翼缘厚度、宽度以及腹板厚度；为 $h(z)$ 为距小端截面距离 z 处截面上下翼缘形心之间的距离。

根据 Lindner[5.1]的研究，波纹腹板 H 形钢梁的扭转常数与平腹板相同。根据薄壁结构理论，H 形钢截面扭转常数表达式为[5.8]：

$$I_k(z) = I_{k0}\left(1 + d_k \frac{z}{l}\right) \tag{5.23}$$

$$d_k = (h_0 + t_f)t_w^3 \gamma / (3 I_{k0}) \tag{5.24}$$

$$\gamma = H_1/H_0 - 1 = (h_1 + t_f)/(h_0 + t_f) - 1 \tag{5.25}$$

其中，I_{k0}，h_0，H_0 分别为小端截面的 I_k，h，H；H_1 为大端截面的 H；H 为截面全高；γ 为楔形梁的楔率。

对于 H 形钢梁，其绕弱轴的惯性矩 I_y 主要由翼缘提供。为了简化计算，可偏于安全地近似取作[5.9]：

$$I_y = \frac{1}{6} b_f^3 t_f \tag{5.26}$$

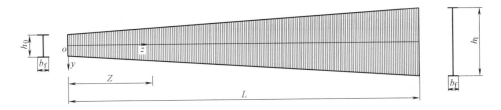

图 5.10　楔形波纹腹板梁示意图

1. 端弯矩作用下的两端简支梁

如图 5.12 所示，双轴对称楔形波纹腹板 H 形钢梁，在不等端弯矩作用下，其在刚度大的 yz 平面内承受沿轴线变化的弯矩。现采用固定的右手坐标系 x，y，z 和移动坐标系 ξ，η，ζ，截面的形心 O 和剪心 S 都在对称轴 y 上。当构件在弯矩作用的平面外有微小的侧扭变形时，任意截面的变形和受力如图 5.12（b 和 c）。

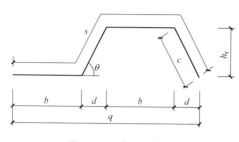

图 5.11　波形示意图

根据经典弹性稳定理论，对于图 5.12 所示楔形构件，做如下基本假定[5.8]：

1) 构件为弹性体；

2) 侧扭变形时，构件截面形状不变；

3) 构件侧扭变形微小；

4) 忽略构件在弯矩作用平面内的变形；

5) 不考虑残余应力。

根 据 以 上 假 定，S Kitipornchai 和

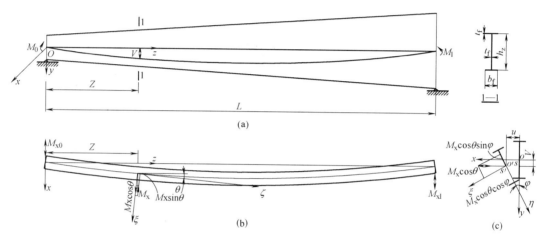

图 5.12　简支楔形梁内力与弯扭变形

N. S. Trahair[5.12]推导了渐变工字钢构件（腹板高度、翼缘宽度均发生变化）的弹性稳定微分方程：

$$EI_y u'' + M_x \varphi = 0 \tag{5.27a}$$

$$M_x u' - Q_y u = \left[EI_k + \frac{3}{2}\lambda^2 EI_w - \lambda \frac{\mathrm{d}}{\mathrm{d}z}(EI_w) \right]\frac{\mathrm{d}\varphi}{\mathrm{d}z} - \frac{\mathrm{d}}{\mathrm{d}z}(EI_w)\frac{\mathrm{d}^2\varphi}{\mathrm{d}z^2} - EI_w\frac{\mathrm{d}^3\varphi}{\mathrm{d}z^3} \tag{5.27b}$$

其中，

$$\lambda = \frac{2}{h}\frac{\mathrm{d}h}{\mathrm{d}z} \tag{5.27c}$$

对图 5.12 所示双轴对称楔形波纹腹板 H 形钢梁，在不等端弯矩作用下：

$$M_x = M_0 + \frac{M_l - M_0}{l}z = M_0 + Q_y z \tag{5.28}$$

翼缘形心距变化率：

$$\gamma' = h_l/h_0 - 1 = \frac{h_0 + t_f}{h_0}\gamma \tag{5.29}$$

翼缘形心距：

$$h = h_0 + \frac{h_l - h_0}{l}z = h_0\left(1 + \gamma'\frac{z}{l}\right) \tag{5.30}$$

所以：

$$\frac{\mathrm{d}h}{\mathrm{d}z} = \frac{\gamma' h_0}{l} \tag{5.31}$$

对（5.27a）微分二次，对（5.27b）微分一次，并结合式（5.22）、（5.23）、（5.27c）、（5.28）～（5.31）整理可得适合于任意边界条件的弯扭平衡方程：

$$EI_y u^{\text{IV}} + M_x \varphi'' + 2Q_y \varphi' = 0 \tag{5.32a}$$

$$E(I_w + I_{ww})\varphi^{\text{IV}} + \left(\frac{4h_0 \gamma' EI_w}{lh} + \frac{5h_0 \gamma' EI_{ww}}{lh}\right)\varphi''' + \left(\frac{2h_0^2 \gamma'^2 EI_{ww}}{l^2 h^2} - GI_k\right)$$
$$\varphi'' - \left(\frac{2h_w^3 \gamma'^3 EI_{ww}}{l^3 h^3} + \frac{Gh_w \gamma' t_w^3}{3l}\right)\varphi' + M_x u'' = 0 \tag{5.32b}$$

式（5.27b）微分过程中出现的 $Q_y u'$ 为平行于剪心轴的力，不产生扭矩，故在（5.32b）中不出现。式（5.32b）中，与 I_{ww} 相关的项为波纹腹板对翘曲常数产生的影响，也是楔形波纹腹板 H 形钢梁与楔形平腹板 H 形钢梁整体稳定平衡方程的差异所在。

对图 5.12 所示两端简支的楔形梁，其边界条件为[5.8]：

$$u(0) = u''(0) = 0 \tag{5.33a}$$

$$\varphi(0) = \varphi''(0) = 0 \tag{5.33b}$$

$$u(l) = u''(l) = 0 \tag{5.33c}$$

$$\varphi(l) = \varphi''(l) = 0 \tag{5.33d}$$

式（5.27a，b）没有解析解，需要用数值方法求解。可采用有限积分法求解，其积分格式如下：

$$\{u'''\} = \frac{a}{12}[N]\{u^{\text{IV}}\} + u'''_0\{1\} \tag{5.34a}$$

$$\{u''\} = \left(\frac{a}{12}\right)^2 [N]^2\{u^{\text{IV}}\} + u'''_0\{z\} + u''_0\{1\} \tag{5.34b}$$

$$\{u'\} = \left(\frac{a}{12}\right)^3 [N]^3\{u^{\text{IV}}\} + u'''_0\left\{\frac{z^2}{2}\right\} + u''_0\{z\} + u'_0\{1\} \tag{5.34c}$$

$$\{u\} = \left(\frac{a}{12}\right)^4 [N]^4\{u^{\text{IV}}\} + u'''_0\left\{\frac{z^3}{6}\right\} + u''_0\left\{\frac{z^2}{2}\right\} + u'_0\{z\} + u_0\{1\} \tag{5.34d}$$

$$\{\varphi'''\} = \frac{a}{12}[N]\{\varphi^{\text{IV}}\} + \varphi'''_0\{1\} \tag{5.34e}$$

$$\{\varphi''\} = \left(\frac{a}{12}\right)^2 [N]^2\{\varphi^{\text{IV}}\} + \varphi'''_0\{z\} + \varphi''_0\{1\} \tag{5.34f}$$

$$\{\varphi'\} = \left(\frac{a}{12}\right)^3 [N]^3\{\varphi^{\text{IV}}\} + \varphi'''_0\left\{\frac{z^2}{2}\right\} + \varphi''_0\{z\} + \varphi'_0\{1\} \tag{5.34g}$$

$$\{\varphi\} = \left(\frac{a}{12}\right)^4 [N]^4\{\varphi^{\text{IV}}\} + \varphi'''_0\left\{\frac{z^3}{6}\right\} + \varphi''_0\left\{\frac{z^2}{2}\right\} + \varphi'_0\{z\} + \varphi_0\{1\} \tag{5.34h}$$

其中，

$$a = \frac{l}{m} \tag{5.35}$$

$$[N] = \begin{bmatrix} 0 & 0 & 0 & 0 & 0 & 0 & 0 & 0 \\ 5 & 8 & -1 & 0 & 0 & 0 & 0 & 0 \\ 4 & 16 & 4 & 0 & 0 & 0 & 0 & 0 \\ 4 & 16 & 9 & 8 & -1 & 0 & 0 & 0 \\ 4 & 16 & 8 & 16 & 4 & 0 & 0 & 0 \\ 4 & 16 & 8 & 16 & 9 & 8 & -1 & 0 \\ 4 & 16 & 8 & 16 & 8 & 16 & 4 & 0 \\ 4 & 16 & 8 & 16 & 8 & 16 & 9 & 8 \end{bmatrix}_{(m+1)(m+1)} \tag{5.36}$$

引入边界条件，由式（5.33a～d）：

（1）对梁左端：

$$u_0 = u_0'' = \varphi_0 = \varphi_0'' = 0 \tag{5.37}$$

（2）对梁右端：

因为：

$$u''_m = \left(\frac{a}{12}\right)^2 [N]_{m+1}^2 \{u^{IV}\} + u'''_0 l = 0$$

所以，

$$u'''_0 = -\left(\frac{a}{12}\right)^2 [N]_{m+1}^2 \{u^{IV}\}/l \tag{5.38}$$

又由：

$$u_m = \left(\frac{a}{12}\right)^4 [N]_{m+1}^4 \{u^{IV}\} + \frac{l^3}{6} u'''_0 + l u'_0 = 0$$

所以，

$$u'_0 = \{-\left(\frac{a}{12}\right)^4 [N]_{m+1}^4 + \frac{l^2}{6}\left(\frac{a}{12}\right)^2 [N]_{m+1}^2\} \{u^{IV}\}/l \tag{5.39}$$

同理可得：

$$\varphi'''_0 = -\left(\frac{a}{12}\right)^2 [N]_{m+1}^2 \{\varphi^{IV}\}/l \tag{5.40}$$

$$\varphi'_0 = \{-\left(\frac{a}{12}\right)^4 [N]_{m+1}^4 + \frac{l^2}{6}\left(\frac{a}{12}\right)^2 [N]_{m+1}^2\} \{\varphi^{IV}\}/l \tag{5.41}$$

设 $M_0 = kM_l$，则 $Q_y = (1-k) M_x/l$。对于变截面 H 形钢梁，为充分利用材料强度，截面设计时应使最大应力沿梁轴线接近于常数。对于仅有端弯矩作用的简支梁，一种可能的最优设计是要求构件达侧扭屈曲时大端的最大应力与小端相同，即 $M_0/M_l = W_{x0}/W_{xl}$（两端弯矩作用使构件产生同向曲率）。因此，对于图 5.12 所示构件，取 $-W_{x0}/W_{xl} \leqslant k \leqslant W_{x0}/W_{xl}$ 可以囊括实际工程的大多数情况。

对于波纹腹板 H 形钢梁，在计算其绕强轴的截面抵抗距时腹板作用可以忽略[5.4]，即

$$W_x(z) = b_f t_f h(z) \tag{5.42}$$

所以，实际求解时，取 $-h_0/h_l \leqslant k \leqslant h_0/h_l$。

利用式（5.32）～（5.42）编写有限积分程序，程序框图如图 5.13 所示。其中，形成系数矩阵 K_j 的方法为：利用式（5.36）～（5.41）计算出边界条件值 u_0，u'_0，u''_0，u'''_0 及 φ_0，φ'_0，φ''_0，φ'''_0，代入式（5.34a～h），可将各积分单元节点处位移的各阶导数表示成 $\{u^{IV}\}$ 和 $\{\varphi^{IV}\}$ 的函数。将得到的函数表达式代入式（5.27），即可得到关于变量 $\{u^{IV}, \varphi^{IV}\}^T$ 的齐次方程组，其系数矩阵即为所求的 K_j。

文献[5.10]运用壳体有限元理论分析楔形平腹板工字钢梁的整体稳定性。根据有限元的计算结果，并按文献[5.11]中采用能量法推导得出的临界荷载公式，并用有限元结果进行公式中参数回归分析，得到不等端弯矩作用下双轴对称楔形平腹板工字形钢梁临界弯矩的近似公式：

$$M_{crl} = \beta_1 \frac{\pi^2 E I_y}{l^2} \sqrt{\frac{I_{w0}}{I_y}\left[A_\gamma + \frac{G I_{k0}(1 + 0.5 d_k) l^2}{E \pi^2 I_{w0}}\right]} \tag{5.43}$$

其中，

$$A_\gamma = 1 + 1.6\gamma + 0.4\gamma^2 \tag{5.44}$$

$$\beta_1 = 1.84 - 0.84\sin[(W_{xl}/W_{x0})^{0.15} \times 0.5k\pi] \tag{5.45}$$

式（5.43）形式上与 GB 50017—2003[5.13] 中等截面 H 形钢梁在不等端弯矩作用下的临界弯矩表达式相同，概念明确，且只需要令 $\gamma = 0$，$d_k = 0$，$W_{xl}/W_{x0} = 1$ 公式即可自动退化为等截面梁在不等端弯矩作用下的临界荷载公式，应用非常方便。

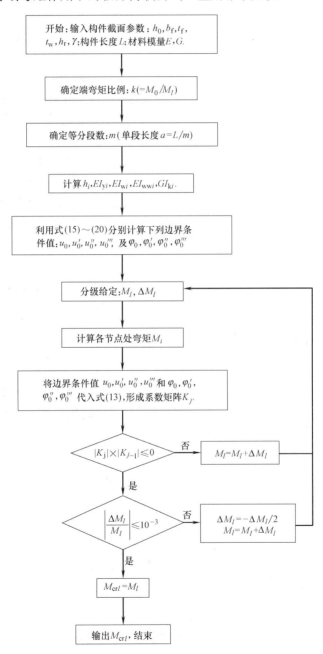

图 5.13　有限积分求解程序框图

采用式（5.43）~（5.45）的形式，利用图5.13所示方法编写的有限积分程序，进行了大量的数值分析，对式（5.43）~（5.45）中相关系数进行拟合，得到适用于常用规格的楔形波纹腹板H形钢梁侧扭失稳的临界弯矩计算公式。数值拟合主要包括以下两个方面：

（1）弯矩系数 β_1 的调整：对常用规格等截面波纹腹板H形钢梁在不等端弯矩作用下的临界弯矩进行了大量的数值计算，利用式（5.45）的形式进行回归分析。弯矩系数的拟合过程如图5.14所示。

对于变截面的情形，在公式中考虑 W_{xl}/W_{x0} 项，只是结合波纹腹板H形钢的特点，利用式（5.42）对公式进一步简化如下：

$$\beta_1 = 1.88 - 0.88\sin\left[(h_l/h_0)^{0.15} \times 0.5k\pi\right] \tag{5.46}$$

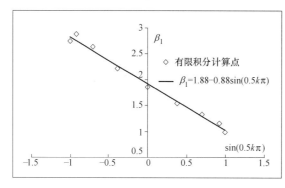

图5.14 等截面梁的弯矩系数拟合

（2）楔率修正项 A_γ 调整：对常用规格变截面波纹腹板H形钢在楔率小于2的范围内进行大量的回归分析，拟合过程如图5.15所示。

从图5.15可知，常用规格变截面波纹腹板H形钢在楔率小于2的范围内考虑楔率影响的修正公式为：

$$A_\gamma = 1 + 2\gamma - 0.1\gamma^2 + 0.15\gamma^3 \tag{5.47}$$

由此，得出常用规格楔形波纹腹板H形钢在不等端弯矩作用下侧扭失稳的弹性临界弯矩的计算公式为：

$$M_{crl} = \beta_1 \frac{\pi^2 E I_y}{l^2}\sqrt{\frac{I_{w0}^*}{I_y}\left[A_\gamma + \frac{G I_{ko}(1+0.5d_k)l^2}{E\pi^2 I_{w0}^*}\right]} \tag{5.48}$$

其中，β_1 按式（5.46）计算，A_γ 按式（5.47）计算，$\gamma = (h_l+t_f)/(h_0+t_f)-1$ 且 $0 \leqslant \gamma \leqslant 2$，$d_k = (h_0+t_f)t_w^3\gamma/(3I_{k0})$；$I_{k0}$，$I_{w0}^*$ 和 h_0 分别为小端截面处的 I_k，I_w^* 和 h，h_l 为大端截面处的 h，h 为上下翼缘形心之间的距离。

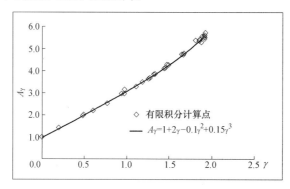

图5.15 楔形梁楔率修正项的拟合

下面将由公式（5.48）计算所得的结果 M_{crl}（其中 $k = M_0/M_l = h_0/h_l$，$0.5h_0/h_l$，0，$-0.5h_0/h_l$，$-h_0/h_l$）和采用通用有限元程序ANSYS特征屈曲分析得到的不同 k 时的

M_{FE}进行对比，对比结果见表 5.3～5.4，其中弯矩单位为 kN・m。

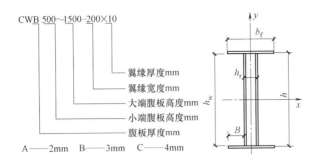

图 5.16 楔形波纹腹板 H 形钢截面规格说明

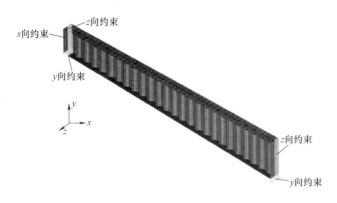

图 5.17 楔形波纹腹板 H 形钢有限元网格及边界条件

表中 5.3 中所列构件截面规格的含义如图 5.16 所示。

利用 ANSYS 进行梁整体屈曲分时，采用考虑剪切变形影响的壳单元 Shell181 模拟型钢的腹板和翼缘。钢材弹性模量按照 GB 50017—2003[5.13]取值，$E=2.06\times10^5\,\mathrm{MPa}$，泊松比 $\nu=0.3$。ANSYS 模型网格均为四边形网格，长宽比在 1～3 之间，网格及边界条件如图 5.17 所示。

双轴对称楔形波纹腹板 H 形钢梁临界弯矩对比 （L=8.16m） 表 5.3

截面规格	$k=h_0/h_l$			$k=0.5h_0/h_l$			$k=0$			$k=-0.5h_0/h_l$			$k=-h_0/h_l$		
	M_{crl}	M_{FE}	误差%	M_{crl}	M_{FE}	误差%	M_{crl}	M_{FE}	误差%	M_{crl}	M_{FE}	误差%	M_{crl}	M_{FE}	误差%
CWB500～1500-200×10	351	343.3	2.16	414	406.9	1.85	483	468.0	3.22	553	541.1	2.11	641	652.3	−1.68
CWB750～1500-200×10	338	333.1	1.35	424	408.4	3.85	528	513.7	2.78	633	613.1	3.22	747	759.3	−1.68
CWB1000～1500-200×10	330	327.3	0.94	431	415.5	3.70	570	551.2	3.50	712	686.1	3.75	839	845.1	−0.69
CWB1250～1500-200×10	326	323.3	0.75	426	418.1	2.00	599	576.4	3.97	774	768.7	0.71	901	891.1	1.11
CWB1500～1500-200×10	325	320.2	1.63	411	425.0	−3.25	612	599.5	2.05	814	842.5	−3.35	925	917.1	0.90
CWB500～1500-220×12	560	548.5	2.07	662	643.8	2.80	772	746.0	3.44	883	863.1	2.29	1031	1048.2	−1.68
CWB750～1500-220×12	538	532.0	1.19	676	652.9	3.61	842	812.3	3.69	1010	981.7	2.86	1199	1214.7	−1.33
CWB1000～1500-220×12	526	519.1	1.29	686	661.6	3.65	908	881.6	3.00	1133	1091.4	3.83	1345	1357.2	−0.92
CWB1250～1500-220×12	517	513.3	0.77	677	663.0	2.15	952	915.7	3.94	1230	1208.8	1.73	1441	1395.5	3.29

续表

截面规格	$k=h_0/h_l$			$k=0.5h_0/h_l$			$k=0$			$k=-0.5h_0/h_l$			$k=-h_0/h_l$		
	M_{crl}	M_{FE}	误差%	M_{crl}	M_{FE}	误差%	M_{crl}	M_{FE}	误差%	M_{crl}	M_{FE}	误差%	M_{crl}	M_{FE}	误差%
CWB1500~1500-220×12	516	511.6	0.83	652	668.0	-2.43	970	951.3	1.94	1291	1328.0	-2.80	1479	1433.7	3.13
CWB500~1500-250×12	812	789.2	2.85	960	932.0	2.96	1119	1083.5	3.28	1280	1241.4	3.13	1488	1487.9	0.04
CWB750~1500-250×12	781	759.6	2.83	981	948.2	3.51	1222	1181.5	3.45	1465	1412.3	3.75	1734	1730.6	0.21
CWB1000~1500-250×12	763	750.3	1.68	995	962.0	3.43	1318	1274.9	3.35	1644	1591.1	3.35	1948	1936.0	0.61
CWB1250~1500-250×12	750	747.6	0.36	982	965.0	1.79	1380	1335.3	3.38	1784	1747.3	2.07	2088	2011.8	3.80
CWB1500~1500-250×12	748	742.0	0.75	945	972.7	-2.89	1405	1377.4	2.03	1871	1937.6	-3.46	2141	2087.5	2.58
CWB500~1500-250×15	1029	997.1	3.22	1217	1173.4	3.75	1420	1375.7	3.23	1625	1581.6	2.77	1910	1931.4	-1.12
CWB750~1500-250×15	989	967.2	2.28	1244	1198.2	3.78	1549	1497.1	3.46	1857	1795.4	3.44	2219	2223.6	-0.20
CWB1000~1500-250×15	965	952.3	1.29	1258	1222.0	2.96	1666	1618.3	2.97	2080	2003.2	3.83	2485	2472.9	0.50
CWB1250~1500-250×15	948	948.1	-0.06	1241	1222.9	1.44	1744	1685.6	3.44	2253	2199.3	2.43	2660	2570.3	3.48
CWB1500~1500-250×15	944	939.5	0.44	1192	1233.1	-3.31	1774	1737.5	2.10	2361	2440.8	-3.26	2726	2667.7	2.18

双轴对称楔形波纹腹板 H 形钢梁临界弯矩对比（$L=12$m）　　表 5.4

截面规格	$k=h_0/h_l$			$k=0.5h_0/h_l$			$k=0$			$k=-0.5h_0/h_l$			$k=-h_0/h_l$		
	M_{crl}	M_{FE}	误差%	M_{crl}	M_{FE}	误差%	M_{crl}	M_{FE}	误差%	M_{crl}	M_{FE}	误差%	M_{crl}	M_{FE}	误差%
CWB500~1500-200×10	169	171.0	-1.15	199	197.6	0.84	233	230.3	1.05	266	269.0	-1.05	296	303.9	-2.47
CWB750~1500-200×10	162	163.2	-0.94	202	197.5	2.45	252	243.8	3.56	303	302.2	0.14	343	355.1	-3.32
CWB1000~1500-200×10	157	158.4	-0.68	204	199.0	2.61	271	268.4	1.15	339	337.4	0.40	386	399.5	-3.47
CWB1250~1500-200×10	155	155.1	-0.31	201	201.0	0.20	284	277.3	2.57	367	373.4	-1.59	414	423.0	-2.07
CWB1500~1500-200×10	154	152.5	1.17	194	201.0	-3.43	290	288.0	0.74	386	399.2	-3.27	426	427.2	-0.30
CWB500~1500-220×12	271	275.4	-1.55	320	317.9	0.58	374	370.2	0.91	427	431.8	-1.03	476	497.0	-4.23
CWB750~1500-220×12	259	262.3	-1.26	324	317.0	2.27	405	390.8	3.54	485	483.5	0.33	550	573.9	-4.11
CWB1000~1500-220×12	251	254.4	-1.18	326	319.1	2.26	434	423.8	2.44	542	538.6	0.54	616	636.9	-3.21
CWB1250~1500-220×12	247	248.8	-0.95	321	322.1	-0.31	454	446.8	1.51	586	594.8	-1.49	661	672.8	-1.82
CWB1500~1500-220×12	246	244.9	0.27	309	321.3	-3.87	462	459.9	0.39	614	630.6	-2.56	678	677.8	0.00
CWB500~1500-250×12	389	387.5	0.52	459	447.6	2.61	537	521.6	2.88	614	609.0	0.81	684	701.4	-2.52
CWB750~1500-250×12	373	372.3	0.15	467	450.1	3.69	583	565.0	3.10	698	686.8	1.68	792	814.9	-2.78
CWB1000~1500-250×12	362	363.3	-0.27	470	455.6	3.23	625	605.3	3.32	780	768.5	1.56	888	907.2	-2.07
CWB1250~1500-250×12	355	357.1	-0.49	463	461.7	0.25	654	635.7	2.84	845	851.0	-0.75	952	959.8	-0.80
CWB1500~1500-250×12	354	352.4	0.38	445	457.7	-2.79	665	660.5	0.69	885	916.0	-3.37	976	968.1	0.85
CWB500~1500-250×15	502	509.1	-1.41	592	587.3	0.83	692	683.2	1.32	792	796.0	-0.47	883	915.3	-3.58
CWB750~1500-250×15	479	484.2	-1.10	600	584.6	2.57	749	729.5	2.63	898	888.5	1.05	1019	1052.8	-3.25
CWB1000~1500-250×15	464	469.2	-1.15	602	587.8	2.43	801	780.2	2.64	1000	987.0	1.27	1138	1164.1	-2.26
CWB1250~1500-250×15	454	459.1	-1.12	591	593.0	-0.29	835	811.9	2.87	1079	1087.2	-0.74	1216	1225.1	-0.70
CWB1500~1500-250×15	452	451.5	0.00	568	588.7	-3.53	849	843.4	0.65	1130	1165.7	-3.08	1246	1229.8	1.33

　　由表 5.3 及表 5.4 可知，式（5.48）计算结果与有限元分析结果相比，误差均在 5% 以内，满足工程要求，且式（5.48）形式与等截面梁公式一样，便于工程应用。

2. 横向荷载作用下的悬臂梁

（1）临界弯矩表达式

在横向荷载作用下楔形波纹腹板 H 形钢悬臂梁固端（大端）的弹性临界弯矩表达式与式（5.43）类似，但荷载作用在梁截面上的位置对临界弯矩有影响，可将其表达为：

$$M_{lcr} = \chi \beta_1 \frac{\pi^2 E I_y}{(2L)^2} \left[-\beta_2 a + \sqrt{(\beta_2 a)^2 + \frac{I_{wl}^*}{I_y} \left(1 + \frac{G I_{tl}(2L)^2}{\pi^2 E I_{wl}^*} \right)} \right] \tag{5.49}$$

式中，a 为荷载作用位置系数，β_1、β_2 为与其荷载类型有关的系数，χ 为临界弯矩折减系数（与等截面悬臂梁相比），I_{wl}^*、I_{tl} 分别为大端截面处的 I_w^*、I_t。

系数 β_1、β_2 可通过对等截面悬臂梁采用有限元方法进行参数分析拟合得出：

$$\beta_1 = \begin{cases} \dfrac{3.89 + 6.24K}{\sqrt{4+K^2}} & \text{自由端集中荷载} \\[3mm] \dfrac{7.3 + 12.22K}{\sqrt{4+K^2}} & \text{满跨均布荷载} \end{cases} \tag{5.50}$$

自由端作用集中荷载时，

$$\beta_2 = \begin{cases} \dfrac{6.8 + 11.4K}{2 + 15K} & \text{荷载作用在上翼缘} \\[3mm] 0 & \text{荷载作用在形（剪）心} \\[3mm] \dfrac{0.4 + 0.53K}{1 - mK} & \text{荷载作用在下翼缘} \end{cases} \tag{5.51a}$$

满跨均布荷载作用时，

$$\beta_2 = \begin{cases} \dfrac{1.74 + K}{0.75 + mK} & \text{荷载作用在上翼缘} \\[3mm] 0 & \text{荷载作用在形（剪）心} \\[3mm] \dfrac{1.32 + 0.62K}{1.5 - mK} & \text{荷载作用在下翼缘} \end{cases} \tag{5.51b}$$

式中，$K = \sqrt{\pi^2 E I_w^* / G I_k L^2}$，$m = 2a/h$，$h$ 为上下翼缘形心之间的距离。

（2）端部集中荷载作用下 a 与 χ 的确定

如图 5.18 所示，横向集中荷载作用下的楔形悬臂梁，有三种典型的荷载作用位置（图 5.18a，b 和 c），其对应的荷载作用高度分别为：

$$a = \begin{cases} (h_0 + t_f)/2 & \text{荷载作用在上翼缘} \\[2mm] 0 & \text{荷载作用在形（剪）心} \\[2mm] -(h_0 + t_f)/2 & \text{荷载作用在下翼缘} \end{cases} \tag{5.52}$$

利用通用有限元程序 ANSYS 进行特征屈曲分析，进行了大量的参数拟合工作，拟和结果如图 5.19 所示。其中，$\theta = (h_l - h_0)/L$，为楔形梁的楔角，且 $0 \leqslant \theta \leqslant 0.05$。

从图 5.19 可知，在梁楔角小于 0.05 的范围内，端部集中荷载作用下，楔形波纹腹板 H 形钢悬臂梁在常用规格范围内，其临界弯矩折减系数 χ 可按下式计算：

$$\chi = \begin{cases} 1 - 8\theta + 95\theta^2 & \text{荷载作用在上翼缘} \\[2mm] 1 - 4.1\theta + 47.5\theta^2 & \text{荷载作用在形（剪）心} \\[2mm] 1 - 5.6\theta + 48\theta^2 & \text{荷载作用在下翼缘} \end{cases} \tag{5.53}$$

（3）满跨均布荷载作用下 a 与 χ 的确定

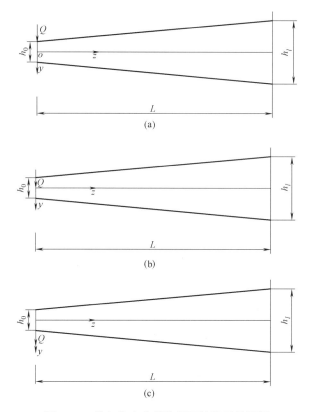

图 5.18　横向集中荷载作用下的楔形悬臂梁

（a）荷载作用在上翼缘；（b）荷载作用在形（剪）心；（c）荷载作用在下翼缘

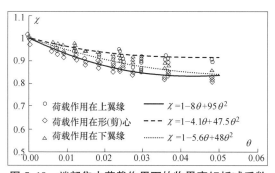

图 5.19　端部集中荷载作用下的临界弯矩折减系数

如图 5.20 所示，横向均布荷载作用下的楔形悬臂梁，有三种典型的荷载作用位置（图 5.20a，b 和 c），其中荷载作用在形（剪）心时，其荷载作用高度恒为 0；但荷载作用在上翼缘和下翼缘时，荷载作用点高度会沿着梁轴线发生变化。根据势能相等的原则，推导荷载平均作用高度 $\bar{a}$。

由于楔形梁的对称性，仅需考虑均布荷载作用在上翼缘的情形即可。根据总势能相等的原则，对势能表达式中 $qa\varphi^2$ 项进行积分，并利用等截面 H 形钢悬臂梁在端弯矩作用下的位移函数，近似取 $\varphi = C\left(1 - \sin\dfrac{\pi z}{2l}\right)$ 得：

$$\frac{1}{2}\int_0^l q\bar{a}\varphi^2\,\mathrm{d}z = \frac{1}{2}\int_0^l qa\varphi^2\,\mathrm{d}z \tag{5.54}$$

对于腹板高度沿轴向线性变化的楔形梁，大端固定，易知 a 可用一次函数表示为：$a = A + Bz$. 代入上式积分可得：

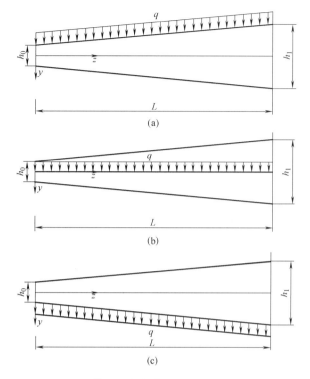

图 5.20 横向均布荷载作用下的楔形悬臂梁

(a) 荷载作用在上翼缘；(b) 荷载作用在形（剪）心；(c) 荷载作用在下翼缘

$$\bar{a} = \frac{\int_0^l (A+Bz)\left(1-\sin\frac{\pi z}{2l}\right)^2 \mathrm{d}z}{\int_0^l \left(1-\sin\frac{\pi z}{2l}\right)^2 \mathrm{d}z} = A + \frac{3\pi^2-24}{6\pi^2-16\pi}Bl \approx A + 0.627Bl \quad (5.55)$$

即，荷载平均作用高度为距小端截面 $0.627l$ 处的荷载高度。

设固定端支座处梁翼缘形心距为 h_l，自由端翼缘形心距为 h_0，则：

$$\bar{a} = (h_0 + t_f)(1 + 0.627\gamma)/2 \quad (5.56)$$

所以，在满跨均布荷载作用下，楔形悬臂梁的荷载平均作用高度为：

$$\bar{a} = \begin{cases} (h_0+t_f)(1+0.727\gamma)/2 & \text{荷载作用在上翼缘} \\ 0 & \text{荷载作用在形（剪）心} \\ -(h_0+t_f)(1+0.727\gamma)/2 & \text{荷载作用在下翼缘} \end{cases} \quad (5.57)$$

利用通用有限元程序 ANSYS 进行特征屈曲分析，进行了大量的参数拟合工作，拟和结果如图 4.8 所示。其中，$\theta = (h_l - h_0)/L$，为楔形梁的楔角，且 $0 \leqslant \theta \leqslant 0.05$。

从图 5.21 可知，在梁楔角小于 0.05 的范围内，满跨均布荷载作用下，楔形波纹腹板 H 形钢悬臂梁在常用规格范围内，其临界弯矩折减系数 χ 可按下式计算：

$$\chi = \begin{cases} 1 - 13.5\theta + 145\theta^2 & \text{荷载作用在上翼缘} \\ 1 - 3.5\theta + 42\theta^2 & \text{荷载作用在形（剪）心} \\ 1 + 6.3\theta - 48\theta^2 & \text{荷载作用在下翼缘} \end{cases} \quad (5.58)$$

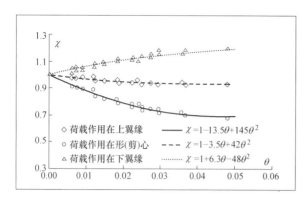

图 5.21 满跨均布荷载作用下的临界弯矩折减系数

5.3.2 弹塑性稳定承载力

对于变截面波纹腹板 H 形钢梁弹塑性稳定承载力，仍建议采用式（5.18）进行计算，只是式中 M_P 采用大端截面塑性弯矩，M_{cr} 按 5.3.1 中的方法计算。

以下利用通用有限元软件 AN-SYS 对楔形波纹腹板 H 形钢梁进行弹塑性稳定分析，验证式（5.18）对于变截面波纹腹板 H 形钢梁的适用性。

采用考虑剪切变形影响的壳单元 Shell181 模拟变截面波纹腹板 H 形钢的梁的腹板和翼缘。钢材本构关系采用图 5.22 所示双折线强化模型，弹性模量为 2.06×10^5 MPa，强化段斜率为弹性模量的 1/100，屈服强度取值参照《钢结构设计规范》GB 50017—2003 中 Q235 取 $f_y = 235$MPa。

ANSYS 模型网格均为四边形网格。由于腹板波折缘故，网格尺寸不完全均匀。翼缘 z（梁平面外方向）向网格尺寸在 12.5mm 到 25mm 之间，x（梁轴向）向尺寸在 $12.5 \sim 17.5$mm 之间。由于楔形梁腹板高度沿轴线变化，网格尺寸在小端截面处较小，大端截面处较大。腹板 x（轴线方向）向尺寸均为 17.5mm，y（梁高方向）尺寸在 16.7mm 到 50mm 之间。有限元网格长宽比控制在 $1 \sim 3$ 之间。

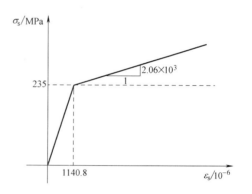

图 5.22 材料本构关系

以楔形波纹腹板 H 形钢简支梁在端弯矩作用下的加载与分析为例，如图 5.23 所示，在楔形波纹腹板 H 形钢梁端部上下翼缘分别施加轴向力偶以模拟端弯矩作用。其中，h_0 和 h_l 分别为梁小端和大端截面处上下翼缘形心之间的距离；M_0 和 M_l 分别为小端截面和大端截面处的弯矩，且满足 $M_0 = kM_l$。

进行弹塑性稳定分析之前，先进行特征屈曲分析，并将第一阶屈曲模态的位移作为初始缺陷施加在分析对象上，最大初始缺陷取 $L/1000$。图 5.23 中各约束位移处，相应方向位移设为 0。

同样还可分析横向荷载作用下的楔形波纹腹板 H 形钢简支梁和横向荷载作用下的楔形波纹腹板 H 形钢悬臂梁，其处理方法类似，此处不再赘述。

下面将五种典型边界条件和荷载形式下有限元弹塑性稳定分析结果与公式（5.18）计算结果的对比情况绘制于图 5.24 中，其中 M_{ul} 为楔形波纹腹板 H 形钢梁大端弹塑性整体稳定极限弯矩，M_{Pl} 为梁大端截面塑性弯矩。

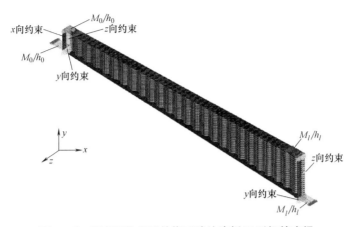

图 5.23 端弯矩作用下的楔形波纹腹板 H 形钢简支梁

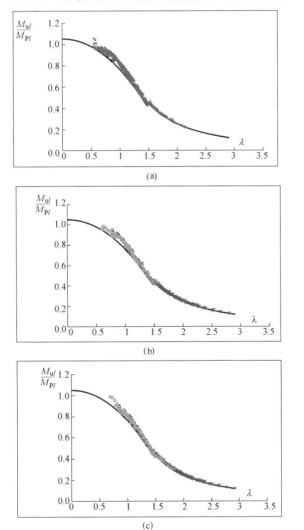

图 5.24 有限元计算结果与公式（5.18）的对比（一）
（a）端弯矩作用下的楔形波纹腹板 H 形钢简支梁；（b）横向集中荷载作用下
的楔形波纹腹板 H 形钢简支梁；（c）横向均布荷载作用下的楔形波纹腹板 H 形钢简支梁

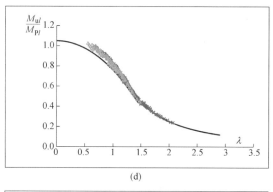

(d)

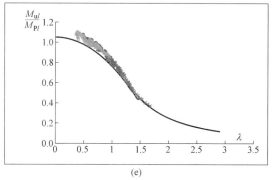

(e)

图 5.24　有限元计算结果与公式（5.18）的对比（二）

（d）横向集中荷载作用下的楔形波纹腹板 H 形钢悬臂梁；（e）横向均布荷载作用下的楔形波纹腹板 H 形钢悬臂梁

从图 5.24 可知，对于各种典型边界条件和荷载形式，楔形波纹腹板 H 形钢梁的弹塑性稳定极限承载能力的有限元计算结果均不小于式（5.18）计算的结果，且随着通用长细比 λ 的减小，有限元分析结果与式（5.18）计算的结果相比呈增大的趋势，但整体上偏差并不大。因此，同样采用式（5.18）计算楔形波纹腹板 H 形钢梁弹塑性整体稳定极限承载能力结果是偏于安全的，可供工程设计采用。

5.3.3　试验验证

1. 试件

对楔形波纹腹板 H 形钢悬臂梁在自由端上翼缘集中荷载作用下整体稳定性能进行试验的主要目的在于：测试其整体稳定承载能力，验证有限元分析方法和稳定计算公式的可靠性。

共设计 5 个试件，均采用大端截面处固定，小端为自由端，长度取 3.0m 和 4.0m. 试件具体参数见表 5.5。

试件腹板采用工厂加工条件比较成熟的波形，倾角 52.2°，波长 188mm，波长展开长度为 227.2mm，$s/q=1.21$，波高 40mm，具体波形尺寸如图 5.25 所示。

2. 加载

为减小构件发生侧扭失稳时加载点的侧向约束，采用在梁自由端悬挂重物的方法加载。加载点设置 90mm 宽加劲板，通过四根绳索悬挂吊篮，用于加载。试验加载装置如

图 5.26 所示。

	参数 编号	翼缘 尺寸(mm)	腹板形式 (mm)	腹板 厚度(mm)	腹板高度 (mm)	楔率 γ	楔角 θ	长度 L (m)
TPL1		110×8	188-40	2.0	250-400	0.564	2.5%	3.0
TPL2		110×8	188-40	2.0	250-400	0.564	2.5%	3.0
TPL3		110×8	188-40	2.0	250-400	0.564	2.5%	3.0
TPL4		110×8	188-40	2.0	200-400	0.926	2.5%	4.0
TPL5		110×8	188-40	2.0	300-400	0.316	1.25%	4.0

试件几何参数　　　　　　　　　　表 5.5

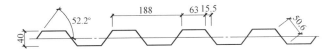

图 5.25　试件腹板波形尺寸

通过 ANSYS 有限元软件特征屈曲分析和弹塑性稳定分析对各试件的稳定承载能力进行预估，以确定加载制度。承载能力估算结果如表 5.6 所示。

试件承载能力估算值　　　　　　　　　表 5.6

	参数 编号	M_{cr} (kN·m)	Q_{cr} (kN)	W_x (cm³)	σ_{cr} (MPa)	M_u (kN·m)	Q_u (kN)
TPL1		97.2	32.4	359.0	270.7	79.8	26.6
TPL2		97.2	32.4	359.0	270.7	79.8	26.6
TPL3		97.2	32.4	359.0	270.7	79.8	26.6
TPL4		65.2	16.3	359.0	181.6	60.5	15.1
TPL5		59.4	14.9	359.0	165.4	55.2	13.8

注：M_{cr} 为固定端临界弯矩；Q_{cr} 为自由端临界荷载；W_x 为固定端截面模量；σ_{cr} 为固定端截面翼缘临界正应力；
M_u 为固定端极限弯矩；Q_u 为自由端极限荷载.

根据表 5.6 承载力预估结果，实际加载时依据实验室中废钢板重量确定每级荷载的大小。第一级荷载为钢筋笼自重（约 330kg），此后先加载 150kg 钢板若干块（对于试件 TPL1～TPL3，加 11 块；TPL4～TPL5 加 3 块）；加载完 150kg 钢板后，继续加载 36kg 钢板 12 块；36kg 钢板加载完成后，采用 23kg 重物进行加载，直到试件破坏。

3. 测试

试验测量包括两部分内容：应变和位移。应变片共 10 个测点（S1～S10），其中 S3 和 S8 为直角应变花，其余为应变片。位移计共 9 个测点（D1～D9），分别测量距离固定端 $L/4$，$L/2$ 和 $3L/4$ 处截面的挠度、面外位移和侧向扭转角。位移计和应变片布置如图 5.27 所示。

4. 试件材性

试验过程中，首先对所采用的材料进行了材性试验，由于试验前后共两个阶段，所以材料也分为两个批次测量。主要测量内容包括：板材厚度、屈服强度、抗拉强度和伸长

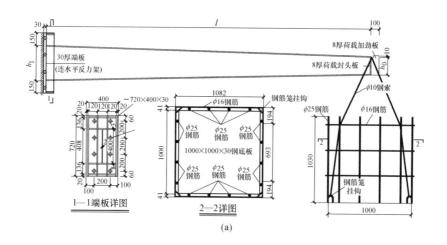

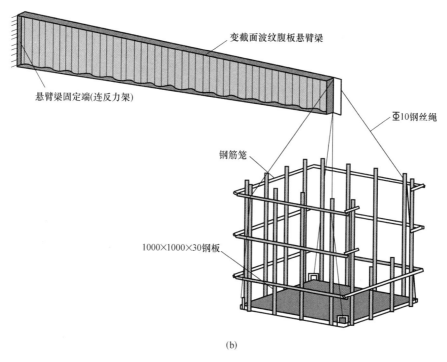

图 5.26 试验加载装置图

(a) 平面示意图；(b) 三维示意图

率。其中试件 TPL1 和 TPL2 所用的为第一批钢材，试件 TPL3～TPL5 为第二批钢材。材性试验标准试件如图 5.28 所示。

材性试验结果如表 5.7 所示。

5. 试验结果及其与有限元分析结果的对比

为了对比分析，采用 ANSYS 软件对试验进行数值模拟。单元采用壳单元 Shell181，材料为双折线强化模型，弹性模量为 2.06×10^5 MPa，强化段斜率为弹性模量的 1/100。按照第一特征值屈曲模态施加初始缺陷，初始缺陷最大值按实测结果，最大（试件

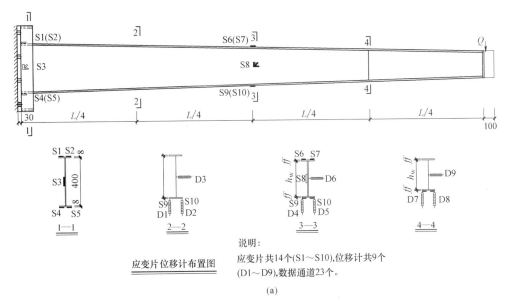

应变片位移计布置图

说明：
应变片共14个(S1~S10),位移计共9个
(D1~D9),数据通道23个。

(a)

(b)

图 5.27 试件测点布置图

（a）测点布置；（b）测点照片

TPL2）为 8.5mm，最小为 1mm。有限元分析还考虑了梁的自重和加载点钢索与加劲板之间的摩擦，经多次尝试，取竖向荷载的 1.2% 施加侧向摩擦力（图 5.29），重力加速度通过施加惯性力的方法施加，故图中箭头方向与实际重力加速度的方向相反。

材性试验结果（平均值）   表 5.7

批次	板材	部件	数量	厚度 （mm）	伸长率 ％	屈服强度 （MPa）	抗拉强度 （MPa）	强屈比
1	2mm	腹板	3	2.30	43.0	270.4	420.7	1.56
1	8mm	翼缘	3	7.75	38.8	306.5	426.3	1.39
2	2mm	腹板	3	2.56	37.5	362.0	490.6	1.36
2	8mm	翼缘	3	7.76	35.2	315.0	448.2	1.42

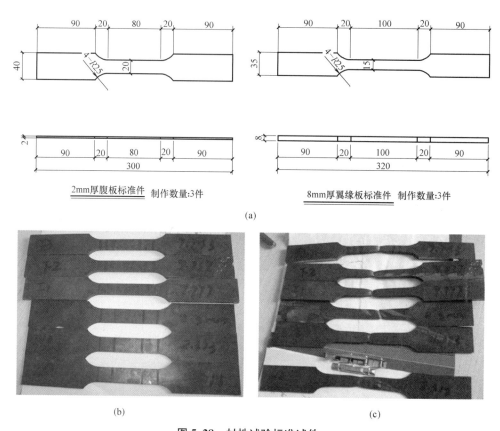

图 5.28 材性试验标准试件

（a）试件加工图；（b）材性试件照片（第一批）；（c）材性试件破坏后照片（第一批）

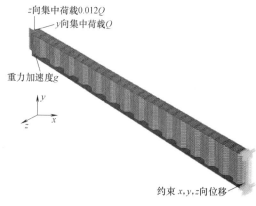

图 5.29 模型荷载条件

下面给出 TPL1～TPL5 五个试件的荷载位移曲线对比，如图 5.30～5.34 所示。其中，空心线为实测值曲线，实心线条为有限元计算曲线，面外位移指图 5.27 所示位移计 D3，D6，D9 所对应的位移；挠度值分别为各截面竖向位移测点位移的平均值；各截面转角分别为各截面竖向位移测点位移之差的绝对值与翼缘宽度之比。

值得说明的是，试件 TPL1，TPL3～TPL5 由于初始缺陷较小，实际加载时 1.2% 的摩擦力施加方向与初始缺陷方向一致，但 TPL2 由于初始缺陷较大，安装时利用支座螺栓孔的间隙，使试件整体绕轴线做了一定的旋转，以使其自由端加劲板尽可能保持竖直。加载时摩擦力方向与初始缺陷方向相反，所以，图中出了现负方向的面外位移。

从各试件的荷载-位移曲线可知，五个试件各测量截面的面外位移及截面扭转均较明显，表现出典型的弯扭失稳特征。有限元分析得到的荷载－位移曲线与试验结果吻合良好，有限计算的极限荷载略大于试验结果，但误差较小，在3%以内。

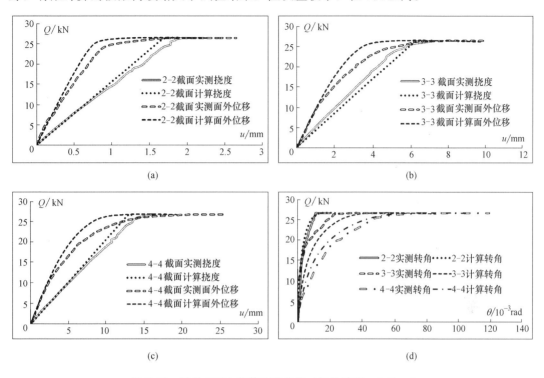

图5.30 试件TPL1荷载位移曲线（初始缺陷：1.5mm）

（a）2-2截面位移对比；（b）3-3截面位移对比；（c）4-4截面位移对比；（d）2～4截面转角对比

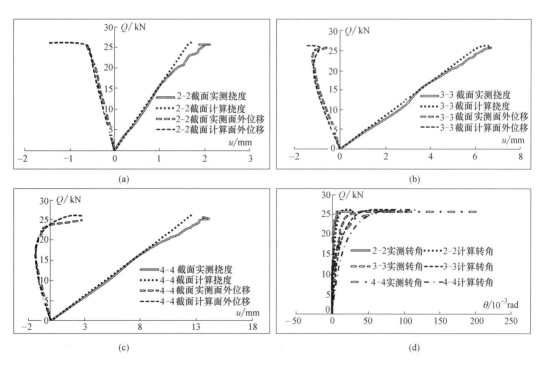

图5.31 试件TPL2荷载位移曲线（初始缺陷：8.5mm）

（a）2-2截面位移对比；（b）3-3截面位移对比；（c）4-4截面位移对比；（d）2～4截面转角对比

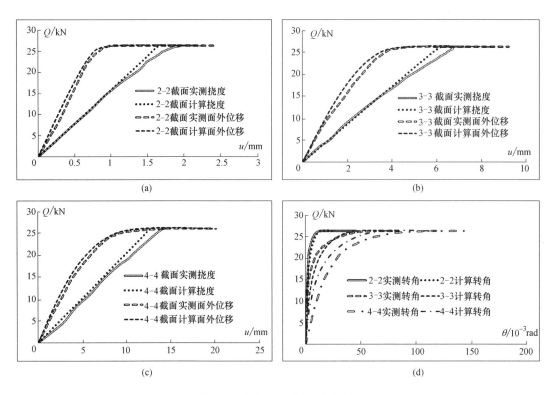

图 5.32 试件 TPL3 荷载位移曲线（初始缺陷：1.0mm）

（a）2-2 截面位移对比；（b）3-3 截面位移对比；（c）4-4 截面位移对比；（d）2～4 截面转角对比

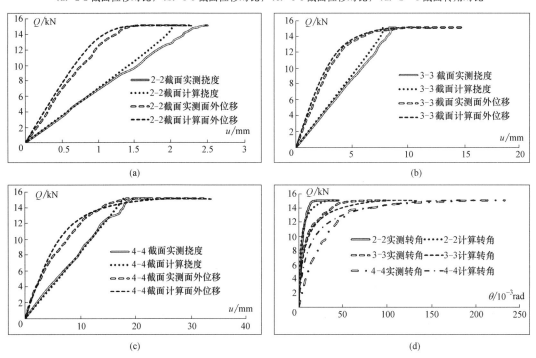

图 5.33 试件 TPL4 荷载位移曲线（初始缺陷：1.0mm）

（a）2-2 截面位移对比；（b）3-3 截面位移对比；（c）4—4 截面位移对比；（d）2～4 截面转角对比

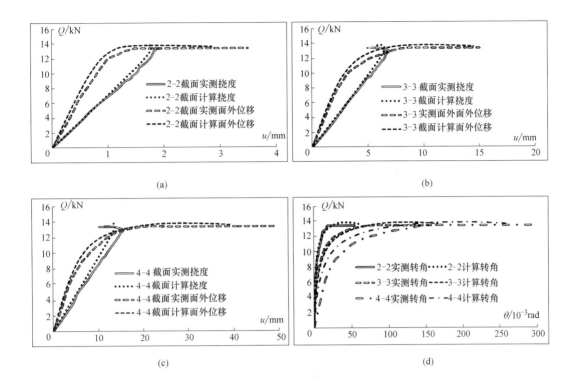

图 5.34　试件 TPL5 荷载位移曲线 (初始缺陷: 1.0mm)

(a) 2-2 截面位移对比; (b) 3-3 截面位移对比; (c) 4-4 截面位移对比; (d) 2~4 截面转角对比

图 5.35~图 5.39 给出了 TPL1~TPL5 五个试件的荷载-应变曲线对比情况。其中, 空心线为实测值曲线, 实心线条为有限元计算曲线。图中应变编号与图 5.27 应变测点编号一一对应, 实测应变系指试验实测得到的应变曲线, 计算应变表示有限元计算得到的应变曲线。实测平均和计算平均指相应截面处上翼缘或下翼缘两个应变测点实测应变的平均值曲线和有限元计算得到的应变平均值曲线。

从各试件的荷载-应变曲线可知, 各试件测量截面处上下翼缘边缘处的应变出现分叉, 且应变差值随着荷载增加逐渐增大, 表现出典型的弯扭失稳特征。试件 TPL1~TPL3 支座附近最大应变在达到极限荷载之前均超过材料屈服应变 (按表 5.7 翼缘屈服强度计算, TPL1~TPL2 屈服应变为 $1485u\varepsilon$, TPL3 为 $1529u\varepsilon$), 为弹塑性失稳破坏; 试件 TPL4~TPL5 支座附近最大应变在达到极限荷载之前, 均未超过材料屈服应变, 为弹性失稳破坏。有限元分析得到的荷载-应变曲线与试验结果整体趋势吻合良好, 有限计算的极限荷载略大于试验结果, 但误差较小。

试件 TPL1~TPL5 破坏模态对比如图 5.40~图 5.44 所示。

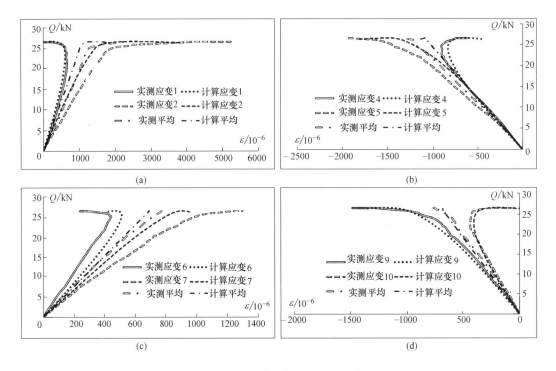

图 5.35　试件 TPL1 荷载应变曲线（初始缺陷：1.5mm）

（a）1-1 截面上翼缘应变对比；（b）1-1 截面下翼缘应变对比；（c）3-3 截面上翼缘应变对比

（d）3-3 截面下翼缘应变对比

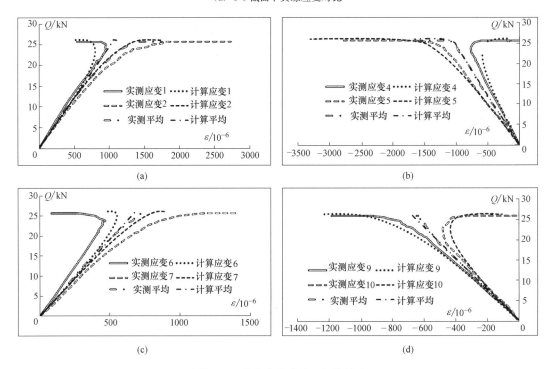

图 5.36　试件 TPL2 荷载应变曲线（初始缺陷：8.5mm）

（a）1-1 截面上翼缘应变对比；（b）1-1 截面下翼缘应变对比；（c）3-3 截面上翼缘应变对比；（d）3-3 截面下翼缘应变对比

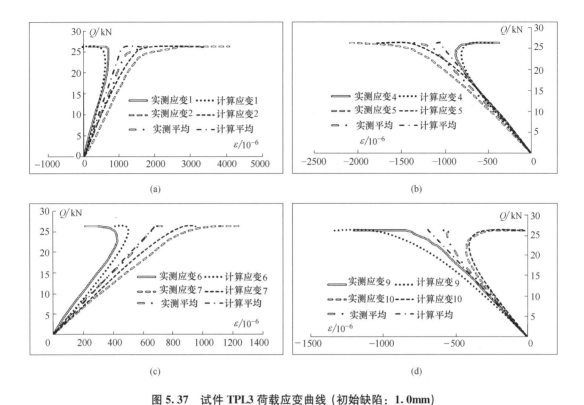

图 5.37 试件 TPL3 荷载应变曲线（初始缺陷：1.0mm）

（a）1-1 截面上翼缘应变对比；（b）1-1 截面下翼缘应变对比；（c）3-3 截面上翼缘应变对比；（d）3-3 截面下翼缘应变对比

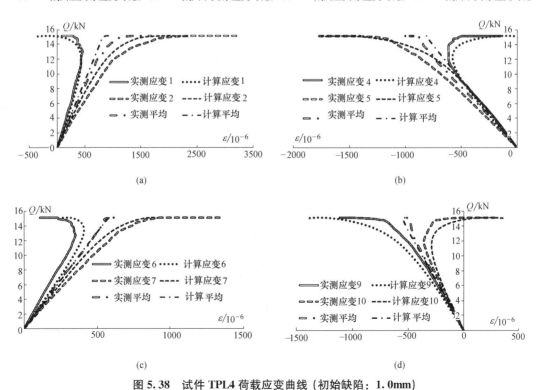

图 5.38 试件 TPL4 荷载应变曲线（初始缺陷：1.0mm）

（a）1-1 截面上翼缘应变对比；（b）1-1 截面下翼缘应变对比；（c）3-3 截面上翼缘应变对比；（d）3-3 截面下翼缘应变对比

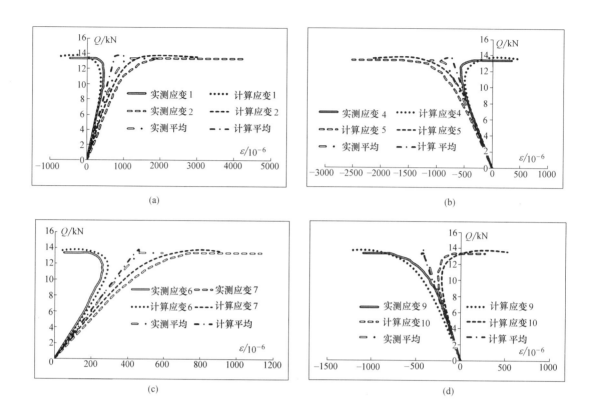

图 5.39 试件 TPL5 荷载应变曲线（初始缺陷：1.0mm）

（a）1-1 截面上翼缘应变对比；（b）1-1 截面下翼缘应变对比；（c）3-3 截面上翼缘应变对比；（d）3-3 截面下翼缘应变对比

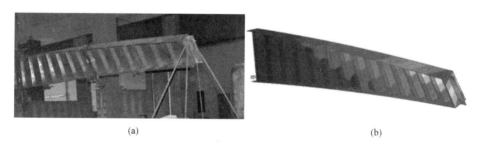

图 5.40 试件 TPL1 破坏模态

（a）试验结果；（b）有限元分析结果

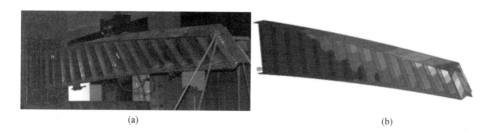

图 5.41 试件 TPL2 破坏模态

（a）试验结果；（b）有限元分析结果

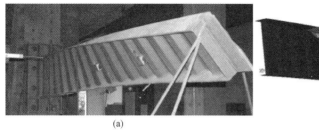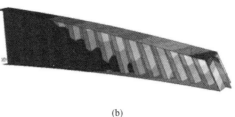

(a)　　　　　　　　　　　　　　　　(b)

图 5.42　试件 TPL3 破坏模态

（a）试验结果；（b）有限元分析结果

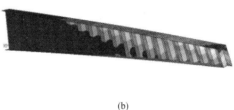

(a)　　　　　　　　　　　　　　　　(b)

图 5.43　试件 TPL4 破坏模态

（a）试验结果；（b）有限元分析结果

(a)　　　　　　　　　　　　　　　　(b)

图 5.44　试件 TPL5 破坏模态

（a）试验结果；（b）有限元分析结果

从图 5.40-5.44 可知，五个试件的最终破坏模态均为一阶侧扭屈曲，失稳破坏后构件变形很大，呈现明显的侧弯和扭转效应。ANSYS 有限元弹塑性稳定分析得到的试件最终变形图与试验的变形照片相比非常相似，说明有限元分析能够较准确地模拟构件受力过程，对初始缺陷和极限承载力的模拟也较为合理，所以有限元方法可以作为研究楔形波纹腹板 H 形钢梁整体稳定性能的工具。

为验证计算变截面波纹腹板 H 形钢梁整体稳定极限承载能力公式的可靠性，将各试件的试验结果和理论分析结果列在表 5.8 中进行分析。表中 t_f 为翼缘厚度，t_w 为腹板厚度，f_{fy} 为翼缘屈服强度，Q_t 为试验得到的各试件的极限荷载，Q_{cr} 为按式（5.49）计算得到的弹性临界荷载，Q_p 为悬臂梁大端塑性荷载，Q_u 为按式（5.18）计算得到的弹塑性稳定极限承载能力。

极限承载力理论值与试验结果比较 表5.8

试件编号	t_f (mm)	t_w (mm)	f_{fy} (MPa)	Q_t (kN)	Q_{ecr} (kN)	Q_p (kN)	Q_u (kN)	Q_t/Q_u
TPL1	7.75	2.30	306.5	26.5	30.3	35.5	25.2	1.052
TPL2	7.75	2.30	306.5	25.7	30.3	35.5	25.2	1.020
TPL3	7.76	2.56	315.0	26.3	30.6	36.5	25.7	1.023
TPL4	7.76	2.56	315.0	15.1	15.3	27.4	14.5	1.041
TPL5	7.76	2.56	315.0	13.4	14.2	27.4	13.4	1.000

由表5.8可见，试验得到的极限荷载略大于理论弹塑性稳定极限荷载，误差在5%以内，且理论计算结果略偏于安全，满足工程应用要求。

参考文献

[5.1] Lindner J. Lateral torsional buckling of beams with trapezoidally corrugated webs [R]. Proc., Int. Colloquium of Stability of Steel Structures，Budapest，Hungary，1990：79-86.

[5.2] Jiho Moon , Jong-WonYi, ByungH. Choi, Hak-EunLee. Lateral-torsional buckling of I-girder with corrugated webs under uniform bending [J]. Thin-WalledStructures. 2009，47：21-30.

[5.3] Zeman & Co Gesellschaft mbH. Corrugated web beam（Technical documentation）[OL]. Austria：2003. http：//www. zeman-steel. com.

[5.4] CECS 291：2011 波纹腹板钢结构技术规程 [S]. 北京：中国计划出版社，2011.（CECS 291：2011

[5.5] Sherif A Ibrahim. Fatigue Analysis and Instability Problems of Plate Girders with Corrugated Webs [D]. Philadelphia：Drexel University，2001：231-302.

[5.6] JihoMoon，Jong-WonYi，ByungH. Choi，Hak-EunLee. Lateral-torsional buckling of I-girder with corrugated webs under uniform bending [J]. Thin-WalledStructures. 2009，47：21-30

[5.7] 张哲. 波纹腹板H形钢及组合梁力学性能理论与试验研究 [D]. 上海：同济大学，2009：84-112.

[5.8] 陈骥. 钢结构稳定理论与设计 [M]. 北京：科学出版社，2006：271-335.

[5.9] 朱群红，童根树. 简支楔形工字钢梁的弹性弯扭屈曲 [J]. 建筑结构，2006，36（1）：31-34.

[5.10] 周佳. 双轴对称楔形工字钢梁的弹性弯扭屈曲 [D]. 杭州：浙江大学，2007：58-62.

[5.11] 童根树. 钢结构的平面外稳定 [M]. 北京：中国建筑工业出版社，2007：122-141.

[5.12] Kitipornchai，S and Trahair，N. S. Elastic Stability of Tapered I-beams [J]. Journal of the Structural Division，ASCE，1972，98（3）：713-728.

[5.13] GB 50017—2003 钢结构设计规范 [S]. 北京：中国计划出版社：2003.

[5.14] 罗小丰，李国强，孙飞飞，张哲. 焊接楔形波纹腹板工字钢梁整体稳定性能研究 [J]. 土木工程学报，2013，46（2）：88-99.

[5.15] 罗小丰. 变截面波纹腹板H形钢梁整体稳定性能研究 [D]. 上海：同济大学，2012

第6章 波纹腹板 H 形钢梁局部承压强度

6.1 概述

现有文献资料研究认为：集中荷载作用在上翼缘时，当波纹腹板 H 形钢梁翼缘受到局部压力作用时，承载力较高，一般可以不使用加劲肋[6.1],[6.2]。因此，波纹腹板 H 形钢梁，可以减少加劲肋的数量和相关焊接工作量，在移动的集中荷载（如吊车轮压）作用下，这一优点将更为突出[6.3],[6.4],[6.5]。20 世纪 70 年代起，日本曾将波纹腹板 H 形钢用做吊车梁。但是对于局压承载力的设计，目前尚无统一的设计公式。

在波纹腹板 H 形钢梁局部承压性能的研究方面，1997 年，Elgaaly[6.6]进行了 5 根试件的局部承压试验，试验简图如图 6.1 所示。集中力施加在构件上翼缘，沿梁轴线方向具有一定的分布宽度 c，集中力作用位置无加劲肋。

构件共包含 4 种不同的波纹尺寸，及不同的荷载分布宽度和位置。试验中观察到两种不同的破坏模式（如图 6.2 所示）：

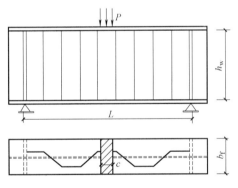

图 6.1 局压试验简图

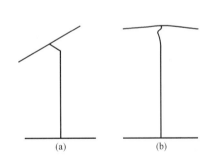

图 6.2 腹板局部边缘受压时的破坏形态
（a）腹板的弯折；（b）腹板的屈服

1. 腹板的弯折：

当集中力位于波纹中的水平板带，有可能在受压翼缘的某些位置出现塑性铰，从而形成翼缘的塑性铰破坏机制，受压翼缘发生竖向弯曲和扭转，并同时引发的腹板非弹性的局部弯曲。这种破坏模式可以将翼缘看作是支撑于腹板上的弹性地基梁，承载力同时取决于腹板和翼缘，基于此，Elgaaly 提出了极限承载力计算公式：

$$P_u = P_f + P_w \tag{6.1}$$

式中，$P_w = (E f_{wy})^{0.5} t_w^2$，代表腹板承载力，$P_f = 4M_{pf}/[a-(c/4)]$，代表翼缘承载力，$M_{pf} = b_f f_{fy} t_f^2/4$ 为翼缘的塑性抗弯承载力，b_f 翼缘宽度，t_f 翼缘厚度，f_{fy} 翼缘材料的屈服强度，f_{wy} 腹板材料的屈服强度，c 荷载分布宽度，a 为负弯矩塑性铰间距或取：

$$a=\left(\frac{f_{\mathrm{fy}}b_{\mathrm{f}}t_{\mathrm{f}}^2}{2f_{\mathrm{wy}}t_{\mathrm{w}}}\right)^{0.5}+\frac{c}{4}\geqslant\frac{c}{2} \tag{6.2}$$

2. 腹板的屈服：

当集中力位于波纹中的倾斜板带或是位于水平与倾斜板带的交接处时，翼缘可能发生竖向弯曲，但不发生扭转，也不形成塑性铰，腹板发生屈服。其极限承载力可以按照有效宽度内腹板的屈服理论计算：

$$P_{\mathrm{u}}=(b_0+b_{\mathrm{a}})t_{\mathrm{w}}f_{\mathrm{wy}} \tag{6.3}$$

式中，当集中力位于倾斜板带时，$b_0=d/\cos\theta$，当位于波纹的折弯线时，$b_0=(b+d)/2$，$b_{\mathrm{a}}=at_{\mathrm{f}}(f_{\mathrm{fy}}/f_{\mathrm{wy}})^{0.5}$，$\alpha=14+3.5\varphi-37\varphi^2\geqslant5.5$，$\varphi=h_{\mathrm{r}}/b_{\mathrm{f}}$。

Elgaaly 还分析讨论了面内弯矩或剪力对局部承压能力的影响，并提出了建议的设计公式[6.6]：

$$(P/P_{\mathrm{u}})^{1.25}+(M/M_{\mathrm{u}})^{1.25}=1 \tag{6.4}$$

$$(P/P_{\mathrm{u}})^{1.25}+(V/V_{\mathrm{u}})^{1.25}=1 \tag{6.5}$$

P 代表作用在构件上翼缘的局部集中力，M 和 V 分别代表相应截面的弯矩和剪力。P_{u} 为无弯矩和剪力时所对应的极限承载力，M_{u} 和 V_{u} 分别为不考虑局压集中力时所对应的极限弯矩和剪力。

R. Luo and B. Edlund[6.7] 通过进行非线性有限元分析，研究了下列因素对梁屈曲强度的影响：应变硬化、角部效应、初始几何缺陷、荷载位置、荷载分布宽度等。通过分析发现采用应变强化的 Ramberg-Osgood 模型计算得出的极限承载力比理想弹塑性模型高出 $8\%\sim12\%$，而冷弯所引起的局部效应对极限承载力影响较小。对于初始几何缺陷，用了两种模型分别模拟整体和局部缺陷形式：

$$W(x,y)=A\sin(\pi x/L)\sin(\pi y/H) \tag{6.6}$$

$$w(\overline{x},\overline{y})=B\sin(\pi\overline{x}/\overline{l})\sin(\pi\overline{y}/\overline{h}) \tag{6.7}$$

上式中 L、H 代表梁的高度和长度，l、h 代表每条板带的宽度和高度。经分析认为：小的整体缺陷，对承载力影响不大，而局部缺陷对承载力有将近 7% 的影响。当集中力作用在倾斜板带中点时，其极限承载力最高，当作用在水平板带中点时，其承载力最低。荷载分布形式对承载力也有影响，分布荷载所对应的承载力高于集中力所对应的承载力。基于分析结果提出了承载力经验公式：

$$P_{\mathrm{u}}=\gamma t_{\mathrm{f}}t_{\mathrm{w}}f_{\mathrm{wy}} \tag{6.8}$$

式中，$\gamma=15.6\gamma_a\gamma_c$，15.6 为一个经验系数，$\gamma_a$ 为考虑波纹尺寸的系数，当 $t_{\mathrm{f}}/t_{\mathrm{w}}\geqslant3.82$，$\gamma_a=(1+\cos\theta)/2\cos\theta$，当 $t_{\mathrm{f}}/t_{\mathrm{w}}<3.82$，$\gamma_a=1$。$\gamma_c=1+c/240$，为考虑荷载分布的一个系数。

Krzysztof R. Kuchta[6.8] 总结了欧洲一些学者的研究成果，如，Broude 提出若加载单元刚度较大而且对变形不敏感，则局部承压承载力可以用下列公式计算：

$$P_{\mathrm{Rd}}=c_0t_{\mathrm{w}}f_{\mathrm{d}} \tag{6.9}$$

$c_0=\eta\sqrt[3]{I_{\mathrm{xf}}/t_{\mathrm{w}}}+c$，为局压荷载在腹板上的有效分布宽度，$\eta$ 为腹板对翼缘的嵌固系数，对焊接梁可取为 3.26，I_{xf} 为受压翼缘的惯性矩，f_{d} 为腹板的设计强度。上式主要由腹板的塑性破坏机制推导而来，与试验结果较为接近，但主要适用于腹板较为"矮壮"的情况。

Kähönen 将受压翼缘作为弹性地基梁，受力机理可以用图 6.3 来解释，提出的公式相对比较复杂：

$$P_{\mathrm{Rd}} = (R_{\mathrm{d1}} + R_{\mathrm{d2}} + R_{\mathrm{d3}}) \frac{k_0 k_{\mathrm{r}}}{\gamma_{\mathrm{M}}} \tag{6.10}$$

式中，R_{d1} 为腹板支座反力，R_{d2} 为翼缘抗弯承载力造成的附加力，R_{d3} 为作用在翼缘上的正应力所引起的压力的增加，k_0 和 k_{r} 均为计算系数，γ_{M} 为材料安全系数。由于参数过多，上式应用起来较不方便。

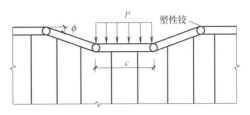

图 6.3 翼缘塑性铰破坏机制

Pasternak 提出正弦波曲线波纹腹板 H 形钢局压承载力的计算方法：

$$P_{\mathrm{Rd}} = 10 \cdot \left(\frac{W_{\mathrm{xf}}}{I_{\mathrm{wy}}/t_{\mathrm{w}}} \right)^{0.4} \cdot h_{\mathrm{r}} \cdot t_{\mathrm{w}} \cdot f_{\mathrm{d}} \tag{6.11}$$

如果局部集中力作用在弯矩较大的位置，且满足下式的条件时，需要考虑二者的相关作用：

$$\begin{cases} 0.5 \leqslant \dfrac{M}{M_{\mathrm{R}}} \leqslant 1.0 \\[2mm] 0.75 \leqslant \dfrac{P}{P_{\mathrm{Rc}}} \leqslant 1.0 \end{cases} \tag{6.12}$$

承载力设计公式为：

$$0.4 \frac{M}{\varphi M_{\mathrm{Ry}}} + 0.8 \frac{P}{P_{\mathrm{R}}} \leqslant 1.0 \tag{6.13}$$

式中，W_{xf} 为受压翼缘的截面模量，I_{yw} 为一个波长的腹板对梁轴线的惯性矩，f 为波幅，φ 为受压翼缘的屈曲系数。

Máchacek and Novák[6.9] 调查了波纹腹板 H 形钢在吊车梁中的应用的可能性。在数值分析和试验研究的基础上，提出了有轨吊车梁局压承载力的计算公式：

$$P_{\mathrm{Rd}} = (78.9 t_{\mathrm{w}} + 3.2 t_{\mathrm{f}} - 14.7) \sqrt[3]{\frac{I_{\mathrm{f}} + I_{\mathrm{r}}}{I_{\mathrm{f}} + I_{\mathrm{b}}}} \gamma_{\mathrm{M}} \tag{6.14}$$

式中，γ_{M} 为材料安全系数，可以取为 1.15，几何参数按照 mm 取值，I_{r} 为轨道的截面惯性矩，I_{b} 为 50mm×30mm 的块体的惯性矩。上式适用范围为轨道轴线和梁轴线的偏心不超过 ±20mm。上式也可以用来计算没有轨道但加载单元的宽度超过 150mm 时梁的局压承载力。

奥地利的 Zeman 公司在其产品技术手册[6.10]中规定波纹腹板 H 形钢的局部承压计算方法：

$$P_{\mathrm{Rk}} = t_{\mathrm{w}} (c + 5 t_{\mathrm{f}}) f_{\mathrm{yk}} \tag{6.15}$$

上式与平腹板梁的局压强度计算方法一致，但是，当荷载分布宽度 c 较小时，如 $c = 0$，上式过于保守。

6.2 试验研究

由于波纹腹板 H 形钢梁局压承载力计算方法较多，而且考虑的因素各异，因此有必要通过试验和有限元方法的研究，找到较为理想的设计公式，为此作者进行了波纹腹板H形钢梁局部承压试验研究[6,11]，局压试验试件参数如表6.1所示：

局压试验构件汇总表 表6.1

	波形	t_w/ mm	t_f/ mm	b_f/ mm	f_{wy}/ MPa	f_{fy}/ MPa	垫块 形式	L/ m	c/ mm	c_0/ mm
GJ2	1	1.7	10	200	199	317	钢块	1.0	150	200
GJ4	2	1.9	14	280	263	268	钢块	1.0	150	220
GJ5	2	1.9	14	280	263	268	钢块	1.5	150	220
GJ7-1	1	3.0	10	150	260	265	钢轨	1.5	65	335
GJ7-2	1	3.0	10	150	260	265	钢轨	1.5	95	365
GJ8-1	1	3.0	10	150	260	265	钢轨	2.0	95	365
GJ8-2	1	3.0	10	150	260	265	钢轨	2.0	95	365
GJ9	1	2.0	10	150	265	265	钢轨	1.0	95	365
GJ11	3	2.0	10	150	265	265	辊轴	1.0	0	50
GJ13	4	2.0	10	150	265	265	辊轴	1.0	0	50

表6.1中，波形见第2章2.1节，c代表加载头宽度，c_0代表局压荷载在腹板上的有效分布宽度，按照$c_0 = c + 2h_R + 5t_f$计算[6,12]，h_R为轨道高度。试验设计为简支梁单调加载，支座处设加劲肋，加载点处不设加劲肋。采用千斤顶在梁中部上施加荷载，千斤顶包括50t和100t两种规格，其中50t千斤顶加载头直径65mm，100t千斤顶加载头直径95mm。千斤顶与构件上翼缘之间设垫块（图6.4），垫块包括3种形式：

1）钢块，尺寸为150mm×150mm，厚度70mm；

2）钢辊轴，直径为50mm；

3）钢轨道，长度为800或1000mm，高度110mm，宽度85mm。

试验过程中用约束架为梁提供侧向支撑，约束架中夹肢与试验梁上下翼缘之间填充PTFE板，并在PTFE板上涂抹黄油，保证构件在竖直方向自由移动。腹板上侧靠近加载点位置单侧贴应变片，应变片分布长度根据c_0计算确定。由于局部承压试验中主要考察的是构件极限承载力，而构件的刚度无显著意义，所以在试验中仅在加载点处上翼缘或下翼缘设置一个位移计D4，所测得数据仅做为绘制荷载位移曲线的一个坐标参数。

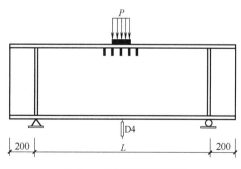

图6.4 局压试验装置图

为了与试验结果进行对比，同时采用有限元程序ANSYS进行分析。其中单元采用4节点有限应变单元Shell181，材料采用切线模量为0.01E的双折线模型，对初始缺陷如几何缺陷和残余应力等统一用特征值分析得到的第一阶屈曲模态模拟。

1. GJ2局压试验现象

GJ2采用了刚性垫块，宽度150mm。将GJ2加载点处的上翼缘位移和加载值绘制成荷载位移曲线（图6.5），图6.6a给出了GJ2的破坏状态，b为有限元模拟得到的破坏状态。

GJ2的局部承压试验破坏现象为受压部位腹板和翼缘的局部破坏，构件在弹性阶段直接达到极限荷载，局部腹板发生较大的压缩变形，翼缘发生了弯曲，整个过程翼缘没有发生扭转。腹板屈服后，翼缘向下产生较大的位移。GJ2破坏后构件能保持较高的破坏后强度，屈曲后强度可达到极限强度的80%以上。

有限元方法得到的极限承载力与试验比较接近，且最终破坏形态也非常逼真，所以有限元方法能够有效预测波纹腹板H形钢梁的局

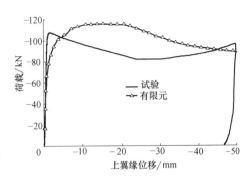

图 6.5　GJ2 局压试验曲线

(a)

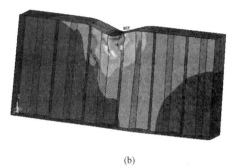

(b)

图 6.6　GJ2 局压试验破坏形态

(a) 试验；(b) 有限元

部承压受力行为，可作为有效的补充分析手段。

2. GJ4 局压试验现象

GJ4的局压试验装置基本与GJ2类似，同样采用了刚性垫块。将加载点处下翼缘位移和加载值绘制成曲线图6.7：

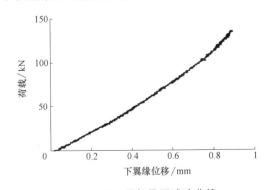

图 6.7　GJ4 局部承压试验曲线

GJ4最后得到的试验破坏形态和有限元分析得到的破坏形态见图6.8：

由于GJ4数据曲线达到极限荷载后较为混乱，这里仅画出极限荷载及之前的受力过程。GJ4的破坏现象与GJ2较为类似，受压的局部范围内发生的弯曲折皱，有限元方法对破坏形态的模拟也较为逼真。

3. GJ5 局压试验现象

GJ5荷载位移曲线图6.9与GJ2较为类似，达到极值前，未有塑性发展段，极值后

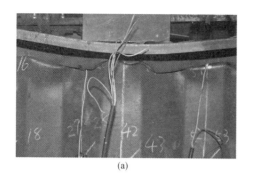
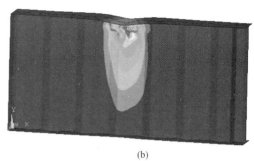

(a)   (b)

图 6.8　GJ4 局压破坏形态

（a）试验；（b）有限元

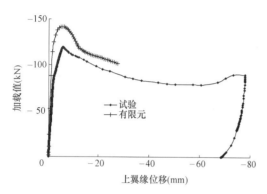

图 6.9　GJ5 局压承压试验曲线

承载力下降，并保持一定屈曲后强度。

试验和有限元得到的 GJ5 试验破坏现象如图 6.10 所示：

4. GJ7 局压试验现象

GJ7 的局压试验分为两部分，分别是对抗弯试验中 GJ7 未破坏的左右剪跨段进行局压试验。GJ7-1 在钢梁上放置钢轨，然后在钢轨上直接施压千斤顶压力。千斤顶吨位为 50t，加载头直径为 65mm。钢轨长度为 1m，高 110mm。GJ7-1 的荷载-位移曲线见图 6.11：

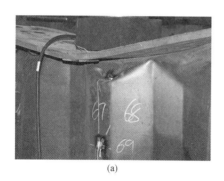
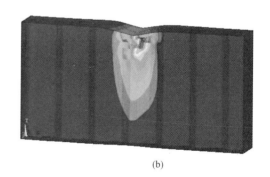

(a)   (b)

图 6.10　GJ5 局压试验破坏形态

（a）试验；（b）有限元

　　试验中千斤顶达到了 45t 极限加载能力时，GJ7-1 仅出现了局部不明显的鼓曲现象，并未形成彻底的破坏形态，见图 6.12。

　　从 GJ7-1 的情况来看，其局压承载力较高，而且整个受力过程塑性发展过程较为充分，塑性性能较好。有限元方法得到的极限承载力与试验结果较为接近，同时破坏形态发展也更为充分。

GJ7-2 所采用的钢轨长 0.8m，为避免出现加载值不足的情况，采用了 100t 的千斤顶施压，加载头直径为 95mm。GJ7-2 的荷载位移曲线如图 6.13 所示，破坏形态如图 6.14 所示：

试验中，波纹腹板靠近上翼缘的部位出现了局压鼓曲现象。但最终破坏现象却是腹板的剪切屈曲。这是由于所施加荷载已经超过了腹板的剪切屈服强度（约为 230kN），所以首先发生了腹板的剪切破坏。同时，该试验结果证明了 GJ7-2 局压

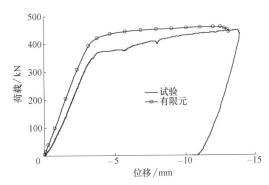

图 6.11　GJ7-1 局压试验曲线

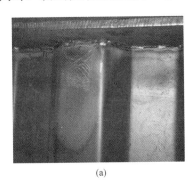

(a)

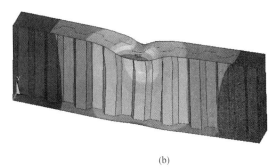

(b)

图 6.12　GJ7-1 局压破坏形态

（a）试验；（b）有限元

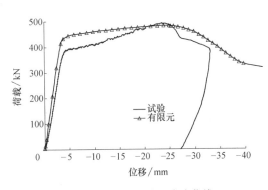

图 6.13　GJ7-2 局压试验曲线

承载力超过了 460kN。有限元方法得到的极限承载力与试验结果较为吻合，且破坏形态也具有一定的局部剪切破坏特征。

5. GJ8 局压试验现象

GJ8-1 和 GJ8-2 所采用钢轨和千斤顶均一致，试验过程和现象也较为类似，所以将试验结果统一绘制在图 6.15 中。

有限元方法的分析结果与试验过程较为吻合，同时最终破坏形态也较为类似。图 6.16 是试验和有限元方法得到的构件破坏形态。

从破坏形态可以看到，波纹腹板在较长的宽度内发生了屈服，而翼缘则出现了较大的向腹板内的弯曲变形。同时，从试验曲线中可以看到，试件经历了较为明显的弹性－塑性发展阶段，进入塑性发展阶段后，曲线呈小幅度锯齿状振荡特征，这样的波动对应于试验过程中腹板各板带的先后屈服的过程。经历了较长的塑性发展过程后，试件达到最大承载力，随后破坏。腹板上端靠近加载点形成了一条弧形的屈服线。此外，作为分配荷载用的钢轨甚至先于试件发生了显著的弯曲破坏，证明了试件具有较高的局压承载力。

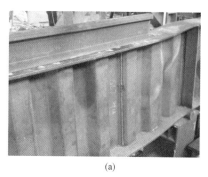
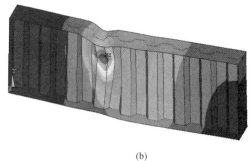

(a)
(b)

图 6.14 GJ7-2 局压破坏形态

（a）试验；（b）有限元

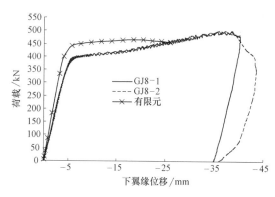

荷载/kN

GJ8-1
GJ8-2
有限元

下翼缘位移/mm

图 6.15 GJ8 局压试验曲线

6. GJ9 局压试验现象

GJ9 局压试验采用钢轨长 0.8m，加载头为千斤顶头直径为 95mm。荷载分布宽度 365mm。试验得到的荷载位移曲线见图 6.17。

GJ9 试验破坏现象也表现为腹板的屈服，并形成了显著的圆弧屈服带（图 6.18）。且屈服带长度远超过了 c_0。这与前文提出的翼缘塑性铰破坏机制较为吻合。

7. GJ11 局压试验现象

GJ11 局压试验采用钢辊轴作为加载

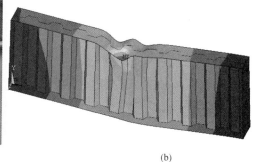

(a)
(b)

图 6.16 GJ8 局压破坏形态

（a）试验；（b）有限元

方式，GJ11 的荷载位移曲线见图 6.19，其破坏形态如图 6.20 所示。

可以看到采用辊轴加载方式后，由于荷载分布宽度较小，波纹腹板梁的局压承载力显著降低，但破坏形态仍然是腹板的屈服和屈曲，以及翼缘的向下弯曲变形。从受力过程来看，破坏发生于弹性阶段，到达极值后承载力快速下降，属脆性破坏。有限元方法得到的极限承载力与试验结果较为接近，同时荷载位移曲线也较为准确的反映了试件的受力特征，达到极值后，曲线几乎按照弹性刚度卸载。

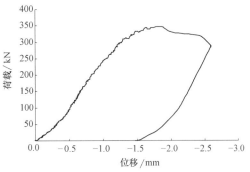

图 6.17 GJ9 局压试验曲线

8. GJ13 局压试验现象

GJ13 局压试验采用钢辊轴作为加载方式，试验得到的荷载位移曲线见图 6.21，试件破坏形态见图 6.22。

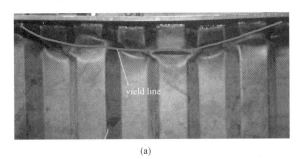

(a)

(b)

图 6.18 GJ9 局压试验破坏形态

（a）试验；（b）有限元

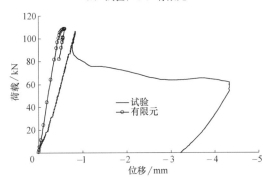

图 6.19 GJ11 局压试验曲线

(a)

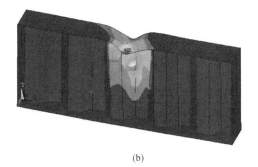

(b)

图 6.20 GJ11 局压破坏形态

（a）试验；（b）有限元

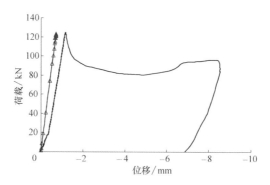

图 6.21　GJ13 局压试验曲线

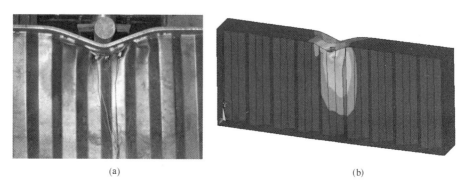

(a)

(b)

图 6.22　GJ13 局压破坏形态

(a) 试验；(b) 有限元

GJ13 的受力过程与 GJ11 较为类似，均属于弹性段的破坏，随后承载力急剧下降，但保持了一定的屈曲后承载力。且 GJ13 的破坏形态与 GJ11 也一致，GJ13 的波形较 GJ11 更为稠密，所以局压承载力略高。此外，有限元方法分析的结果也能够反映试验的受力过程和破坏形态。

6.3　试验结果分析

为了与上文提到的各项计算公式进行对比，将试验、有限元分析结果和公式计算结果一同列入表 6.2。

局压试验结果表　　　　　　　　　　　　　　　　　　表 6.2

	t_w/ mm	f_{wy}/ MPa	c_0/ mm	q/ mm	P_1/ kN	P_2/ kN	P_3/ kN	P_4/ kN	P_5/ kN	P_t/ kN	P_{FEM}/ kN	P_t/P_5
GJ2	1.7	199	200	175	68	68	122	75	68	108	116	1.60
GJ4	1.9	263	220	300	115	129	196	128	110	135	151	1.23
GJ5	1.9	263	220	300	115	129	196	128	110	119	141	1.08
GJ7-1	3.0	260	335	175	75	84	385	263	261	450	460	1.72
GJ7-2	3.0	260	365	175	111	126	407	287	285	493	483	1.73
GJ8-1	3.0	260	365	175	111	126	407	287	285	500	466	1.76

	t_w/mm	f_{wy}/MPa	c_0/mm	q/mm	P_1/kN	P_2/kN	P_3/kN	P_4/kN	P_5/kN	P_t/kN	P_{FEM}/kN	P_t/P_5
GJ8-2	3.0	260	365	175	111	126	407	287	285	501	466	1.76
GJ9	2.0	265	365	175	75	84	271	195	194	347	304	1.79
GJ11	2.0	265	50	240	75	85	100	32	27	106	109	4.00
GJ13	2.0	265	50	130	75	84	106	32	27	124	123	4.68

表中 P_1、P_2、P_3、P_4、P_5 分别对应式（6.1）、（6.3）、（6.8）、（6.9）、（6.15）的计算结果，其中 P_5 可以看做是等腹板厚度的平腹板梁局部承压强度。P_t 为试验测到的极限荷载，P_{FEM} 为有限元方法计算得到的极限荷载。

为了获得更具有说服力的结论，将国外研究资料中局压试验试件数据列于表 6.3，局压承载力试验结果和计算结果列于表 6.4。

国外资料局压试验数据表　　　　　　　　　　　　　　　　　　　　　表 6.3

来源	序号	t_w/mm	t_f/mm	b_f/mm	f_{wy}/MPa	f_{fy}/MPa	c/mm	c_0/mm
Krzysztof	GA	2.5	6	200	267	267	75	105
(2007)	GB	2.7	6	200	257	257	203	233
	E1	2	10	120	379	389	146	196
	E2	2	10	120	379	389	0	50
Elgaaly	E3	2	10	120	379	389	104	154
(1997)	E4	2	10	120	379	389	0	50
	E5	2	10	120	379	389	0	50
	B1	2.5	12	250	335	475	0	60
	B2	2.5	12	250	335	475	0	60
Aravena	B3	2.5	12	250	317	475	0	60
(1987)	B4	2.5	12	250	317	475	50	110
	B5	2.0	10	250	280	475	0	60
	B6	2.0	10	250	280	475	50	110

国外资料局压试验结果与计算结果　　　　　　　　　　　　　　　　　表 6.4

来源	序号	t_w/mm	f_{wy}/MPa	c_0/mm	q/mm	P_1/kN	P_2/kN	P_3/kN	P_4/kN	P_5/kN	P_t/kN	P_t/P_5
Krzysztof	GA	2.5	267	105	155	—	—	—	—	70	170	2.43
(2007)	GB	2.7	257	233	155	—	—	—	—	162	246	1.52
	E1	2	379	196	500	95	137	219	153	149	131	0.88
	E2	2	379	50	500	95	137	136	42	38	80	2.11
Elgaaly	E3	2	379	154	500	95	137	195	121	117	102	0.87
(1997)	E4	2	379	50	500	95	137	136	42	38	96	2.53
	E5	2	379	50	500	95	137	136	42	38	71	1.87
	B1	2.5	335	60	400	159	216	181	66	50	149	2.97
Aravena	B2	2.5	335	60	400	159	216	181	66	50	170	3.38
(1987)	B3	2.5	317	60	400	155	208	171	63	48	152	3.20

来源	序号	$t_w/$ mm	$f_{wy}/$ MPa	$c_0/$ mm	$q/$ mm	$P_1/$ kN	$P_2/$ kN	$P_3/$ kN	$P_4/$ kN	$P_5/$ kN	$P_t/$ kN	P_t/P_5
Aravena (1987)	B4	2.5	317	110	400	155	208	207	102	87	168	1.93
	B5	2.0	280	60	400	128	154	120	48	34	107	3.18
	B6	2.0	280	110	400	128	154	146	76	62	124	2.01

从表 6.2、表 6.4 的比较中可以看出，所有试验表现出以下一些基本规律：

（1）波纹腹板 H 形钢梁的局部承压强度都大于等厚度平腹板梁的局压强度（E1、E3除外），荷载分布宽度 c 越小，这种趋势越明显，例如 $c=0$ 的情况下，$P_t/P_5=1.87\sim4.68$。这就说明，在荷载分布宽度越小的情况下，波纹的局部效应越明显，紧邻的板带和翼缘对直接受力板带能够提供较强的支撑，相当于平腹板中加劲肋的作用。

（2）当荷载分布宽度较小时，局部承压的破坏属于脆性破坏；当荷载分布宽度较大时，在荷载作用下，出现了内力的重分布的过程，所以呈塑性破坏特征。因此，当荷载分布宽度较小时，可以取较高的抗力分项系数，而荷载分布宽度较大时，可以取较低的抗力分项系数。

（3）各研究者提出的计算公式差异较大，且上述公式的提出大多基于荷载分布宽度较小的情况下推出的。其中，荷载分布宽度 c_0 小于腹板波纹的波长 q，共 15 个试验结果数据，试验值和式（6.1）的计算的比值 P_t/P_1 的均值为 1.08。可以认为在荷载分布较小的情况下，使用式（6.1）作为设计承载力算式是较为合适的。但是，当荷载分布宽度较大时，式（6.1）估值过低。

（4）当荷载分布宽度较大时（GJ71~2，GJ81~2，GJ9），极限承载力均达到了平腹板梁局压强度的 1.7 倍以上。各式的计算结果普遍偏小，而式（6.8）计算结果与试验值较为接近。

通过上述分析可以认为：1）波纹腹板 H 形钢梁的局部承压能力都显著高于平腹板梁，在集中荷载较小时，可以考虑不设置加劲肋。2）若用于承受移动荷载的结构，波纹腹板 H 形钢的局压性能能够得到更好的利用，而这种性能在吊车梁中更有实践意义，同时由于不需要设置加劲肋，所以还能提高吊车梁的疲劳强度。

6.4 波纹腹板 H 形钢吊车梁局部压应力分布及设计表达式

波纹腹板 H 形钢作为受弯构件在各方面具有足够的优势，那么作为吊车梁使用局压承载力该如何计算？为明确这一问题，挑选试验中符合吊车梁使用条件的 GJ7-1、GJ7-2、GJ8-1、GJ8-2、GJ-9 进行分析[6.13]。

从试验过程及现象可以看到，上述 5 个试件的受力过程较为类似，最终均出现了腹板屈服的现象，基本能够认为试件的破坏形态为腹板靠近上翼缘处形成了一条弧形的塑性铰线，该条弧线长度远超过了平腹板梁中局压荷载的假定分布计算宽度 c_0。

从试件开始进入屈服到达到最大值，可以看出是一个这样的过程：距离加载中心最近的腹板板带首先屈服，随后与之相邻的其他板带依次进入屈服状态，因此，可以从试件的荷载-位移曲线中可以看到锯齿形发展的趋势。为验证这一推论，试验中对 GJ7-1 测量腹板的局部压应力随荷载的发展情况，将其绘制成图 6.23。图中横坐标代表应变片的位置，其中 0mm 代表对应于加载点处的腹板的水平板带的中心，纵坐标为根据实测应变按照材料应力-应变曲线换算得到的压应力。

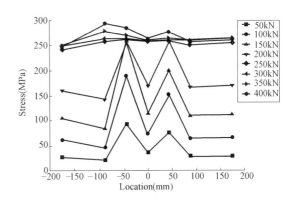

图 6.23 腹板局部压应力发展

从该图可以看出，在加载过程中，靠近加载点的腹板应力较大，且倾斜的板带应力最大，随着荷载逐步增大，加载点附近的腹板首先进入屈服状态，随后腹板应力发生重分布，较远位置的板带逐渐达到屈服状态，最终应变片所在宽度范围内腹板全部达到屈服。

综合以上试验现象和数据，认为波纹腹板 H 形钢吊车梁局部承压承载力，可以用腹板在有效承载宽度内的屈服理论进行计算：

$$P_u = t_w f_y c_0 \tag{6.16}$$

其中有效承载宽度可以参考塑性铰模型对式 $c_0 = c + 2h_R + 5t_f$ 进行修正：

$$c_0 = c + 5h_y + 2h_R + 2a \tag{6.17}$$

$$a = \left(\frac{f_{fy} b_f t_f^2}{2 f_{wy} t_w} \right)^{0.5} + \frac{c_0}{4} \geqslant \frac{c_0}{2} \tag{6.18}$$

将现有公式计算结果与试验和有限分析结果进行对比，见表 6.5。

构件局部承压承载力（KN） 表 6.5

	P_0 /kN	P_1 /kN	P_2 /kN	P_3 /kN	P_4 /kN	P_5 /kN	P_t /kN	P_{FEM} /kN	P_t/P_5	P_t/P_0
GJ8-1	506	111	126	407	287	285	500	466	1.76	1.01
GJ8-2	506	111	126	407	287	285	501	466	1.76	1.01
GJ9	355	75	84	271	195	194	347	304	1.79	1.02
GJ7-2	506	111	126	407	287	285	493	491	1.73	1.03
GJ7-1	471	75	84	385	263	261	450	460	1.72	1.05

表 6.5 中 P_1、P_2、P_3、P_4、P_5 分别对应式 (6.1)、(6.3)、(6.8)、(6.9)、(6.15) 的计算结果，P_5 可以看做是等厚度的平腹板梁局部承压强度，P_0 为式 (6.16) 的计算结果，P_t 为试验测到的极限荷载，P_{FEM} 为有限元方法计算得到的极限荷载。从表 6.5 中结果可以总结出下列一些规律：

（1）有轨波纹腹板 H 形钢吊车梁局部承压能力较强，2mm 的腹板能够承受超过 30t 的局压荷载，3mm 的腹板能够承受超过 45t 的局压荷载。

（2）由 P_t/P_5 可以看出，波纹腹板 H 型吊车梁的局部承压强度远大于等厚度平腹板梁的局压强度。

（3）式 (6.16) 的计算结果与试验结果非常接近，误差在 5% 以内。

上述分析证明，式 (6.16) 能够对试件的承载力做出有效预测，但试件的腹板波形和厚度仅为一个例，对其他情况是否仍然适用，需要进行验证。由于有限元方法能够有效预测试件的受力过程和结果，下面通过有限元参数分析，考察不同波形、腹板厚、腹板高度、翼缘厚度、腹板强度和梁跨度情况下，构件局压承载力的变化。构件具体参数见表 6.6，其中波形见第 2 章 2.1 节。

波纹腹板 H 形钢梁参数分析结果　　　　　　　　　　　　　　表 6.6

计算模型	波形	q /mm	h_w /mm	t_w /mm	b_f /mm	t_f /mm	f_{wy} /MPa	f_{fy} /MPa	L /m	P_{FEM} /kN	P_u /kN	P_u/P_{FEM}
PJ-1	2	300	500	3.0	150	10	260	265	1.5	393.9	389.9	0.99
PJ-2	3	240	500	3.0	150	10	260	265	1.5	435.9	434.9	1.00
PJ-3	4	130	500	3.0	150	10	260	265	1.5	501.6	489.1	0.98
PJ-4	1	175	500	2.0	150	10	260	265	1.5	346.2	325.3	0.94
PJ-5	1	175	500	4.0	150	10	260	265	1.5	616.1	615.4	1.00
PJ-6	1	175	1000	3.0	150	10	260	265	1.5	505.6	471.4	0.93
PJ-7	1	175	500	3.0	150	15	260	265	1.5	577.9	508.1	0.88
PJ-8	1	175	500	3.0	150	10	300	265	1.5	529.8	538.1	1.02
PJ-9	1	175	500	3.0	150	10	260	265	2.0	420.0	406.0	0.97
PJ-10	1	175	500	3.0	150	10	260	265	3.0	296.4	270.0	0.91

表中，q 为腹板波形的波长，P_{FEM} 为有限元分析结果。可以看出，PJ-1、PJ-2 承载力 P_{FEM} 明显低于 GJ7-2 试验结果，PJ-3 与 GJ7-2 试验结果较为接近。证明波形越稠密（波长小，板带宽度小），则承载力越高，反之越低。原因在于越稠密的波形板带之间的相互支撑效果越强，最终破坏形态越接近腹板板带的逐步屈服这一特征。而稀疏的波形（波形 2、3），有可能先出现某条板带的局部失稳的现象，从而导致局压承载力的降低。因此，建议用折减系数 β 来考虑稀疏波形可能导致的承载力的降低，稀疏的程度可以通过波形波长与荷载分布宽度的比值来衡量：

$$P_u = \beta t_w c_0 f_y = [1 - 0.43\,(q/c_0)^2 + 0.05(q/c_0)]t_w c_0 f_y \tag{6.19}$$

式中，$\beta \leqslant 1$，算式经由有限元分析拟合得到，波形越稀疏，β 值越小。同时需要说明的是，过于稀疏的波形（如波形 2）的剪切稳定性较差，无法通过抗剪承载力验算，也被《波纹腹板钢结构技术规程》[6.14]限制，在实际工程中不建议采用。

由 PJ-4 和 PJ-5 分析结果可见，腹板厚度对承载力的影响较为直接；从 PJ-6 可见，腹板高度对局压承载力无明显影响；由 PJ-8 可见，腹板强度对承载力也有明显影响；由 PJ-7 可见，翼缘厚度对承载力也存在直观影响。

当梁的跨度较大时，将出现翼缘在弯曲作用下的受压破坏模式，如 PJ-9 和 PJ-10。因此，当跨度较大时，需要同时验算腹板的局部承压承载力和梁的抗弯承载力。

P_u 为经修正后的式（6.19）计算得到 PJ-1～PJ-8 的结果，可以看到修正后算法能够对有限元结果进行准确的预测。同时，修正后的计算结果相对于试验，安全余量更大。

表 6.6 中 PJ-9 和 PJ-10 的 P_u 是根据试件的抗弯强度计算得到的结果，与有限元结果也非常接近，证明这两个试件是由抗弯强度起控制作用。

6.5　结论与设计建议

（1）相对于平腹板钢梁，波纹腹板 H 形钢梁局部承压能力显著提高。

（2）在局部压力作用下，波形设计合理的波纹腹板 H 形钢吊车梁的破坏形态为腹板的屈服，破坏面为一条弧形的屈服线。

（3）腹板厚度、强度，翼缘厚度和强度对局压承载力有直接影响，而腹板高度无明显影响。

（4）波形越稀疏，即波长越大，板带宽度越宽，波纹腹板 H 形钢梁的局压承载力越低。

（5）用屈服线长度作为压应力分布宽度，以腹板屈服作为破坏模型，并用波长和荷载分布宽度的比值作为参数进行修正，能够得到较为准确的承载力计算结果，且具有足够安全储备。

（6）当荷载有效分布宽度 c_0 小于腹板波纹的波长 q 时，可按照式（6.1）计算波纹腹板 H 形钢梁局压承载力。

（7）当波纹腹板 H 形钢作为吊车梁使用，也即当荷载有效分布宽度 c_0 大于腹板波纹的波长 q 时，可按照式（6.19）计算波纹腹板 H 形钢梁局压承载力。

参考文献

[6.1] European Committee for Standardisation. prEN 1993-1-5. EUROCODE 3：Design of steel structures；Part 1. 5：Plated structural elements. 2004.

[6.2] Abbas H H. Analysis and design of corrugated web I-girders for bridges using high performance steel [D]. Lehigh Univ.，Bethlehem，Pa，2003.

[6.3] 张哲，李国强，孙飞飞. 波纹腹板 H 形钢研究综述 [J]. 建筑钢结构进展，2008，10（6）：41～46.

[6.4] Smith D. Behavior of corrugated plates subjected to shear [D]. Dept. of Civ. Engrg，Univ. of Maine，Orono，Maine，1992.

[6.5] Hamilton R. Behavior of welded girders with corrugated webs [D]. Dept. of Civ. Engrg.，Univ. of Maine ，Orono，Maine，1993.

[6.6] Elgaaly M，Seshadri A. Girders with corrugated webs under partial compressive edge loading [J]. Journal of Structural Engineering ASCE. 1997，123（6）：783-91.

[6.7]   Luo R，Edlund B. Ultimate strength of girders with trapezoidally corrugated webs under patch loading [J]. Thin-Walled Structures. 1996，24：135-156.

[6.8] Krzysztof R. Kuchta. Design of corrugated webs under patch load [J]. Advanced Steel Construction，2007，3（4）：737-751.

[6.9] Krzysztof R. Kuchta. Design of corrugated webs under patch load [J]. Advanced Steel Construction，2007，3（4）：737-751.

[6.10] Zeman & Co Gesellschaft mbH. Corrugated web beam（Technical documentation）[OL]. Austria：2003. http：//www. zeman-steel. com.

[6.11] Zhang，Zhe，Li，Guo-Qiang，Sun，Fei-Fei. Bearing capacity of H-beams with corrugated webs under partial compressive loading. 2011 International Conference on Electric Technology and Civil Engineering，ICETCE 2011，2011/4/22-2011/4/24，pp 4829-4832，Lushan，China，2011

[6.12] GB 50017—2003 钢结构设计规范 [S]. 北京：中国建筑工业出版社，2003.

[6.13] 张哲，李国强，孙飞飞，周学军. 波纹腹板 H 形钢吊车梁局部承压承载力. 建筑钢结构进展，06 期，pp 25-31＋41，2013/12/1.

[6.14] CECS291：2011. 波纹腹板钢结构技术规程 [S]，北京：中国计划出版社，2011.

第 7 章　波纹腹板 H 形钢梁抗疲劳性能

7.1　概述

　　波纹腹板 H 形钢梁以其受力上的合理性和经济上的优越性，在欧美和日本的一些高速公路桥梁中得到广泛应用。作为直接承受动力荷载的构件，从 20 世纪 60 年代开始，国外不少学者对其疲劳性能都做过研究。疲劳试验结果显示，疲劳破坏通常开始于腹板与翼缘的焊缝附近[7.1]。一些学者对正弦和梯形波纹腹板钢梁的疲劳性能做了试验研究，并通过回归分析，总结出一些计算疲劳寿命的数学公式[7.2-7.7]。有研究表明，梯形波纹腹板焊接 H 形钢疲劳寿命在相同情况下比常规的平腹板 H 形钢高出 49%～78%[7.7]。还有学者研究了波纹腹板 H 形钢梁翼缘板的应力条件受梁腹板和翼缘几何尺寸影响的情况[7.8,7.9]。

　　然而，我国对波纹腹板 H 形钢梁抗疲劳性能的研究很少。为此，作者对此问题开展了试验研究。

7.2　试验研究

7.2.1　试验装置

　　影响钢构件疲劳寿命的因素很多，主要是应力集中。梯形波纹腹板焊接 H 形钢在波纹转折处存在一定程度的应力集中，但应力的整体变化趋势受截面弯矩控制[7.7]，因此，波纹腹板 H 形钢受弯时最大正应力出现在最大弯矩附近应力集中区域，其疲劳性能与腹板波形有关。

　　试验设计的 4 根波纹腹板钢梁试件均采用同一种腹板波形（见图 7.1），但波纹对称性不同。其中 GJ3 波纹关于梁跨中反对称，其余 3 根试件关于跨中正对

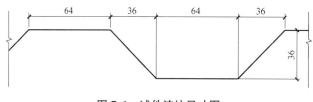

图 7.1　试件波纹尺寸图

称。试件截面均为（见图 7.2）：上翼缘宽 300mm，厚 14mm；下翼缘宽 200mm，厚 10mm；腹板高 500mm，厚 3mm；梁总高 524mm，上宽下窄，上厚下薄，以确保下翼缘出现最大正应力，且上翼缘不发生局部失稳。试件材料为 Q235，材性试验结果如表 7.1 所示。

　　4 根试件均在工厂内完成，翼缘与腹板之间采用气体保护手工焊，单面角焊缝。试件设计为简支梁，总长 4.4m，跨度 4.0m。支座处设置加劲肋，跨中加载点附近设 1m 长钢轨，试验装置如图 7.2 所示。GJ1～GJ3 钢轨为中心布置，GJ4 钢轨为偏心布置，偏心距

为10mm，如图7.3所示。

试件厚度	屈服强度	拉伸强度	伸长率
t/mm	σ_y/MPa	σ_u/MPa	δ/%
10	260	410	37.5
14	285	445	32.5
3	295	425	36

试件材性试验结果 表7.1

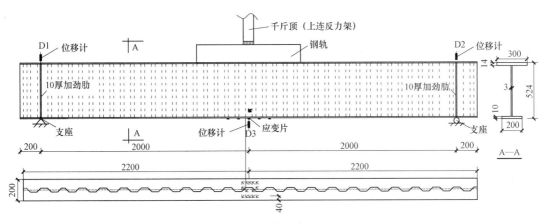

图7.2 试验装置图

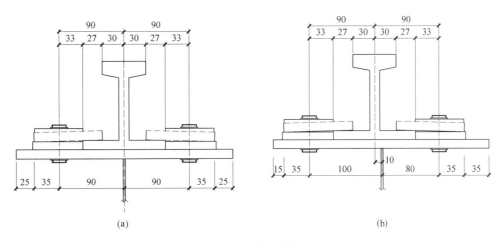

(a) (b)

图7.3 钢轨布置详图

（a）钢轨中心布置详图；（b）钢轨偏心布置详图

7.2.2 加载制度

梯形波纹腹板H形钢梁在弯矩作用下，下翼缘最大弯矩附近正应力最大，故试件疲劳寿命由跨中下翼缘附近的主体金属应力幅控制。为试验测量和设计方便，试验中按跨中下翼缘下表面中心实测正应力幅作为疲劳试验的控制应力幅，并在跨中附近布置一定量的直角应变花，以测量应力集中区域应力水平，确保跨中应力与最大应力相差不大。根据

《钢结构设计规范》GB 50017 条文 6.2.1，在常幅疲劳下，钢构件应力幅应满足 $\Delta\sigma <$ [$\Delta\sigma$]，其中 [$\Delta\sigma$] 按下式计算：

$$[\Delta\sigma] = \left(\frac{C}{n}\right)^{1/\beta} \tag{7.1}$$

参数 C、β 的取值，《钢结构设计规范》GB 50017 规定分 8 类分别选取，其中第 2~4 类构件相应的参数值及由此计算出的对应于 $n = 2 \times 10^6$ 次疲劳寿命的允许应力幅如表 7.2 所示。

2~4 类构件允许应力幅计算参数及应力幅计算值　　　　　　　表 7.2

构件类别	2	3	4
计算参数	$C = 861 \times 10^{12}$；$\beta = 4$	$C = 3.26 \times 10^{12}$；$\beta = 3$	$C = 2.18 \times 10^{12}$；$\beta = 3$
允许应力幅/MPa	144	118	103

4 根试件疲劳试验所采用应力幅值及相应循环次数如表 7.3 所示。表中 $\Delta\sigma_1$、$\Delta\sigma_2$、$\Delta\sigma_3$ 为各试件在最大弯矩位置下翼缘下表面中心处的应力幅，N_1、N_2、N_3 为各应力幅下的循环次数。

GJ1~GJ4 加载应力幅及实际循环次数　　　　　　　表 7.3

试件编号	$\Delta\sigma_1$/MPa	N_1/(10^4 次)	$\Delta\sigma_2$/MPa	N_2/(10^4 次)	$\Delta\sigma_3$/MPa	N_3/(10^4 次)
GJ1	159	112				
GJ2	103	220	154.5	116	206	22
GJ3	103	232	154.5	82		
GJ4	103	247	154.5	52		

7.2.3　试验现象

GJ1~GJ4 在表 3 所示的加载制度下，实测的应力幅和跨中挠度历程曲线如图 7.4 所示。

结合图 7.4 位移和应力历程可知，4 根试件在疲劳试验的整个过程中始终处于弹性工作状态，符合疲劳破坏的一般要求。各试件破坏位置及形式如图 7.5 所示。

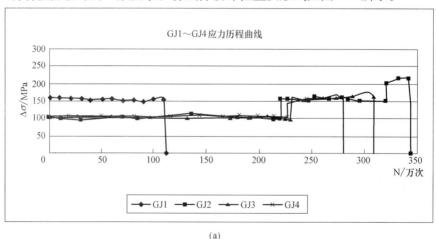

(a)

图 7.4　GJ1~GJ4 实测历程曲线（一）

（a）跨中下翼缘下表面中心正应力

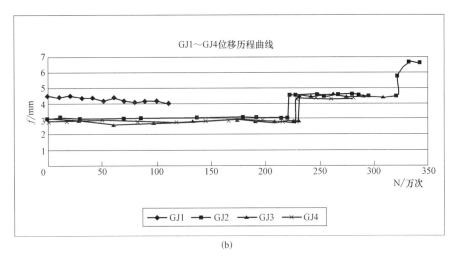

(b)

图 7.4 GJ1～GJ4 实测历程曲线（二）

（b）跨中下翼缘下表面中心挠度

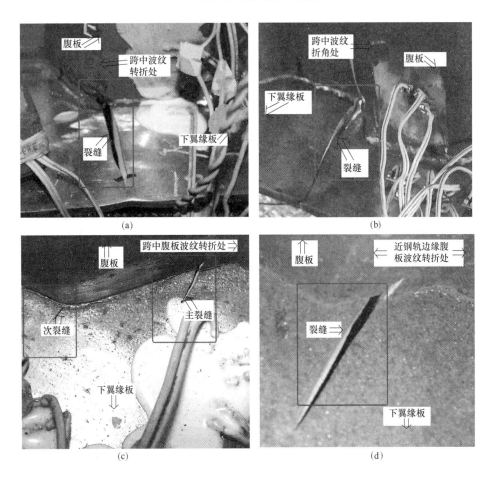

图 7.5 GJ1～GJ4 破坏形式图

（a）GJ1 破坏照片；（b）GJ2 破坏照片；（c）GJ3 破坏照片；（d）GJ4 破坏照片

试件 GJ1～GJ4 裂缝均在下翼缘腹板波纹转折处开始，这是因为在腹板波纹转折处存在应力集中，下面用有限元分析结果进一步予以验证。

对于 GJ4，在钢轨存在 10mm 偏心的情况下，破坏仍然发生在下翼缘，且钢轨偏心虽然导致试件疲劳寿命降低，但降低程度不大，这是因为波纹腹板在梁平面外方向有一定的宽度，可大大削弱钢轨偏心在梁上翼缘与腹板连接处产生的弯曲应力，使得该处主拉应力较小，不易发生疲劳破坏。波纹腹板梁作为整体抵抗荷载偏心引起的扭矩，这使得其最大主应力仍出现在下翼缘板且其值较中心加载时增大有限。

7.2.4　结果分析

综合 GJ1～GJ4 的试验结果，根据 Palmgren-Miner 线性累积损伤原则，及《钢结构设计规范》GB 50017 中疲劳寿命计算方法，试件对应于不同应力幅的等效疲劳寿命按以下两式算[7.17]：

$$\Sigma\left(\frac{n_i}{N_i}\right)\leqslant 1 \tag{7.2}$$

$$[\Delta\sigma]_i=\left(\frac{C}{N_i}\right)^{1/\beta} \tag{7.3}$$

其中，n_i 为使用寿命中应力幅水平达到 $[\Delta\sigma]_i$ 的循环次数，N_i 为相应于应力幅 $[\Delta\sigma]_i$ 的常幅寿命。

根据公式（7.2）、（7.3）计算得到 GJ1～GJ4 对应于表 7.3 所列各类构件的等效疲劳寿命和对应于 200 万次疲劳寿命的等效疲劳强度，计算结果如表 7.4 所示。其中，对应于表 7.3 所列各类构件的等效疲劳寿命指按表 7.3 所列各类构件的参数换算得到的对应于各类构件允许应力幅的疲劳寿命；对应于 200 万次疲劳寿命的等效疲劳强度指按表 7.3 所列各类构件的参数换算得到的对应于 200 万次疲劳寿命的疲劳强度的平均值。

从表 7.4 可知，4 根试件的疲劳寿命的均超过《钢结构设计规范》GB 50017 规定的 3 类构件 200 万次的疲劳寿命，疲劳强度介于 3 类构件和 2 类构件之间。因此，疲劳验算可按《钢结构设计规范》GB 50017 所述 3 类构件考虑。

试验结果汇总表　　　　　　　　　　　　　　　　　表 7.4

试件编号	波纹对称性	钢轨偏心 e/mm	对应于表 7.3 所列各类构件的等效疲劳寿命/万次			对应于 200 万次疲劳寿命的等效疲劳强度/MPa	破坏位置与形式
			4 类	3 类	2 类		
GJ1	正对称	0	400	266	166	133	近跨中腹板波纹转折处下翼缘板开裂
GJ2	正对称	0	787	523	300	160	近跨中腹板波纹转折处下翼缘板开裂
GJ3	反对称	0	508	338	169	139	近跨中腹板左右两波纹转折处下翼缘板开裂
GJ4	正对称	10	451	300	133	133	近钢轨边缘腹板波纹转折处下翼缘板开裂

试件 GJ1～GJ4 裂缝均在下翼缘腹板波纹转折处开始,这是因为在腹板波纹转折处存在应力集中,下面有限元分析结果将进一步予以验证。

对于 GJ4,在钢轨存在 10mm 偏心的情况下,破坏仍然发生在下翼缘,且钢轨偏心虽然导致试件疲劳寿命降低,但降低程度不大,这是因为波纹腹板在梁平面外方向有一定的宽度,可大大削弱钢轨偏心在梁上翼缘与腹板连接处产生的弯曲应力,使得该处主拉应力较小,不易发生疲劳破坏。波纹腹板梁作为整体抵抗荷载偏心引起的扭矩,这使得其最大主应力仍出现在下翼缘板且其值较中心加载时增大有限。

7.3 有限元分析

7.3.1 应力分析

为了进一步验证试验现象并分析其原因,采用有限元程序 ANSYS12.1 进行了对比分析。型钢翼缘采用 Solid45 单元模拟,腹板和加劲肋采用 Shell181 单元模拟,模型尺寸与试件实际尺寸相同,有限元模型网格如图 7.6 所示。钢材弹性模量根据 GB 50017—2003 取作 2.06×10^5 MPa。

为了便于比较,进行了 3 种模型的有限元分析:MD1 为波纹腹板 H 形钢梁,跨中腹板中面内施加集中荷载;MD2 为波纹腹板 H 形钢梁,跨中偏离腹板中面 10mm 处施加集中荷载;MD3 为平腹板 H 形钢梁,跨中偏离腹板中面 10mm 处施加集中荷载。3个有限元模型均为两端简支;型钢截面统一取为

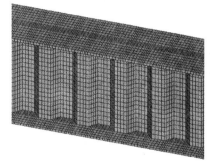

图 7.6 模型网格划分

H524mm×300mm×200mm×3mm×14mm×10mm;跨中施加集中荷载与试验采用的设计应力幅(103MPa)对应的加载值相等,为 113kN。有限元分析旨在模拟试件的应力分布情况,故有限元分析采用静力加载的方法,未施加疲劳荷载。有限元分析情况如表 7.5 所示。

有限元分析结果 表 7.5

模型编号	腹板形式	e/mm	F/kN	M/(kN·m)	σ_T/MPa	σ_f/MPa	σ_t/MPa
MD1	波纹板	0	113	101.56	100.6	102.2	103.4
MD1	波纹板	10	113	101.56	100.6	101.9	102.4
MD1	平腹板	10	113	101.56	85.6	85.5	—

注:e 为荷载偏心距;F 为集中荷载;M 为跨中弯矩;σ_T 为理论正应力;σ_f 为有限元计算正应力;σ_t 为试验实测正应力。

表 7.5 中,跨中弯矩 M 的计算已考虑了钢轨对荷载传递的影响,将集中力等效为沿钢轨的分布力进行计算;理论正应力按公式 $\sigma = M/W$ 计算得到,其中波纹腹板梁,依据 CECS 291:2011 第 5.3.2 计算,不考虑腹板作用,平腹板 H 形钢计算需考虑腹板作用;有限元计算正应力和试验实测正应力均指跨中下翼缘下表面中心轴线上的正应力。

从表 7.5 可知，按照"不考虑腹板贡献"的方法能够准确计算波纹腹板 H 形钢梁最大正应力，梁跨中下翼缘下表面中心处的正应力受钢轨偏心引起的扭转的影响很小，仍可按公式 $\sigma = M/W$ 近似计算。

为验证有限元模型模拟试件应力分布的准确性，将模型 MD1 和 MD2 所对应的典型试件（GJ2 和 GJ4）各测点实测应力值与有限元模型计算值的对比情况列于表 7.6 中。其中，测点 S1～S5 为正应力（σ_x），S6～S13 为最大主应力（σ_1）。

从表 7.6 可知，有限元计算结果与试验中各测点实测应力非常接近，误差均在 2% 以内。可见，有限元模型能够准确地模拟试件的实际应力分布情况，可以通过有限元分析得到试件中详细的应力分布情况。

试验实测应力与有限元结果对比　　　　　　　　　　　　　表 7.6

测点编号	MD1			MD2		
	实测应力/MPa	有限元应力/MPa	误差/%	实测应力/MPa	有限元应力/MPa	误差/%
S1(σ_x)	101.2	99.99	−1.20	100.3	99.77	−0.53
S2(σ_x)	102.8	101.57	−1.20	102.2	101.85	−0.34
S3(σ_x)	103.4	102.17	−1.19	102.4	101.87	−0.52
S4(σ_x)	103.1	101.57	−1.48	101.9	101.85	−0.05
S5(σ_x)	101.0	99.99	−1.04	100.6	99.77	−0.83
S6(σ_1)	92.4	93.28	0.95	103.3	102.32	−0.95
S7(σ_1)	93.5	93.43	−0.07	95.3	96.82	1.59
S8(σ_1)	100.3	92.85	−1.70	85.3	84.18	−1.32
S9(σ_1)	102.2	93.25	−0.59	103.5	102.50	−0.95
S10(σ_1)	93.4	95.05	1.77	92.8	93.14	0.39
S11(σ_1)	94.5	94.28	−0.23	85.3	85.54	0.27
S12(σ_1)	90.1	90.65	0.61	98.4	99.77	1.43
S13(σ_1)	92.8	93.35	0.59	84.9	84.30	−0.70

7.3.2　下翼缘应力分布

根据有限元分析结果，MD1～MD3 跨中附近下翼缘应力分布如图 7.7～图 7.9 所示。

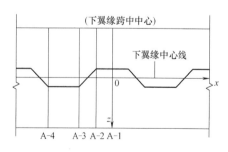
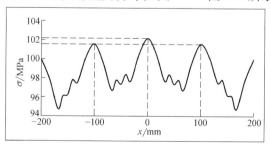

(a)

图 7.7　MD1 跨中附近下翼缘应力分布图（一）

（a）下翼缘下表面中心轴线处正应力

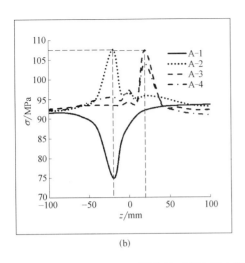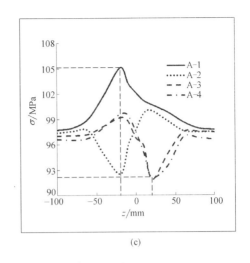

(b)   (c)

图 7.7   MD1 跨中附近下翼缘应力分布图（二）

（b）下翼缘上表面主应力分布；（c）下翼缘下表面主应力分布

    由图 7.7 可知，波纹腹板梁，受腹板波纹影响，下翼缘板下表面主应力出现一定程度的应力集中，但应力整体变化趋势与梁截面弯矩变化趋势一致，且应力集中引起的应力增幅在 3% 以内（与跨中最大弯矩处相比）。下翼缘上表面主应力的应力集中程度较下表面大，最大主应力出现在 A-2 截面波纹转折处，其值为 107MPa，比跨中最大弯矩处主应力大 4.7%，而实际试验中 GJ1～GJ3 3 根试件发生破坏位置均在距跨中最近的波纹转折处下翼缘板（参见图 7.5），也证明了有限元分析的合理性。根据有限元分析结果，波纹腹板虽然会引起腹板与翼缘相交处应力集中，但其应力增大幅度在 5%，故实际工程中验算波纹腹板疲劳性能时，可以采用跨中最大弯矩处下翼缘正应力的应力幅作为应力幅的控制条件。

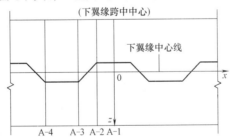

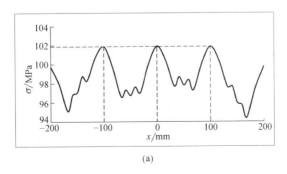

(a)

图 7.8   MD2 跨中附近下翼缘应力分布图（一）

（a）下翼缘下表面中心轴线处正应力

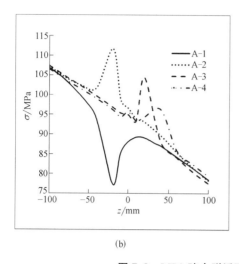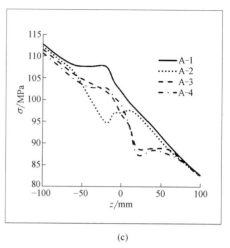

图 7.8 MD2 跨中附近下翼缘应力分布图（二）

（b）下翼缘上表面主应力分布；（c）下翼缘下表面主应力分布

从图 7.8 可见，跨中偏离腹板中面 10mm 处施加集中荷载的试件，其最大正应力仍位于跨中附近，下翼缘下表面波纹转折处应力集中引起的应力增幅与中心加载试件差别不大。但由于扭转作用，跨中附近下翼缘下表面边缘出现最大主应力，最大主应力与跨中下翼缘下表面中心处相比，增大 10%，在工程允许范围内。又由下翼缘上表面主应力分布曲线可知，下翼缘上表面最大主应力出现在 A-2 截面波纹转折处，其应力值为111.7MPa，比跨中最大弯矩处主应力大 9.6%。结合表 7.4 的试验结果，GJ4 对应于 3 类构件的等效疲劳寿命仍能达到 300 万次，满足工程要求。

从图 7.9 可知，平腹板 H 形钢梁在跨中偏离腹板中面 10mm 处施加的集中荷载作用下，其下翼缘下表面中心线上应力为抛物线形分布，无应力集中现象。对比图 7.8 和图7.9 可知，波纹腹板 H 形钢梁在偏心荷载作用下，表现出明显的整体扭转效应，而平腹板 H 形钢，其下翼缘上下表面应力分布均呈现出左右对称的形态，未表现出明显的扭转效应。这是因为波纹腹板梁腹板平面外方向有一定的宽度，这就大大增强了梁的平面外整体工作性能；而相同情况下，平腹板 H 形钢腹板平面外刚度很弱，无法使梁形成整体来抵抗荷载偏心引起的扭转。另一方面，由于腹板参与受弯，在截面几何尺寸相同的情况下，平腹板 H 形钢在相同的弯矩作用下，下翼缘下表面正应力比波纹腹板梁小（参见表7.5），本次对比分析中，平腹板 H 形钢梁下翼缘下表面最大正应力仅为波纹腹板梁的 84%。

7.3.3 腹板下边缘应力分布

根据有限元分析结果做出 MD1～MD3 在跨中 1m 范围内腹板下边缘与下翼缘板连接处主应力相对值 σ_1/σ_x 的分布曲线，如图 7.10 所示。其中，σ_x 为有限元计算正应力（参见表 7.5）。

从图 7.10 可知：波纹腹板 H 形钢腹板下边缘主应力呈波状分布，整体维持在较低水平，主应力与有限元计算正应力的比值不超过 75%，且中心加载和偏心加载情况下

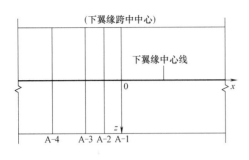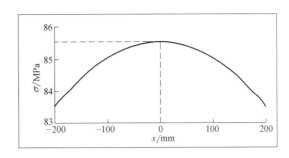

(a)

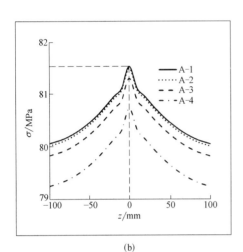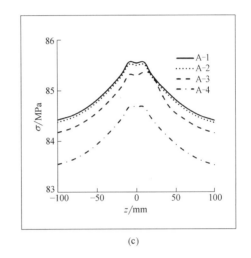

(b)　　　　　　　　　　　　　　　　(c)

图 7.9　MD3 跨中附近下翼缘应力分布图

（a）下翼缘下表面中心轴线处正应力；（b）下翼缘上表面主应力分布；（c）下翼缘下表面主应力分布

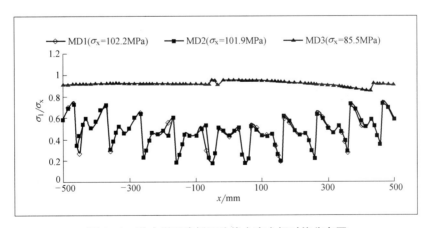

图 7.10　跨中附近腹板下边缘主应力相对值分布图

（MD1 和 MD2）腹板主应力及分布形式基本相同，荷载偏心对腹板应力分布影响可以忽略。平腹板 H 形钢腹板主应力没有明显波动现象，且整体维持在较高应力水平，主应力与有限元计算正应力的比值不低于 85%，且最大值甚至可能达到 95%。

对于焊接构件，焊缝往往是其疲劳强度的制约因素。疲劳试验证明，对于焊接 H 形钢梁，疲劳破坏通常开始于焊缝附近[7.1]。因此，对平腹板 H 形钢最大应力幅的控制应比波纹腹板 H 形钢更加严格，以保证翼缘与腹板的连接焊缝不发生疲劳破坏。

7.3.4 支座加劲肋附近应力分布

试验试件及有限元模型均在支座处设置有加劲肋。有限元分析发现，波纹腹板 H 形钢和平腹板 H 形钢支座加劲肋附近主应力分布状态差别很大。图 7.11 列出了 MD1～MD3 支座加劲肋与梁上翼缘交线上主应力相对值 σ_1/σ_x 的分布曲线。其中，σ_x 为有限元计算正应力（参见表 7.5）。

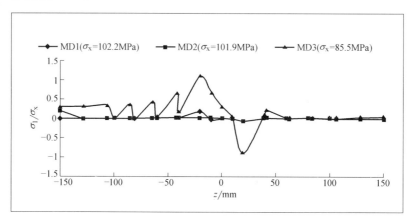

图 7.11 支座加劲肋与梁上翼缘交线上主应力相对值分布曲线

从图 7.11 可知，波纹腹板 H 形钢梁支座加劲肋与上翼缘相交处主应力水平很低，且中心加载和偏心加载情况下（MD1 和 MD2）主应力及分布形式差别不大，偏心荷载引起的扭转效应主要由腹板传递。而波纹腹板在梁平面外方向有一定的宽度，这样即使存在 10mm 的偏心量，荷载作用范围仍然处于腹板直接承压范围内，因而波纹腹板能够直接传递扭转效应而不在腹板与上翼缘连接处产生过大的局部弯曲应力。所以 GJ4 在偏心荷载作用下，最大主拉应力仍然在下翼缘出现，并且最终疲劳破坏位置也印证了这一点（参见图 7.5d）。

而平腹板 H 形钢支座加劲肋与上翼缘相交处主应力则要高得多，这是因为平腹板 H 形钢腹板平面外刚度太弱，偏心荷载引起的扭转效应主要由加劲肋传递。在上翼缘板和加劲肋交线上，主应力呈波状分布，最大主应力与有限元计算正应力之比达 110%，这对其疲劳性能发挥非常不利。因此，在偏心荷载作用下，平腹板 H 形钢容易在加劲肋处发生疲劳破坏。

7.4 设计建议

通过 4 根试件的疲劳试验和有限元分析，以下结论成立：

（1）波纹腹板焊接 H 形钢疲劳强度超过《钢结构设计规范》GB 50017 3 类构件疲劳强度的标准，疲劳验算可按 3 类构件考虑；

（2）波纹腹板焊接 H 形钢腹板波纹转折处存在一定程度的应力集中，疲劳破坏易发生在最大弯矩附近应力集中处，但应力集中引起的应力增幅不大，且波纹腹板 H 形钢弯曲应力计算，不计腹板作用，结果偏于安全，故工程设计中可不考虑应力集中的影响；

（3）波纹腹板 H 形钢在规范允许的最大偏心量的偏心荷载作用下，疲劳寿命有所下降，但仍然有相当的安全富余度，满足《钢结构设计规范》GB 50017 中 3 类构件疲劳强度标准；

（4）实际设计中，可不计腹板作用，计算波纹腹板钢梁截面弯曲应力幅，且不必考虑安装偏差等施工因素的影响。疲劳验算的容许应力幅 $[\Delta\sigma]$ 按公式（7.1）计算。

参考文献

［7.1］ Takesita A，Yoda K，Sakurada M，Fatigue tests of a composite girder with corrugated web ［C］. //Proceeding of annual conference of the Japan society of civil engineering. Tokyo：Japan Society of Civil Engineering，1997，52：122-123（in Japanese）.

［7.2］ Harrison JD. Exploratory fatigue test of two girders with corrugated webs ［J］. British Welding Journal 1965，12（3）：121-125.

［7.3］ Korashy M，Varga J. Comparative investigation of fatigue strength of beams with web plate stiffened in the traditional way and by corrugation ［J］. Arcta Tech Academiae Scientiarum Hungaricae，1979，89（3/4）：309-346.

［7.4］ Elagaly M. Bridge girders with corrugated webs ［C］. // Transportation Research Record 1696. Washington DC：TRB，2000：162-170.

［7.5］ Sherif A. Ibrahim. Fatigue analysis and instability problems of plate girders with corrugated webs ［D］. Philly：Drexel University；2001：50-230.

［7.6］ Ichikawa A，Kotaki N，Suganuma H，Miki C. Fatigue performance of the bridge girder with corrugated web ［C］. // Proceedings of International Institute of Welding；Copenhagen：International Institute of Welding，2002. Doc. XIII-1927-02.

［7.7］ Abbas H. Analysis and design of corrugated web I-girders for bridges using high performance steel ［D］. Bethlehem：Lehigh University；2003：239-338.

［7.8］ Kengo Anami，Richard Sause，Hassan H. Abbas. Fatigue of web-flange weld of corrugated web girders：Influence of web corrugation geometry and flange geometry on web-flange weld toe stresses ［J］. International Journal of Fatigue，2005，27（4）：373-381.

［7.9］ Kengo Anami，Richard Sause. Fatigue of web-flange weld of corrugated web girders：Analytal evaluation of fatigue strength of corrugation web-flangeweld ［J］. International Journal of Fatigue，2005，27（4）：383-393.

［7.10］ 张哲. 波纹腹板 H 形钢及组合梁力学性能理论与试验研究 ［D］. 上海：同济大学，2009：32-193（Zhang Zhe. Theoretical and Experimental Research on the H-beams and the composite beams with corrugated webs ［D］. Shanghai：Tongji University，2009：32-193（in Chinese））

［7.11］ 张哲，李国强，孙飞飞. 波纹腹板 H 形钢研究综述 ［J］，建筑钢结构进展，2008，10（6）：41-45.（Zhang Zhe，Li Guoqiang，Sun Feifei. Summary of investigation of the H-beam with trapezoidally corrugated webs ［J］. Progress in Steel Building Structures，2008，10（6）：41-45.（in Chinese））

［7.12］ 郭彦林，张庆林. 波折腹板工形构件截面承载力设计方法，建筑科学与工程学报，2006，23（4）：58-63.（Guo Yanlin，Zhang Qinglin. Design method of section bearing capacity of I-type member of corrugated web［J］. Journal of Architecture and Civil Engineering，2006，23（4）：58-63.（in Chinese））

［7.13］ CECS 291：2011 波纹腹板钢结构技术规程［S］. 北京：中国计划出版社，2011.（CECS 291：2011Technical specification for steel structures with corrugated webs［S］. Beijing：China Planning Press，2011.（in Chinese））

［7.14］ GB50017-2003 钢结构设计规范［S］. 北京：中国计划出版社：2003.（GB50017-2003 Code for design of steel structures［S］. Beijing：China Planning Press，2003（in Chinese））

［7.15］ GB50278-2010 起重设备安装工程施工及验收规范［S］. 北京：中国计划出版社，2010（GB50278-2010 Code for construction and acceptance of cranes installation engineering［S］. Beijing：China Planning Press，2010（in Chinese））

［7.16］ 夏志斌，姚束. 钢结构——原理与设计，中国建筑工业出版社，2004：442-446.（Xia Zhibin，Yao Jian. Steel structures-principles and design，China Architecture and Building Press，2004：442-446.（in Chinese））

［7.17］ 李国强，罗小丰，孙飞飞，范昕. 波纹腹板焊接 H 形钢疲劳性能试验研究［J］. 建筑结构学报，2012，33（1）：96-103.

第 8 章   波纹腹板 H 形钢组合梁受力性能

8.1   概述

组合梁是在钢结构和钢筋混凝土结构基础上发展起来的一种新型结构，充分利用了钢结构和混凝土结构的各自优点，技术经济效益和社会效益显著，符合我国提出的可持续性发展的要求。

钢-混凝土组合梁是由钢梁和混凝土板通过抗剪连接件连成整体而共同受力的横向承重构件，能够充分发挥钢材抗拉、混凝土抗压性能好的优点。钢-混凝土组合梁具有承载力高、刚度大、抗震性能和动力性能好、构件截面尺寸小、施工方便等优点。同时又可以比钢结构梁减小了用钢量、增大了刚度、稳定性和整体性，并提高了结构的抗火性和耐火性等。因此，对钢-混凝土组合梁的研究和应用是目前结构工程领域的一个热点[8.1][8.2][8.3]。

组合梁所采用的钢梁形式有工字形（轧制工字型钢、H 形钢或焊接组合工字形钢）、箱形、钢桁架、蜂窝形钢梁等。箱形钢梁可以分为开口截面和闭口截面两类。开口箱梁的优点是节省钢材，缺点是施工阶段抗扭刚度较小。闭口箱梁在施工阶段的整体性好，抗扭刚度较大，但在正弯矩作用下钢梁上翼缘发挥的作用较小，相对于开口箱梁其用钢量略有增加。桁架组合梁在结构跨度较大时具有一定的优越性，在施工阶段桁架梁的刚度较大，可以分段运输和现场拼装。蜂窝形钢梁通常由轧制工字型钢或 H 形钢先沿腹板纵向切割成锯齿形后再错位焊接相连而成，有时也可以直接在钢梁腹板挖孔而形成。采用蜂窝形钢梁的优点是利用钢梁腹板的开孔可以方便地布置水平方向的设备及电器管道等。

与平腹板钢梁对比，波纹腹板 H 形钢具有强度高用钢量省的优点，可以进一步发挥组合梁的优势。从理论角度，波纹腹板 H 形钢梁与桁架的受力原理更为接近。相比于桁架，波纹腹板 H 形钢梁具有加工方便，整体性好的优点，更适合多高层钢结构和桥梁中采用。

在钢-混凝土组合梁承载力的计算理论最早可以追溯到 18 世纪初，Andrews[8.4]首次提出基于弹性理论的换算截面法，即把混凝土或钢的截面换算成钢或混凝土的面积，然后根据初等弯曲理论进行截面设计和计算。它的物理意义明确，计算简便，适用于组合梁弹性工作阶段的应力及变形分析。换算截面法假定钢与混凝土两种材料均是理想的弹性体，两者连接可靠，完全共同变形，通过弹性模量比将两种材料换算成一种材料进行计算。这种方法一直作为弹性分析和设计的基本方法而被各种设计规范采用。但是，用换算截面法分析组合梁存在两点不足：一是材料并非理想弹性体；二是由于组合梁是通过抗剪连接件将混凝土翼缘板和钢梁连接在一起，在受力过程中，组合梁的梁板交界面上产生相对滑移，由于栓钉本身变形，导致两种材料无法完全共同变形，理论分析与实际情况有一定的差距，其承载力及变形计算结果将偏于不安全[8.5][8.6]。

1951 年，N. M. Newmark 提出了组合梁交界面纵向剪力的微分方程[8.7]。第一个考虑了钢梁与混凝土板交界面上相对滑移对组合梁承载能力和变形的影响，建立了比较完善的不完全交互作用理论，其基本假定是，①抗剪连接是连续的；②滑移的大小与所传递的荷载成比例；③两种材料在交界面上的挠度相等。在他推导的微分方程中，未知量是抗剪连接件在交界面上产生的轴向力。对于承受集中荷载作用的简支组合梁，可用其微分方程求解出交界面上的轴向力，交界面上的剪力分布，滑移应变和挠度的大小。该理论公式较为复杂，不便于实际应用，但由于它考虑了组合梁交界面上的相对滑移的影响，而具有重大的理论意义[8.8]。

1959～1965 年，Lehigh 大学的 Thurlimann 对极限强度理论在组合梁中的可行性进行了一系列的试验研究。研究结果表明，对于一般钢-混凝土组合梁，当其承受极限弯矩时，组合截面的中和轴通常在混凝土板内。在组合梁极限承载力的计算中，可以认为钢梁全截面均已达到抗拉屈服强度。应用内力平衡条件（混凝土截面上的总压力等于钢梁截面上的总拉力），就可以确定塑性中和轴的位置，进而求出极限弯矩。研究结果还表明，若抗剪连接件的总强度足以抵抗钢梁中的极限拉力，梁板交界面上的滑移就不会对极限抵抗矩的形成产生显著的影响，由于柔性连接件具有剪力重分布的能力，构件破坏前，所有连接件都将承受大小相等的水平剪力。无论组合梁承受集中荷载还是均布荷载，抗剪连接件都可以等间距布置。极限强度理论简便实用。由于该理论假定钢梁全截面均达到塑性屈服，并在计算简图中采用了经过简化的塑性矩形应力块，因此在欧洲钢结构协会（ECCS）的组合结构规程及我国重新修订的《钢结构设计规范》中，极限强度理论又被称为简化塑性理论[8.9]。

近些年来在组合梁方面依然不断有新的研究成果。2010 年，Alessandro Zona 进行了三种组合梁的对比及局部交互作用的相关有限元单元非线性分析。模型由可变形剪切连接的两个 Euler-Bernoulli 梁、一个 Euler-Bernoulli 梁和一个 Timoshenko 梁、两个 Timoshenko 梁耦合推导得到。以连续简支钢-混组合梁试验结果作为基准问题，考虑钢梁和混凝土板二者结构性能的以下几个方面：①不同荷载对二者剪切变形的影响；②不同的极限荷载；③不同的内部性质，不同荷载下的轴力、弯矩、竖向剪应力及交界面的剪应力。提出考虑无闭锁有限元，对有限元解的收敛速度进行研究。结果表明：主要考虑组合梁的抗弯性能时三种模型呈现出了微小差异，当同时抗弯、抗剪性能时差异明显，当忽略抗剪性能时对结构性能的预测不准确[8.10]。

2014 年，Guezouli 提出了一种研究足尺连续组合梁的有限元模型，该模型假设每个节点只有 4 个自由度：混凝土板和钢梁的纵向位移、竖向位移及组合截面的转角。该模型通过增广拉格朗日解决了钢-混组合梁交界面作用均布荷载的问题[8.11]。

2014 年，Daniel Lowe 对五个带栓钉的组合梁试件进行试验，其中四个逐级加载至破坏，一个循环加载至破坏，试验研究了试件水平及竖直方向上的裂缝的产生和发展，局部及整体应变。研究表明：栓钉的横向变形是在局部范围内，其周围混凝土的应力场是非常不均匀的，栓钉一侧分布大量压应力，另一侧分布少量张力[8.12]。

2015 年，Jorge Luis 基于 Mindlin 理论采用退化曲面壳元素建立钢筋混凝土（RC）板模型，基于 Kirchhoff 理论采用平面壳元素建立钢梁模型，考虑到在梁-板交界面的交互作用，采用 3D 梁单元建立螺栓抗剪连接件的模型。以塑性理论建立混凝土板和钢梁的屈服函数，一种非线性弹性法处理螺栓抗剪连接件的切应力。利用有限元方法提供一个可靠的数值模型分析短时荷载下的组合梁。研究表明：该数值模型在一定程度上能够准确模拟组合梁的失效路径、极限荷载及失效机理[8.13]。

2015 年，G Vasdravellis 进行了钢-混组合梁受到正弯曲和轴压共同作用下极限强度的试验研究和数值分析，对 6 个足尺试件在正弯曲和逐级加载的轴向压力共同作用下的进行试验并建立了非线性有限元模型。结果表明在高轴压荷载下组合梁的抗弯承载力显著下降，在低轴压荷载下抗弯承载力并没有减小。截面刚度塑性分析验证了试验结果，整体和局部剪切连接的弯矩-轴力交互作用没有显著变化[8.14]。

在国内，2011 年，聂建国等人以六根两跨预应力钢-混凝土连续组合梁的系列试验结果为基础，以通用有限元程序 MSC. MARC 为平台，提出用于模拟预应力连续组合梁非线性全过程受力行为的精细有限元模型，并给出单元选取、材料建模以及整体组装的详细过程。有限元分析基于弹塑性本构模型，能充分考虑材料非线性和几何非线性，反映结构受力全过程中预应力筋内力变化、滑移效应、内力重分布、应力分布、曲率分布以及塑性铰形成等复杂特性，深入揭示预应力连续组合梁的受力机理和特点[8.15]。

2012 年，王皓磊对一根带加劲肋的钢-混凝土组合蜂窝梁进行了模型试验，考察了该结构在不同荷载作用下的受力和变形特点，结果表明，理论计算方法可以较为准确地反映圆孔边缘应力的分布规律，并推导了组合蜂窝梁挠度的计算公式[8.16]。

2013 年，李天为了研究边缘约束构件对钢-混凝土组合梁延性性能的影响因素，以框架结构中一榀钢柱和组合梁作为计算对象，用有限元软件 ANSYS 进行了模拟分析，研究表明：混凝土板厚度、配筋率大小和边梁抗侧、抗扭刚度对其延性性能都有影响，其中配筋率大小的影响最大，随着配筋率的增大，延性系数呈增大的趋势[8.17]。

由于波纹腹板的特殊形式，波纹腹板 H 形钢组合梁的受力性能与普通组合梁存在不同，因此有进行研究的必要性。

8.2 抗剪性能理论分析

钢梁通过连接件与钢筋混凝土翼板组合后，在某些情况下，竖向剪力有可能在设计中起控制作用，出现仅仅依靠钢梁腹板抗剪不能满足要求的情况。目前各国有关规范都规定，按照塑性理论设计时，组合截面的竖向抗剪计算均不考虑混凝土翼板部分的贡献，仅考虑钢梁腹板的抗剪作用[8.18][8.19][8.20]。

不过，国内外试验研究表明，对于纤细截面组合梁，混凝土翼板的抗剪能力占抗剪能力的比例高达 50%[8.21][8.22]。因此有必要对波纹腹板 H 形钢组合梁的抗剪性能进行分析，并通过试验，提出更合理的抗剪承载力计算公式。

8.2.1 弹性分析

组合梁的弹性受力分析，通常采用换算截面法，这种方法将钢和混凝土按照弹性模量换算等效成一种材料，并采用下列基本假设[8.23][8.24]：

1) 钢材和混凝土均为理想弹性体。

2）钢筋混凝土翼板与钢梁之间连接可靠，相对滑移较小，可以忽略不计，平截面在弯曲后仍然保持平面。

3）混凝土翼板按照实际截面计算，不考虑混凝土拉裂的影响。

4）混凝土中的钢筋忽略不计。

按照应变相同且总内力不变，将混凝土翼板面积 A_c 除以弹性模量比 α_E 换算为与之等价的钢梁截面面积 A_s，α_E 为钢材的弹性模量与混凝土弹性模量的比值，即 $\alpha_E = E_s/E_c$。

取组合梁横截面进行分析，由于波纹腹板不承受任何弯曲正压力作用，因此抗弯分析时，可不考虑腹板作用，如图 8.1 所示。

可以将组合梁取出微段 dx 进行分析，设波纹腹板水平方向的剪应力为 τ'，根据剪应力互等定理，截面竖向剪应力 $\tau = \tau'$。取其中靠近下翼缘及部分腹板为研究对象，如图 8.2 所示：

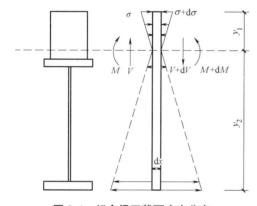

图 8.1　组合梁正截面应力分布

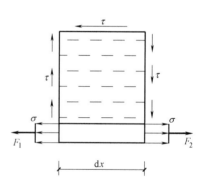

图 8.2　剪应力分析图

根据水平方向的力平衡方程：

$$F_2 - F_1 = dF = \tau' t_w dx = \tau t_w dx \tag{8.1}$$

其中 F_1、F_2 为翼缘弯曲正应力的合力，可以得到钢梁腹板的剪应力为：

$$\tau = \frac{F_2 - F_1}{t_w dx} = \frac{A_f y_2}{t_w I}\frac{dM}{dx} = \frac{V A_f y_2}{t_w I} \tag{8.2}$$

式中，I 为组合截面惯性矩，但不计入腹板部分，M 为截面所受弯矩，V 为剪力，y_2 为下翼缘形心到中和轴的距离，A_f 为翼缘的面积。由式（8.2）可知腹板竖向剪应力为沿高度均匀分布。混凝土翼板剪应力数值较小，呈抛物线形分布。典型波纹腹板 Ｈ 形钢组合梁弹性阶段截面剪应力分布如图 8.3 所示。

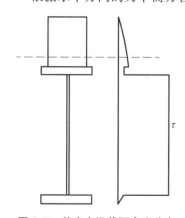

图 8.3　剪应力沿截面高度分布

8.2.2　塑性分析

钢-混凝土组合梁的剪力由钢梁和混凝土翼板共同承担，对于波纹腹板 Ｈ 形钢组合梁，若腹板能满足屈服前不屈曲，则钢梁的抗剪承载力可以取为材料的剪切屈服强度与腹板剪切面积的乘积。对于混凝土翼板的抗剪承载力主要受混凝土强度、混凝土翼板有效宽度及有效高度、组合梁的剪跨比 λ 和混凝土翼板的剪跨比 λ_b 等因素的影响[8.25][8.26][8.27][8.28]。

如为斜压破坏，混凝土抗剪承载力主要由抗压强度控制，受强度影响较大。如为斜拉破坏，则混凝土抗剪承载力由混凝土抗拉强度控制，由于混凝土抗拉强度随强度等级的增长缓慢，故受强度影响较小。对于剪压破坏，抗剪承载力主要取决于顶部的抗压强度和腹板的骨料咬合作用，故混凝土强度对抗剪承载力的影响介于以上二者之间。

对组合梁混凝土翼板抗剪承载力影响较大的另外一个因素是剪跨比和混凝土翼板的剪跨比。剪跨比是指组合梁剪跨 a 与截面高度 h 的比值，$\lambda = a/h$。而混凝土翼板剪跨比则是组合梁剪跨 a 与混凝土翼板有效高度 h_0 的比值，$\lambda_b = a/h_0$。其中，混凝土翼板的剪跨比能更好的反映混凝土翼板的抗剪承载力。

对剪跨比较小的组合梁（$\lambda \leqslant 2$），钢梁腹板中的剪应力比较大，当应力超过剪切屈服强度后，腹板进入屈服阶段，剪应力趋向饱满。由于钢梁腹板达到抗剪承载力极限值且剪切变形加大，混凝土翼板不能与钢梁腹板保持变形协调。当混凝土翼板达到最大抗剪承载力时，混凝土翼板发生剪切破坏。

我国《钢结构设计规范》[8.29]规定，组合梁截面上的剪力，假定仅由钢梁腹板承担，应满足：

$$V \leqslant V_s \tag{8.3}$$

其中：

$$V_s = h_w t_w f_v \tag{8.4}$$

h_w 为钢梁腹板高度，t_w 为钢梁腹板厚度，f_v 为钢梁腹板钢材抗剪强度。

但根据试验研究，钢-混凝土组合梁的抗剪承载力往往超过钢梁腹板抗剪承载力的 20%[8.30][8.31]，对于纤细截面组合梁，试验结果显示混凝土翼板抗剪能力占总抗剪能力的比例高达 50%。国内试验研究也证明，钢-混凝土组合梁中钢梁腹板的抗剪能力仅占总抗剪能力的 60%～70%[8.32]。因此，聂建国提出如下回归公式计算混凝土翼板的抗剪承载力[8.3]：

$$V_c = \left[0.04646 + 0.16757 \exp\left(-\frac{\lambda_b^{1.514}}{9.66508}\right)\right] f_c b_e h_0 \tag{8.5}$$

式中，$\lambda_b = a/h_0$ 为混凝土翼板的剪跨比，取梁剪跨长度与混凝土翼板有效高度的比值，b_e 为混凝土翼板的有效宽度，h_0 为混凝土翼板有效高度，f_c 为轴心抗压强度。所以组合梁抗剪承载力公式可以按照下式计算：

$$V_u = V_c + V_s \tag{8.6}$$

聂建国在其著作中给出了 16 个组合梁抗剪试验的结果[8.3]，见表 8.1。

文献[8.3]试验数据表 表 8.1

编号	λ	λ_b	V_{ut}	V_u	V_s		V_c		V_u/V_{ut}
					试验	理论	试验	理论	
CBS-13	1	2.83	537.4	532.4	235.8	207.3	301.6	325.1	0.99
CBS-5	1	3.20	483.4	486.8	237.3	207.3	246.1	279.5	1.01
CBS-9	1	3.20	497.5	417.0	236.9	207.3	260.6	209.7	0.84
CBS-1	1	3.75	453.3	429.6	234.7	207.3	218.7	222.3	0.95
CBS-14	2	5.67	422.2	387.5	236.0	207.3	186.1	180.2	0.92

续表

编号	λ	λ_b	V_{ut}	V_u	V_s 试验	V_s 理论	V_c 试验	V_c 理论	V_u/V_{ut}
CBS-6	2	6.40	366.5	393.8	234.3	207.3	132.2	186.5	1.07
CBS-10	2	6.40	399.2	341.9	234.1	207.3	165.1	134.6	0.86
CBS-2	2	7.50	355.0	314.1	236.9	207.3	118.1	106.8	0.88
CBS-15	3	8.50	270.8	319.3	138.3	207.3	132.6	112.0	1.18
CBS-7	3	9.60	291.2	320.6	178.7	207.3	112.4	113.3	1.10
CBS-11	3	9.60	266.2	299.4	176.6	207.3	89.5	92.1	1.12
CBS-3	3	11.25	274.6	295.0	161.5	207.3	113.1	87.7	1.07
CBS-16	4	11.33	204.9	294.3	131.7	207.3	73.2	87.0	1.44
CBS-8	4	12.80	234.7	324.0	117.7	207.3	117.0	116.7	1.38
CBS-12	4	12.80	206.9	295.5	124.2	207.3	82.7	88.2	1.43
CBS-4	4	15.00	210.5	301.4	103.0	207.3	107.5	94.1	1.43

表 8.1 中，V_{ut} 为试件的试验极限剪力，V_u 为试件的理论极限剪力，由式（8.6）计算得到，V_s 为钢梁的所承担的剪力，V_c 为混凝土翼板所承担的剪力。可以发现，式（8.5）对混凝土翼板的抗剪承载力计算具有较高的准确性。而整个组合梁总抗剪承载力，即式（8.6），准确性较差。这在剪跨比较大时（CBS-4、8、12、16）尤为明显。所以，当混凝土翼板剪跨比较大时，如果仍考虑混凝土翼板的抗剪作用，可能高估组合梁的抗剪能力。

8.3　抗剪性能试验研究

8.3.1　试件设计与制作

共设计 3 个抗剪试件（表 8.3），区别主要在于剪跨比的不同，腹板波形均采用波形1。腹板设计为 2mm×500mm，翼缘尺寸为 150mm×10mm，混凝土板厚 140mm，设计采用 C20 等级，栓钉均采用 Φ19×100@150，混凝土板内双层双向配筋，钢筋采用 HPB235 光圆钢筋，受力筋为 Φ10@100，分布筋为 Φ8@150。

钢梁材性试验结果 表 8.2

板材	厚度/mm	伸长率/%	屈服强度/MPa	抗拉强度/MPa	强屈比
2mm	2.0	28.0	265.0	450.0	1.70
10mm	10.0	28.5	265.0	440.0	1.66

试件的养护采用室外覆盖麻袋浇水的方式，养护期 28d。实测强度为：立方体抗压强度：$f_{cu}=18.77$MPa，轴心抗压强度（棱柱体抗压强度）$f_c=17.20$MPa，$f_c\approx0.92f_{cu}$，轴心抗拉强度 $f_t=0.26\times f_{cu}^{2/3}=1.82$MPa，弹性模量 $E_c=10^5/(2.2+33/f_{cu})=25264.5$MPa，混凝土泊松比 ν_c 取为 0.20[8.33]。钢梁材性试验结果见表 8.2。

编号	t_w /mm	l_1/l_2 /mm/mm	λ	λ_b	b_e /mm	b_c /mm
CB1	2.0	700/900	1.06	5.83	683	700
CB2-a	2.0	1200/1500	1.82	10.00	1050	1150
CB2-b	2.0	700/800	1.06	5.83	650	1150

组合梁抗剪试验构件汇总表　　　　　　表 8.3

表中，l_1 和 l_2 的含义见图 8.4，b_e 为梁的有效宽度，b_c 为梁的实际设计宽度。

8.3.2　试验装置和测量内容

试验采用单点加载，试验梁为简支，一侧采用铰支座，另一侧采用滚动支座，采用 500kN 或 1000kN 千斤顶通过反力架施加单调静载。

应变片布置见图 8.4，主要测量截面的正应变和剪应变。在加载点下方设置位移计测挠度，构件左右两端分别设置 3 个位移计测量水平位移，其中各有一个相对位移计测量混凝土板和钢梁之间的滑移。

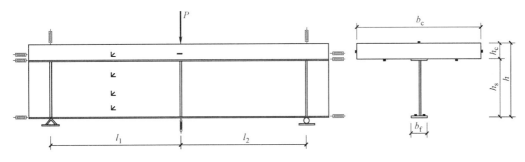

图 8.4　抗剪试验加载示意图

8.3.3　试验结果及分析

1. CB1 试验现象及结果分析

试验过程中，当 CB1 的剪力达到（0.4～0.8）V_u 时，混凝土底部首先出现微小斜向剪切裂缝。当加载达到极限荷载时，波纹腹板首先出现斜向屈曲波纹，随即混凝土翼板斜向裂缝迅速延长，成为贯通整个混凝土翼板的斜裂缝，呈斜拉破坏形式，最终破坏形态如图 8.5 所示，该斜裂缝从加载点向支座方向延伸。同时，混凝土翼板还存在若干水平裂缝，为混凝土与钢筋之间的粘结破坏。混凝土板形成了加载点至支座方向的斜向剪切裂缝，而钢梁波纹腹板则形成了相对的剪切屈曲波纹。波纹贯穿整个腹板高度，与水平方向呈 45°角。观察混凝土翼板底部照片可以发现，底部出现了自支座加劲肋附近钢梁向混凝土翼板边缘扩散的裂缝，底部裂缝与斜裂缝相交后形成贯通裂缝。在混凝土翼板的顶面，也形成了纵向剪切裂缝，这是由于混凝土与栓钉之间的粘结破坏形成的。

为考察组合梁抗剪试验的整个过程，取 CB1 所受剪力作为纵坐标，加载点处构件位移作为横坐标，绘制成剪力-位移曲线如图 8.6 所示：

由图 8.6 可以看出，CB1 最大抗剪承载力为 311kN，达到极值之前有一定塑性发展过程，极值点过后承载力逐步下降，同时随着腹板的屈曲变形，位移加速增大。

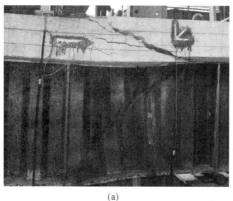
(a)

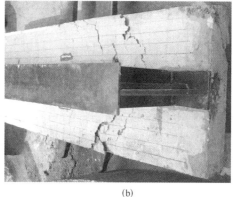
(b)

图 8.5　CB1 剪切破坏形态

（a）侧面；（b）底面

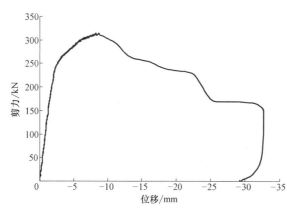

图 8.6　CB1 剪力位移曲线

2. CB2 试验现象及结果分析

CB2-a 破坏过程与 CB1 有所不同，混凝土翼板的底部首先出现一条受拉主裂缝（图 8.7），而且宽度逐渐扩大，并逐渐向翼板顶部延伸。当达到极限荷载时，钢梁的波纹腹板同时形成了三条剪切屈曲波纹，其中中间的屈曲波纹发展最为充分，贯穿了腹板的整个高度，而其他两条波纹位于两侧，且与主波纹平行，但未能充分发展。混凝土翼板呈典型的受弯正截面破坏形态，包括翼板上部的压碎现象和下部的受拉破坏现象。受拉裂缝数量较少，仅若干条主裂缝。

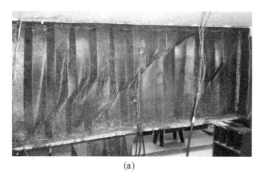
(a)

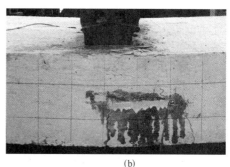
(b)

图 8.7　CB2-a 破坏形态

（a）波纹腹板屈曲；（b）混凝土翼板破坏

CB2-a 的剪力位移曲线见图 8.8。

CB2-a 试验完成后，将其未破坏一侧进行抗剪试验，编号为 CB2-b。剪跨为 0.7m，由于在加载点没有设置加劲肋，所以可以与 CB1 进行对比试验，分析加劲肋对波纹腹板

H形钢抗剪承载力的影响。

观察试验破坏现象（见图8.9）以及试验过程曲线（图8.10），CB2-b与CB1的破坏过程和最终破坏形态都非常类似。混凝土翼板的破坏形态为斜拉破坏形式，形成了一条宽度较大的斜裂缝。而钢梁腹板则形成了一条45°的剪切屈曲波纹。最终的抗剪极限承载力与CB1也非常接近，因此CB2-b的试验结果证明了有无加劲肋对波纹腹板H形钢组合梁抗剪承载力并无显著影响，

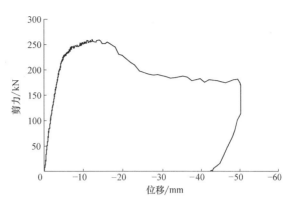

图 8.8　CB2-a 剪力位移曲线

因此在实际使用过程中，当有集中荷载作用在混凝土翼板上时，可以不设置加劲肋。

(a)

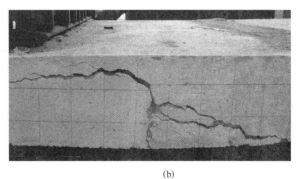

(b)

图 8.9　CB2-b 破坏形态

（a）波纹腹板屈曲；（b）混凝土翼板破坏

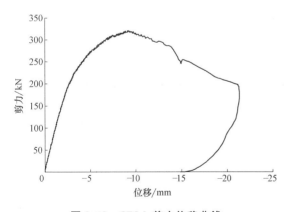

图 8.10　CB2-b 剪力位移曲线

将上述试验结果列入表8.4中进行分析，同时将前文的理论公式结果列入表中进行对比。

由表8.4可见，若设计中仅考虑钢梁腹板的抗剪作用，则设计值与试验结果差值较大，按照式（8.6）计算波纹腹板组合梁的抗剪承载力，对于剪跨比较小的情况下，结果是偏于保守的。当混凝土翼板的剪跨比较大时，若同时考虑钢梁和混凝土的作用，则计算结果与试验结果较为接近。

抗剪试验结果列表						表 8.4
编号	λ_b	V_s /kN	V_c /kN	V_u /kN	V_t /kN	$\dfrac{V_u}{V_t}$
CB1	5.83	153	114	267	311	0.86
CB2-a	10.80	153	113	266	258	1.03
CB2-b	5.83	153	113	266	313	0.85

若将表 8.1 的结果与表 8.4 的结果统一进行分析，可发现当混凝土翼板的剪跨比小于 8 时（共 10 个试件数据），考虑混凝土翼板的抗剪作用的理论值 V_u 与试验值 V_t 的比值的均值为 0.923；当剪跨比大于 8 时（共 9 个试件数据），V_u/V_t 的均值为 1.242。而且，随着剪跨比逐渐加大，理论与试验的差距将逐渐增大。原因在于随着剪跨比加大，组合梁破坏模式将逐渐向受弯破坏转变。所以，作者提出，混凝土翼板剪跨比 λ_b 以 8 为分界，小于等于 8 时组合梁抗剪承载力可以考虑混凝土翼板作用，大于 8 时只考虑钢梁腹板的抗剪贡献，即

$$V_u = \begin{cases} h_w t_w f_v & \lambda_b > 8 \\ \left[0.04646 + 0.16757 \exp\left(-\dfrac{\lambda_b^{1.514}}{9.66508} \right) \right] f_c b_e h_0 + h_w t_w f_v & \lambda_b \leqslant 8 \end{cases} \tag{8.7}$$

8.4　抗剪性能有限元分析

采用有限元分析的目的在于对波纹腹板 H 形钢组合梁的抗剪试验进行验证，同时，由于有限元方法能够提取出更多试验结果数据，可以得到更多有益的结论。

8.4.1　模型建立

ANSYS 的 Solid65 单元是专为混凝土、岩石等抗压能力远大于抗拉能力的非均匀材料开发的单元。它可以模拟混凝土中的加强钢筋，以及材料的拉裂和压溃现象。它是在三维 8 节点等参元 Solid45 单元的基础上，增加了对于混凝土的性能参数和组合式钢筋模型。混凝土材料具有开裂、压碎、塑性变形和蠕变的能力；加强材料只能受拉压，不能承受剪切力。每个单元有 8 个高斯积分点，使用分布固定裂缝模型，每个高斯积分点上最多可以有 3 条相互垂直的裂缝。采用弹塑性本构关系描述混凝土的受压行为，用断裂软化本构关系描述混凝土受拉软化行为。其破坏准则采用了 Willam & Warnke 破坏曲面，即混凝土失效准则为：

$$F/f_c - S \geqslant 0 \tag{8.8}$$

其中，F 是主应力（σ_{xp}　σ_{yp}　σ_{zp}）的函数。S 表示失效面，是关于主应力及 f_t, f_c, f_{cb}, f_1, f_2 5 个参数的函数，上述 5 参数分别代表单轴极限抗拉强度；单轴极限抗压强度；等压双轴抗压强度；静水压力；静水压力下的双轴抗压强度；静水压力下的单轴抗压强度。

对于钢筋的建立主要有 3 种做法：

（1）直接用 Slolid65 提供的实参数建立钢筋模型；（2）使用杆件单元模拟钢筋，钢筋和混凝土共用节点；（3）分别建立钢筋单元和混凝土单元，钢筋和混凝土之间用界面单元。

而对于钢梁和混凝土翼板之间的连接包括下述 4 种做法：

（1）混凝土板和钢梁共用节点，即位移协调，不考虑滑移。（2）混凝土板和钢梁之间耦合自由度。（3）混凝土板和钢梁之间用弹簧单元连接，弹簧参数按照栓钉的试验数据取值。（4）使用点对点接触单元。

8.4.2 有限元分析结果

有限元模型中，钢梁的腹板和翼缘均采用 shell181 单元，混凝土板采用 solid65 单元。钢-混凝土翼板之间的经过反复试算，最终采用共用节点的连接方法。为了使的节点一一对应，混凝土翼板的网格划分与钢梁上翼缘的网格一致。

1. CB1 有限元分析结果

CB1 的有限元模型如图 8.11 所示。

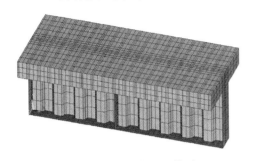

图 8.11 CB1 有限元模型

图 8.12 CB1 弹性阶段剪应力分布云图

CB1 在弹性状态下剪应力分布见图 8.12。由图可见，混凝土翼板和钢梁的上下翼缘剪应力相对钢梁腹板几乎可以忽略，而剪应力主要分布在钢梁的腹板上，且腹板上剪应力几乎均匀分布，与理论分析结果一致。若仅绘制波纹腹板的剪应力分布，可以更清楚地看到上述现象（图 8.13）。

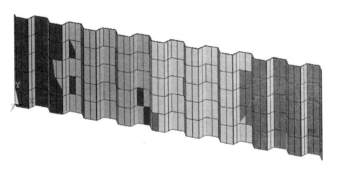

图 8.13 波纹腹板剪应力分布

取某截面的剪应力随荷载发展情况绘制成图 8.14。数值上可见，钢梁腹板上剪应力较大，而混凝土翼板和钢梁上下翼缘剪应力较小。且不管荷载水平大小，钢梁腹板上剪应力基本为均匀分布，再次验证了理论模型。

将有限元方法和试验得到的剪力-位移关系曲线绘制在图 8.15 上，可以发现有限元方法能够准确计算组合梁的初始刚度，但对于屈服荷载的预测存在少量

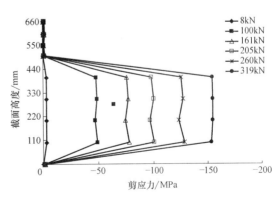

图 8.14 CB1 截面剪应力发展过程

偏差。这主要是由于有限元方法对材料性能，尤其是混凝土的本构关系模拟不可能完全准确，导致了两者之间的差别。不过，两种方法得到的最终的极限荷载较为接近，比值为 1.03。

总的来说，有限元方法对刚度、极限荷载的计算都较为准确，可以作为试验的有效补充。

2. CB2-a 有限元分析结果

CB2-a 的有限元计算过程与 CB1 较为类似，通过观察截面剪应力随荷载发展的分布图 8.16，可以发现 CB2-a 的剪应力分布依然呈现这样的规律：混凝土翼板和钢梁上下翼缘的剪应力数值较小，而钢梁腹板剪应力较大，且均匀分布。

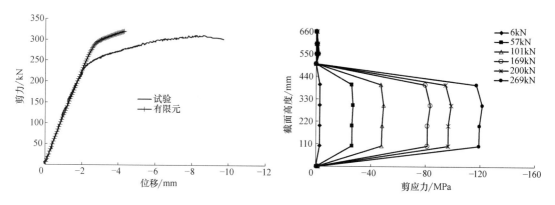

图 8.15　CB1 剪力位移曲线　　　　图 8.16　CB2-a 剪应力发展过程

有限元方法得到的试件的剪力位移曲线见图 8.17。

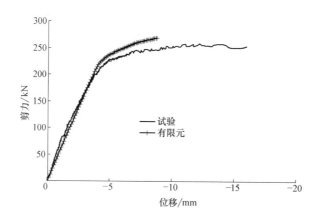

图 8.17　CB2-a 剪力位移曲线

有限元方法能够较有效的预测试件的受力过程，但对于刚度的模拟由于测量的问题存在一定误差，而对极限承载力的预测较为准确，误差在 4% 左右。

3. CB2-b 有限元分析结果

CB2-b 有限元分析得到荷载位移曲线见图 8.18，其极限剪力为 308kN。

将 3 个组合梁的试验和有限元方法得到的抗剪承载力列入表 8.5。

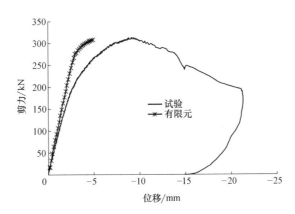

图 8.18 CB2-b 剪力位移曲线

	理论、有限元和试验分析结果			表 8.5	
	V_s/kN	V_c/kN	V_u/kN	V_t/kN	V_{FEM}/kN
CB1	153	114	267	311	320
CB2-a	153	113	266	258	269
CB2-b	153	113	266	313	308

由表 8.5 可见，有限元方法得到的抗剪承载力与试验值基本一致，而对于剪跨比比较大的 CB2-a，只考虑腹板的剪力贡献与试验值更为吻合。

8.5 抗弯承载力理论分析

波纹腹板组合梁的截面抗弯性能分析可以包括弹性分析和塑性分析两个层次，其中正常使用极限状态可以按照弹性方法进行，直接承受动力荷载的组合梁，也需要用弹性方法计算强度。不直接承受动力荷载的组合梁可以按照塑性分析方法计算承载力。

8.5.1 弹性分析

在组合梁的弹性受力阶段，钢梁中的应力小于屈服强度，混凝土翼板的压应力一般小于极限强度的一半，因此将钢和混凝土视为理想弹性体是有足够精度的[8.34]。当钢梁和混凝土翼板之间为完全抗剪连接时，钢梁和混凝土翼板之间的弹性滑移较小，对截面应力的影响可以忽略，假设截面符合平截面假定是合适的。而且简支梁在正弯矩作用下，弹性阶段内混凝土翼板基本处于受压状态，仅有小部分混凝土受拉，而且拉应力也较小，一般不会开裂，即使开裂对整个梁刚度的影响也很小[8.35][8.36][8.37]。

按照换算截面法组合梁截面的正应力分布如图 8.19 所示：

钢梁拉应力：

$$\sigma_s = \frac{My}{I} \tag{8.9}$$

混凝土翼板压应力：

143

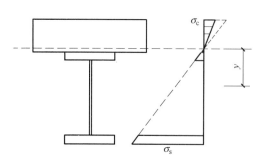

图 8.19 组合梁截面正应力分布

$$\sigma_c = \frac{My}{\alpha_E I} \tag{8.10}$$

式中，I——为换算截面的惯性矩，

σ_c，σ_s——混凝土和钢梁的应力。

理论分析和试验结果表明，钢-混凝土组合梁交界面的滑移不仅使得变形增大，而且使截面的弹性抗弯强度较小。为了定量分析滑移引起的截面弯矩的降低，引入以下假设：

1）钢梁和混凝土翼板弯曲曲率相同；

2）滑移应变引起的截面的附加应力按线性分布。这主要是考虑到滑移引起的附加应力主要分布在截面的中和轴附近，混凝土应力水平尚处于应力-应变曲线的弹性段。根据假设可以得到计算模型如图 8.20 所示：

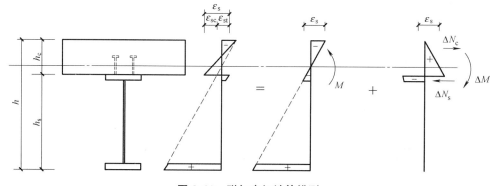

图 8.20 附加弯矩计算模型

根据图 8.20 计算模型，如果交界面相对滑移应变为 ε_s，则钢梁顶部的附加压应变 ε_{st} 为：

$$\varepsilon_{st} = \frac{h_s}{h}\varepsilon_s \tag{8.11}$$

由于波纹腹板不承受任何弯曲正应力，所以钢梁截面的附加合力 ΔN_s 为：

$$\Delta N_s = \frac{h_s}{h}E_s\varepsilon_s A_f \tag{8.12}$$

式中，A_f 代表上翼缘的面积，由 ΔN_s 引起的附加弯矩（使截面弯矩减小）ΔM 为：

$$\Delta M = \frac{h_s}{3h}E_s\varepsilon_s A_f h_c \tag{8.13}$$

因此组合梁截面实际弯矩为：

$$M' = M - \Delta M \tag{8.14}$$

由 $\quad \Delta\phi = \dfrac{\varepsilon_s}{h} = \dfrac{M}{EI}\xi$

可得：

$$\varepsilon_s = \frac{M}{EI}h\xi \tag{8.15}$$

将 (8.15) 代入式 (8.13) 可得：

$$\Delta M = \frac{h_s E_s}{3EI} M \xi A_f h_c \tag{8.16}$$

所以考虑滑移后截面的实际弯矩可以表示为：

$$M' = \zeta M \tag{8.17}$$

其中，由滑移效应引起组合梁截面弹性弯矩减小的折减系数 ζ 如下式所示：

$$\zeta = 1 - \frac{h_s E_s}{3EI} \xi A_f h_c \tag{8.18}$$

所以，ΔM 可以表示为：

$$\Delta M = (1 - \zeta)M \tag{8.19}$$

若按照最大纤维屈服准则，考虑滑移效应下实际弹性极限弯矩为：

$$M'_y = \zeta M_y \tag{8.20}$$

式中，M_y 表示换算截面法得到的截面开始屈服时的弯曲强度。因此组合梁若考虑滑移效应，则以最大边缘纤维屈服准则定义的弹性极值 M'_y 小于无滑移组合梁的弯曲强度。

由考虑滑移时截面的平衡条件可以得到：

$$\sigma = \frac{M + \Delta M}{W} = \frac{(2 - \zeta)M}{W} \tag{8.21}$$

式中，σ——截面上某一点的应力；

W——按换算截面法得到的相应的截面抵抗矩。

8.5.2 塑性分析

组合梁达到承载力极限状态时，钢梁基本可以达到全截面屈服。在计算分析时，假设钢梁全截面达到其抗拉强度设计值，而混凝土受压区达到其抗压强度设计值。因此组合梁的截面抗弯强度可以按照塑性方法计算。但在计算时应满足两个条件：

(1) 钢梁各板件在达到极限状态前不发生局部屈曲；

(2) 截面屈服后必须具有足够的转动能力。即截面尚未达到全部屈服前，不发生因混凝土压碎而破坏。

1. 混凝土翼板的有效宽度

混凝土翼板有效宽度 b_e 应当按照下式进行计算：

$$b_e = b_0 + b_1 + b_2 \tag{8.22}$$

式中，b_1，b_2——梁外侧和内侧的翼板计算宽度，各取梁跨度 l 的 $1/6$ 和翼板厚度 h_c 的 6 倍中的较小值。此外，b_1 尚不应超过翼板实际外伸宽度 s_1；b_2 不应超过相邻钢梁腹板间净距 s_0 的 $1/2$；当为中间梁时上式中的 b_1 等于 b_2。具体含义如图 8.21 所示：

对于组合梁，在承载力极限状态存在两种应力分布情况，及组合梁截面塑性中和轴位于混凝土翼板内和塑性中和轴位于钢梁内。对于第二种截面形式，若上下翼缘相同的波纹腹板 H 形钢梁，则中和轴只可能通过钢梁的上翼缘。

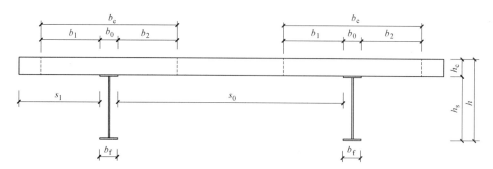

图 8.21　组合梁混凝土翼板的有效宽度

2. 完全抗剪连接的组合梁承载力

1）当中和轴位于混凝土翼板内（图 8.22），即 $2A_f f \leqslant b_e h_c f_c$ 时，组合梁抗弯承载力为：

$$M \leqslant b_e x f_c y \tag{8.23}$$

$$x = A f / (b_e f_c) \tag{8.24}$$

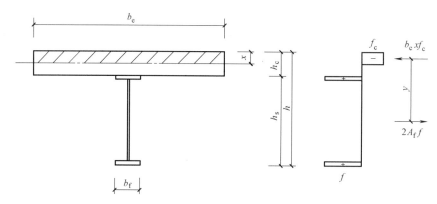

图 8.22　塑性中和轴位于混凝土翼板内的应力分布

式中，M——截面设计弯矩；

　　　A——钢梁的截面面积，对于波纹腹板 H 形钢梁，取 $A = 2b_f t_f = 2A_f$；

　　　x——混凝土翼板受压区高度；

　　　f_c——混凝土抗压强度设计值；

　　　y——为钢梁截面应力的合力至混凝土受压区截面应力的合力间的距离，对上下翼缘相同的波纹腹板 H 形钢组合梁：$y = h - h_s/2 - x/2$。

2）当塑性中和轴位于钢梁截面内，即 $2A_f f > b_e h_c f_c$ 时，截面的应力分布如图 8.23 所示。由于波纹腹板不承受弯曲正应力，所以中和轴只能通过钢梁上翼缘，忽略上翼缘应力所形成的抵抗弯矩，则截面的抗弯强度可以用式（8.25）计算：

$$M \leqslant A_f f h_s + b_e f_c \frac{h_c^2}{2} \tag{8.25}$$

式中，h_s——钢梁的截面高度；

　　　h_c——混凝土翼板的厚度。

3）若采用加强受拉翼缘的截面形式，塑性中和轴有可能位于钢梁腹板内（图 8.24），此时极限弯矩为：

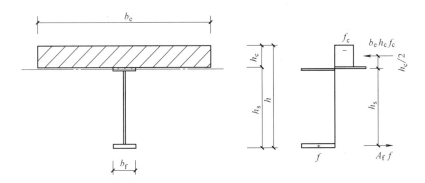

图 8.23 塑性中和轴在钢梁截面内的应力分布

$$M \leqslant A_{tf} f h_s + b_e h_c f_c \left(\frac{h_c}{2} + h_s \right) \qquad (8.26)$$

式中 A_{tf}——钢梁上翼缘面积。

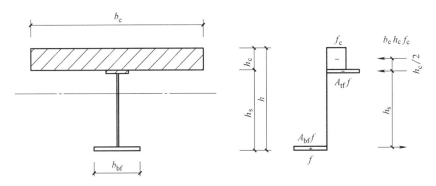

图 8.24 塑性中和轴在钢梁腹板内的应力分布

3. 部分抗剪连接组合梁

对于部分抗剪连接组合梁,钢梁和混凝土翼板之间协同工作程度下降,导致钢梁和混凝土之间产生相对滑移变形,钢梁的塑性不能充分发挥,导致抗弯能力的减小。

1) 当上下翼缘尺寸一样时,中和轴位于混凝土翼板内,截面应力分布情况如图 8.25 所示:

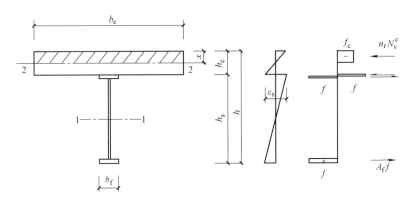

图 8.25 部分抗剪连接组合梁计算简图

图中 1-1 轴和 2-2 轴，分别为钢梁和混凝土板各自的中和轴。在极限状态下若忽略上翼缘中拉、压应力的影响，部分抗剪连接波纹腹板Ｈ形钢组合梁弯曲强度计算公式如下：

$$M_{\text{u, r}} = n_{\text{r}} N_{\text{v}}^{\text{c}} \left(h_{\text{c}} - \frac{x}{2} \right) + A_{\text{f}} f h_{\text{s}} \tag{8.27}$$

$$x = \frac{n_{\text{r}} N_{\text{v}}^{\text{c}}}{b_{\text{e}} f_{\text{c}}} \tag{8.28}$$

式中，$M_{\text{u,r}}$——部分抗剪连接组合梁抗弯承载力；

　　　n_{r}——部分抗剪连接时一个剪跨区的抗剪连接件数目；

　　　N_{v}^{c}——每个抗剪连接件的纵向抗剪承载力。

2）当采用加强受拉翼缘的截面形式时，塑性中和轴可能位于钢梁腹板内（图 8.26），此时极限弯矩为：

$$M_{\text{u, r}} = n_{\text{r}} N_{\text{v}}^{\text{c}} \left(h_{\text{c}} - \frac{x}{2} + h_{\text{s}} \right) + A_{\text{tf}} f h_{\text{s}} \tag{8.29}$$

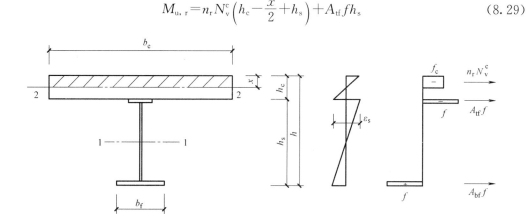

图 8.26　部分抗剪连接组合梁计算简图（塑性中和轴位于腹板内）

8.6　抗弯性能试验

前文通过理论分析，给出了不同状态下，波纹腹板Ｈ形钢组合梁抗弯承载力计算公式，下面将通过试验研究进行进一步的验证。

8.6.1　试件设计与制作

为了解波纹腹板Ｈ形钢组合梁抗弯性能，设计 4 个试件进行试验，编号为 CB3～CB6。4 个试件主要的参数改变为梁跨度、剪跨比等，同时考察有无荷载加劲肋对试件抗弯强度的影响。试件具体参数如表 8.6 所示：

组合梁抗弯试验构件汇总表　　　　　　　　　　　　　　　　表 8.6

	t_{w} /mm	$l_1/l_2/l_3$ /mm	λ	b_{e} /mm	b_{c} /mm
CB3	3.0	1.5/2.0/1.5	2.27	1817	1850
CB4	3.0	2.2/1.6/2.2	3.33	1830	1850
CB5	3.0	1.5/2.0/1.5	2.27	1817	1850
CB6	3.0	2.2/1.6/2.2	3.33	1830	1850

CB3～CB6 腹板高度设计为 500mm，厚度为 3.0mm，波形采用波形 1。翼缘尺寸为 150mm×10mm，钢材设计采用 Q235 钢，实测翼缘钢板屈服强度为 265MPa，腹板钢材屈服强度 260MPa。混凝土板厚 140mm，设计采用 C20 等级，栓钉均采用 Φ19×100@150，双列布置，间距 80mm。混凝土板内双层双向配筋，钢筋采用 HPB235 光圆钢筋，受力筋为 Φ10@100，分布筋为 Φ8@150。经验算，横向钢筋的配置能够保证不发生纵向剪切破坏。

试件的养护采用室外覆盖麻袋浇水的方式，养护期 28d。实测强度为：立方体抗压强度：$f_{cu}=18.77$MPa，轴心抗压强度（棱柱体抗压强度）$f_c=17.20$MPa，$f_c \approx 0.92 f_{cu}$，轴心抗拉强度 $f_t = 0.26 \times f_{cu}^{2/3} = 1.82$MPa，弹性模量 $E_c = 10^5/(2.2 + 33/f_{cu}) = 25264.5$MPa，混凝土泊松比 ν_c 取为 0.20[8.38]。

8.6.2 试验装置和测量内容

抗弯试验采用简支梁两点对称加载，一侧支座采用铰支，另一侧采用滚动支座，采用两个 500kN 千斤顶通过反力架单调静载，加载值由与计算机相连的传感器测量，两个千斤顶通过一个液压伺服仪控制同步加载，千斤顶下布置钢梁作为分配梁，避免应力集中。试验装置见图 8.27：

图 8.27　组合梁抗弯试验装置图

测点布置主要包括剪跨段典型截面的剪切应变，纯弯段截面的弯曲正应变。在梁的跨中下方设置位移计测挠度，构件左右两端分别设置 3 个位移计测量水平位移，其中各有一个相对位移计测量混凝土板和钢梁之间的滑移。测点及位移计布置见图 8.28、图 8.29。

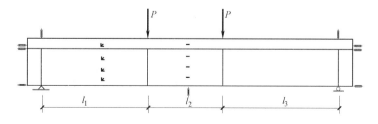

图 8.28　抗弯试验装置示意图

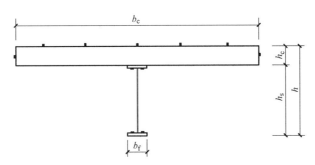

图 8.29　应变片布置侧面图

8.6.3　试验结果

1. CB3 试验概况

CB3 的试验初期，混凝土板和钢梁表现出较好的整体工作性能，力和变形基本呈线性关系。弹性阶段最大挠度为约为 9mm，为跨度的 1/555。根据分析，弹性中和轴位于距离混凝土板顶距离为 100mm 左右的位置，钢梁最大拉应力与混凝土板最大压应力的比值约为 45.2，因此钢梁首先达到屈服。而此时混凝土板的拉应力较小，无拉裂缝出现。随着钢梁下翼缘逐渐进入屈服，荷载位移曲线出现了非线性发展趋势，由于腹板不参与受力，所以下翼缘进入全截面塑性，随即中和轴上移，钢梁上翼缘也迅速进入塑性，荷载位移曲线的塑性发展特性更加明显。而混凝土翼板受力逐渐加大，混凝土板上部达到抗压强度，下部逐渐开裂，能够在纯弯段观察到分布较为均匀的若干条裂缝。这些裂缝中，靠近跨中的呈竖直方向，而外侧的裂缝则向跨中倾斜，随着荷载加大，这种裂缝走向更加明显。随着荷载继续加大，钢梁的材料进入加强段，荷载挠度曲线也向上发展，而受压区混凝土逐渐出现压碎的现象，构件挠度显著增大。在最终破坏状态下，跨中出现了显著的拉裂主裂缝，宽度达到了 10mm，而上部混凝土被完全压碎（图 8.30）。

（a）

（b）

图 8.30　CB3 破坏形态

（a）混凝土翼板拉裂；（b）混凝土翼板压碎

观察梁底部情况（图 8.31），可以看到混凝土翼板下部横向开裂，钢梁没有明显破坏现象，但能观察到显著的变形。

整个试验过程波纹腹板 H 形钢组合梁表现出极好的塑性性能，其最终的挠度达到了 259mm，相对挠度 $l/20$，延性系数超过 20，耗能性能可观。

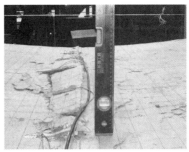

图 8.31　CB3 破坏现象底部视图及梁挠度

将试验得到的梁转角与弯矩关系绘制成曲线图 8.32，从图中可以看到试验过程中的弹性、塑性及最后的破坏发展过程。当 CB3 弯矩发展到 300kN·m 左右时，构件开始屈服，而极限弯矩为 469kN·m，强化系数较高。最终的极限荷载为理论算式（8.23）和式（8.24）得到的 308kN·m 的 1.52 倍。也就是说，理论算式结果与试验得到的屈服弯矩非常接近。

2. CB4 试验概况

组合梁试验构件 CB4 与 CB3 的不同之处在于梁的跨度更长，剪跨比较大，从试验过程到最终破坏现象，CB4 与 CB3 基本相同。

CB4 在试验过程中拉裂缝主要出现在纯弯段，见图 8.33。从图中可以发现，纯弯段的拉裂缝分布较为均匀。

当达到极限荷载时，主拉裂缝宽度较大，且发展高度几乎达到混凝土板顶，而上部混凝土压碎现象非常明显。同时在混凝土板纵向出现了纵向裂缝（图 8.34）。

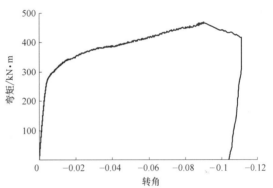

图 8.32　CB3 弯矩转角曲线

图 8.33　CB4 裂缝分布　　　　**图 8.34　CB4 混凝土翼板破坏形态**

试验中，CB4 的挠度较大，最终破坏时测得挠度约为 300mm，达到了梁跨度的 1/20。若将试验结果绘制成弯矩转角曲线，可得图 8.35。CB4 出现非线性发展时所对应的弯矩值与 CB3 比较接近。但最终破坏荷载达到了 536kN·m，为屈服弯矩的 1.7 倍，在塑性发展过程中材料的强化作用对试件极限承载力影响较大。

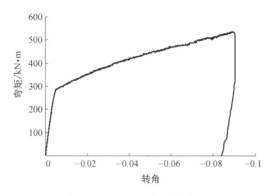

图 8.35　CB4 弯矩转角曲线

3. CB5 试验概况

CB5 的基本参数与 CB3 完全一致，区别仅在于 CB5 未设置加载加劲肋。这样一方面 CB5 可以考察当荷载作用在组合梁混凝土翼板上时构件的局部承压能力，同时也可以将试验与 CB3 互相验证。

在试验中的弹性段，将跨中截面布置的正应变计记录结果绘制成图 8.36，竖坐标代表截面高度，0mm 为下翼缘，500mm 为上翼缘，590mm 代表混凝土板的中部，660mm 代表混凝土板的顶部。由图可见，截面弹性中和轴位于混凝土靠近底部的位置，与理论分析一致，而滑移应变几乎观察不到，这与连接件刚度较大有关。可以看到，整个截面应变（除波纹腹板）基本符合平截面假定。

CB5 的试验过程中较早出现了纵向裂缝，随后纯弯段的混凝土裂缝逐渐出现并慢慢发展，最终的破坏形态如图 8.37 所示，仍然是典型的混凝土受弯破坏现象：混凝土板的拉裂与压碎共存。

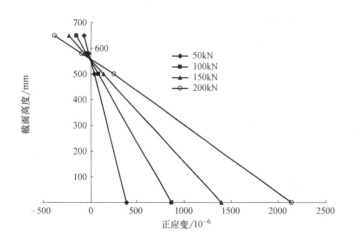

图 8.36　CB5 截面正应变分布发展图

图 8.37　CB5 混凝土翼板破坏形态

CB5 的弯矩转角曲线如图 8.38 所示，极限弯矩为 524kN·m，而且塑性发展过程非常长，显示了较好的延性系数。

4. CB6 试验概况

CB6 的基本参数与 CB4 完全一致，区别仅在于 CB6 未设置加载加劲肋。这样一方面 CB6 可以考察当荷载作用在组合梁混凝土翼板上时构件的局部承压能力，同时也可以将试验与 CB4 互相验证。

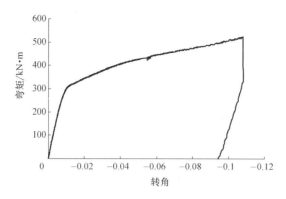

图 8.38　CB5 弯矩转角曲线

CB6 最后破坏形态如图 8.39 所示，破坏形态与其他试件基本相同，不过也同时能够观察到纵向的水平劈裂裂缝。

图 8.39　CB6 混凝土翼板破坏形态

将 CB6 的试验曲线绘制成图 8.40，可以看到 CB6 极限弯矩为 488kN·m，而延性系数也相当大。

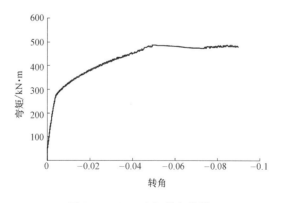

图 8.40　CB6 弯矩转角曲线

8.6.4　结果分析

从试验过程可以看到试验组合梁受弯试验的基本过程如下：当初期荷载较小时，材料处于线弹性阶段，构件的荷载挠度曲线接近于直线。随着荷载的增大，中和轴不断上移，当混凝土板底部的拉应力超过混凝土的抗拉强度，应变超过混凝土的极限拉应变时，板底出现裂缝。此时荷载挠度曲线出现转折，呈曲线发展态势，组合梁体现出一定的塑性性能，板底横向裂缝宽度开始增大。当荷载加大到钢梁开始屈服，梁的变形迅速增加，混凝土板中竖向裂缝宽度加大，并向上发展，中和轴进一步上移，荷载挠度曲线趋于平缓，组合梁刚度明显减小，明显进入塑性工作阶段。当荷载达到破坏荷载的 90% 以上时，钢梁塑性区高度进一步发展，混凝土板的裂缝比较密集，间距较小。接近破坏荷载时，钢梁全截面屈服（腹板除外），混凝土受压区的应力分布呈抛物线，但接近矩形分布。连接件产生了明显的水平位移，这也引起了混凝土翼板沿梁长产生纵向裂缝。若连接件强度足够，则纵向裂缝对组合梁承载力能力无明显影响。加载至最后混凝土板受压区完全达到混凝土的抗压强度，受压区边缘纤维混凝土达到其极限压应变混凝土完全破坏。

根据理论推导，CB3～CB6 的屈服弯矩 M_y 为 257kN·m，而塑性极限弯矩 M_p 按照为 308kN·m，两者数值上较为接近。通过观察试件的弯矩转角曲线，可以发现试验结果基本介于两者之间。

当荷载超过 M_p 后，由于材料的强化作用，组合梁承载力能够继续增长，直到破坏弯矩 M_{cr}，试件破坏。

<table>
<tr><td colspan="5" align="center">抗弯试验结果列表</td><td align="right">表 8.7</td></tr>
</table>

	M_y /kN·m	M_p /kN·m	M_{cr} /kN·m	$\dfrac{M_{cr}}{M_p}$
CB3	257	308	469	1.52
CB4	257	308	536	1.74
CB5	257	308	524	1.70
CB6	257	308	488	1.58

将 4 个试件的理论屈服弯矩 M_y，塑性极限弯矩 M_p 和试验得到的破坏弯矩 M_{cr} 列入表 8.7。试件最终的破坏荷载与塑性极限弯矩的比值均在 1.5 以上，较为保守。但在设计时，由于 M_{cr} 所对应的挠度过大，已不适合设计采用，所以波纹腹板 H 形钢组合梁的设计弯矩仍然可以按照式（8.23）和式（8.24）计算。

8.7 抗弯性能有限元分析

8.7.1 模型建立

抗弯承载力有限元分析中，依然采用前文所采用材料本构模型、荷载步、边界条件等。最终模型如图 8.41 所示。

考虑到简支梁的对称效应，仅取一半梁长建立模型，并在跨中施加对称约束。为显示清楚，上图仅绘制出其中一侧的混凝土翼板。同时，在加劲肋位置施加位移荷载，这样可以避免将荷载加在混凝土翼板上造成的局部压应力过大使计算收敛困难。

8.7.2 结果分析

组合梁的试验过程已经证明当荷载作用在混凝土翼板上时，有无加劲肋对试验结果无影响，所以在有限元模拟中，仅建立无加劲肋的模型，并将结果分别与 CB3 和 CB6 进行对比。

1. CB3 有限元模拟结果

将 CB3 有限元计算得到的位移云图按照对称约束面进行镜像扩展，得到图 8.42。

上图显示的变形与试验结果非常接近。为考察截面剪应力分布情况，取剪跨段内的某一截面在弹性段的剪应力分布云图，见图 8.43。

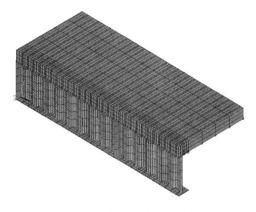

图 8.41　组合梁有限元模型

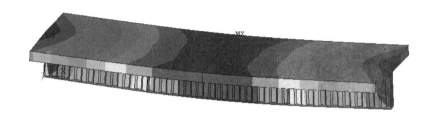

图 8.42　CB3 有限元计算位移云图

图 8.43　CB3 截面剪应力分布云图

图 8.44　CB3 截面正应变分布

图 8.43 中显示混凝土翼板和钢梁的上下翼缘剪应力较小，腹板剪应力较大，且腹板上剪应力近似均匀分布。

取弹性范围内试件某截面的正应变绘制成图 8.44，从有限元的计算结果可以看到，截面近似以混凝土靠近下部位置为弹性中和轴，最大应变位于钢梁下翼缘，最大压应变位于混凝土板上边缘，而钢梁腹板大部分几乎没有弯曲正应变，仅靠近上下翼缘的位置存在较大数值的正应变。这个结果与组合梁的弹性理论分析结果提出的受力模型基本吻合。

将有限元分析得到的弯矩转角曲线与试验结果曲线绘制在图 8.45 中进行比较。

可以看到有限元分析的结果能够准确模拟试验的初始刚度，最终的极限荷载与试验结果也较为接近。但由于有限元方法对混凝土材料的本构模拟，包括混凝土开裂后的行为仍然无法准确跟踪，所以致使有限元分析中当材料进入非线性及混凝土开裂后，所模拟的曲

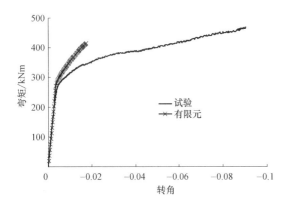

图 8.45　CB3 有限元结果与试验结果曲线对比

线无法与试验结果准确贴合，也就是说有限元方法无法完全模拟组合梁的塑性发展过程。尤其是当部分混凝土开裂后，所造成的应力集中会导致部分单元严重扭曲变形，导致迭代不收敛，使计算无法进行，因此最终的极限荷载与试验仍有一些差距。

2. CB6 有限元模拟结果

CB6 计算得到的构件位移云图如图 8.46 所示。

图 8.46　CB6 有限元模型位移云图

CB6 的计算结果与 CB5 较为类似，将最后的结果绘制成弯矩转角曲线，如图 8.47 所示：

图 8.47 显示出 CB6 的受力过程与试验较为接近，尤其是初始刚度的大小及屈服弯矩的位置。最终的极限弯矩与试验荷载也几乎一致，试验得到的极限弯矩为 487kN·m，而有限元方法得到的弯矩为 481kN·m，比值为 0.99。除了塑性发展过程与试验不一致之外，有限元得到的结果非常理想。

通过对 CB3、CB6 的有限元模拟，可以发现有限元方法可以较为准确的模拟试件的刚度和屈服荷载，对极限破坏

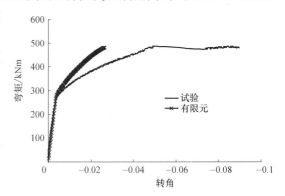

图 8.47　CB6 有限元模拟弯矩转角曲线

荷载的模拟也较为准确，但对塑性发展过程模拟较为失准。总的来说，有限元方法可以作为试验的有效补充手段，对一些关键数值进行准确预测。对试验未能有效测量的数据可以通过有限元手段进行补充分析，也可以进行更大范围内的参数分析，为波纹腹板 H 形钢组合梁的各项性能进行详细分析。

8.8　变形性能

钢-混凝土组合梁的刚度计算在实际应用中十分重要，组合梁的设计除了承载力极限状态，还要校核正常使用状态下的变形。对于简支组合梁，某些工况下是变形控制设计。

8.8.1 考虑滑移效应的短期刚度及变形计算

钢-混凝土翼板能够共同工作，是由于抗剪连接件的作用。栓钉等柔性抗剪连接件在传递钢与混凝土界面的水平剪力时，会发生变形，从而在界面上引起滑移，使截面曲率增大，结构挠度也相应增大。换算截面法没有考虑钢梁和混凝土翼板的滑移效应，所以得到的刚度较实际偏大。较为可靠的算法是考虑滑移效应的影响[8.39][8.40][8.41]。

钢-混凝土组合梁在使用荷载下，钢梁处于弹性工作阶段，混凝土翼板的最大压应力也位于应力-应变曲线的上升段。因此，为了分析方便，分析滑移效应时，近似地将组合梁作为弹性体来考虑（截面如图 8.48 所示）。并假设：

1）交界面上的水平剪力与相对滑移成正比。

2）钢梁和混凝土翼板具有相同的曲率并分别符合平截面假定。

设抗剪连接件间距为 p，钢与混凝土交界面单位长度上的水平剪力为 v，以跨中受集中荷载的简支梁对象，其受力模型如图 8.48 所示：

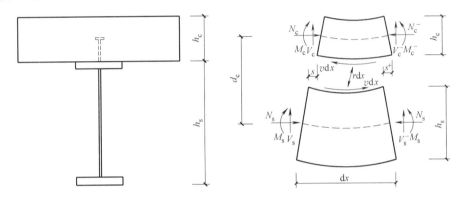

图 8.48 组合梁微段 dx 变形模型

由混凝土微段水平方向的力平衡可得：

$$\frac{\mathrm{d}N_c}{\mathrm{d}x} = -v \tag{8.30}$$

分别对混凝土和钢梁单元体右侧形心取矩，并在方程两端同除以 $\mathrm{d}x$，可以得到：

$$\frac{\mathrm{d}M_c}{\mathrm{d}x} + V_c = \frac{vh_c}{2} - \frac{r\mathrm{d}x}{2} \tag{8.31}$$

$$\frac{\mathrm{d}M_s}{\mathrm{d}x} + V_s = \frac{vh_s}{2} + \frac{r\mathrm{d}x}{2} \tag{8.32}$$

r 表示单位长度上的挤压力，由于 $V_c + V_s = V$，将式（8.31）和式（8.32）相加可得：

$$\frac{\mathrm{d}M_c}{\mathrm{d}x} + \frac{\mathrm{d}M_s}{\mathrm{d}x} + V = vd_c \tag{8.33}$$

式中，$d_c = (h_c + h_s)/2$ 表示钢梁形心到混凝土翼板形心的距离。

由假设 2 可得：

$$\phi = \frac{M_s}{E_s I_s} = \frac{\alpha_E M_c}{E_s I_c} \tag{8.34}$$

ϕ 表示截面曲率，I_s、I_c 分别表示钢梁和混凝土板的惯性矩。

混凝土板底部拉应变和钢梁顶部拉应变分别为：

$$\varepsilon_{tb} = \frac{\phi h_c}{2} - \frac{\alpha_E N_c}{E_s A_c} \tag{8.35}$$

$$\varepsilon_{tt} = \frac{N_s}{E_s A_s} - \frac{\phi h_s}{2} \tag{8.36}$$

交界面上的相对滑移效应 ε_s：

$$\varepsilon_s = s' = \varepsilon_{tb} - \varepsilon_{tt} = \phi d_c - \frac{\alpha_E N_c}{E_s A_c} - \frac{N_s}{E_s A_s} \tag{8.37}$$

将式（8.30）、式（8.34）代入式（8.33），得：

$$\frac{d\phi}{dx} = \frac{Ksh/2p - V}{E_s I_0} \tag{8.38}$$

式中，$I_0 = I_s + I_c/\alpha_E$，d_c 为钢梁形心到混凝土板形心的距离，$h = h_c + h_s$ 为组合梁截面高度。

对式（8.37）求导，并考虑到截面平衡关系 $N_c = N_s$，将式（8.38）和式（8.30）代入，可以得到：

$$s'' = \alpha^2 s - \alpha^2 \beta V \tag{8.39}$$

式中，$\alpha^2 = KA_1/(E_s I_0 p)$，$\beta = hp/(2KA_1)$，$A_1 = I_0/A_0 + d_c^2$，$A_0 = A_s A_c/(\alpha_E A_s + A_c)$，其中 A_c 和 A_s 分别代表混凝土翼板和钢梁的面积。

若考虑简支梁跨中集中加载工况，边界条件为：

$$s|_{x=0} = 0 \quad s'|_{x=l/2} = 0 \tag{8.40}$$

可以得到：

$$s = \frac{\beta V(1 + e^{-\alpha l} - e^{\alpha x - \alpha l} - e^{-\alpha x})}{1 + e^{-\alpha l}} \tag{8.41}$$

求导的滑移应变为：

$$\varepsilon_s = \frac{\alpha \beta V(e^{-\alpha x} - e^{\alpha x - \alpha l})}{1 + e^{-\alpha l}} \tag{8.42}$$

考虑滑移效应的截面应变分布如图 8.49 所示，根据假设 2，可以得到 ε_s 引起的附加曲率 $\Delta\phi$ 为：

$$\Delta\phi = \frac{\varepsilon_{sc}}{h_c} = \frac{\varepsilon_{ss}}{h_s} \tag{8.43}$$

由于 $\varepsilon_{sc} + \varepsilon_{ss} = \varepsilon_s$，所以式（8.43）可以写作：

$$\Delta\phi = \frac{\varepsilon_s}{h} \tag{8.44}$$

沿梁长进行积分，若为简支梁在跨中加载，可以得到滑移效应引起的跨中附加挠度：

$$\Delta\delta_1 = \frac{\beta P}{2h}\left[\frac{l}{2} + \frac{1 - e^{\alpha l}}{\alpha(1 + e^{\alpha l})}\right] \tag{8.45}$$

同理，可以求得跨中两点对称加载和均布荷载作用下滑移效应引起的跨中附加挠度计算公式：

$$\Delta\delta_2 = \frac{\beta P}{2h}\left[\frac{l}{2} - \frac{l_2}{2} + \frac{e^{\alpha l_2/2} - e^{\alpha l - \alpha l_2/2}}{\alpha(1 + e^{\alpha l})}\right] \tag{8.46}$$

$$\Delta\delta_3=\frac{\beta q}{h}\left[\frac{l^2}{8}+\frac{2e^{\alpha l/2}-1-e^{\alpha l}}{\alpha^2(1+e^{\alpha l})}\right]$$
$$(8.47)$$

式中，l 和 l_2 分别代表跨度和集中荷载之间的距离，q 表示均布荷载。

对于常用组合梁，αl 在 $5\sim10$ 之间变化，因此 $e^{-\alpha l}\approx0$，式（8.45）～式（8.47）简化为：

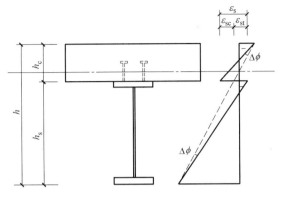

图 8.49　截面应变分布

$$\Delta\delta_1=\frac{\beta P}{2h}\left[\frac{l}{2}-\frac{1}{\alpha}\right] \quad (8.48)$$

$$\Delta\delta_2=\frac{\beta P}{2h}\left[\frac{l}{2}-\frac{l_2}{2}-\frac{e^{-\alpha l_2/2}}{\alpha}\right]$$
$$(8.49)$$

$$\Delta\delta_3=\frac{\beta q}{h}\left[\frac{l^2}{8}-\frac{1}{\alpha^2}\right] \quad (8.50)$$

计算 $\Delta\delta$ 时需要首先确定栓钉抗剪连接件的刚度系数 K。对大量的栓钉连接件推出试验结果统计分析表明，可取 $K=0.66n_s V_u$，n_s 表示同一截面栓钉的个数，V_u 表示单个栓钉的极限承载力。

根据叠加原理，将由滑移效应引起的附加挠度与无滑移组合梁的挠度进行结合就可以得到简支梁跨中总挠度计算公式：

$$\delta_1=\frac{Pl^3}{48EI}+\frac{\beta P}{2h}\left(\frac{l}{2}-\frac{1}{\alpha}\right) \quad (8.51)$$

$$\delta_2=\frac{P}{12EI}\left[2\left(\frac{l}{2}-\frac{l_2}{2}\right)^3+\frac{3l_2}{2}\left(\frac{l}{2}-\frac{l_2}{2}\right)\left(l-\frac{l_2}{2}\right)\right]+\frac{\beta P}{2h}\left(\frac{l}{2}-\frac{l_2}{2}-\frac{e^{-\alpha l_2/2}}{\alpha}\right) \quad (8.52)$$

$$\delta_3=\frac{5ql^4}{384EI}+\frac{\beta q}{h}\left(\frac{l^2}{8}-\frac{1}{\alpha^2}\right) \quad (8.53)$$

或者写成下列形式：

$$\delta_1=\frac{Pl^3}{48B} \quad (8.54)$$

$$\delta_2=\frac{P}{12B}\left[2\left(\frac{l}{2}-\frac{l_2}{2}\right)^3+\frac{3l_2}{2}\left(\frac{l}{2}-\frac{l_2}{2}\right)\left(l-\frac{l_2}{2}\right)\right] \quad (8.55)$$

$$\delta_3=\frac{5ql^4}{384B} \quad (8.56)$$

式中 B 为考虑滑移效应影响的组合梁折减刚度：

$$B=\frac{EI}{1+\xi_i} \quad (8.57)$$

折减刚度系数分别为：

$$\xi_1=\eta\left(\frac{1}{2}-\frac{1}{\alpha l}\right) \quad (8.58)$$

$$\xi_2=\frac{\eta\left(\frac{1}{2}-\frac{l_2}{2l}-\frac{e^{-\alpha l_2/2}}{\alpha l}\right)}{4\left[2\left(\frac{l}{2}-\frac{l_2}{2}\right)^3+\frac{3l_2}{2l}\left(\frac{1}{2}-\frac{l_2}{2l}\right)\left(1-\frac{l_2}{2l}\right)\right]} \quad (8.59)$$

$$\xi_3 = \eta\left[\frac{1}{2} - \frac{4}{\alpha^2 l}\right] \Big/ 1.25 \tag{8.60}$$

式中，$\eta = 24EI\beta/(l^2h)$。

组合梁的截面刚度 EI 可以表达为：

$$EI = E_s(I_0 + A_0 d_c^2) = E_s A_0/A_1 \tag{8.61}$$

因此 $\eta = 24E_s d_c p A_0/(Khl^2)$，$\eta$ 仅与梁的几何参数和物理参数有关，与荷载作用类型无关。影响 ξ_i 的主要变量为 αl 和 l_2/l。对于常用的组合梁，αl 在 5～10 之间变化，不同荷载形式下 ξ_i 之间的差别很小，而且 l_2/l 的影响也不显著。为简化起见，刚度折减系数统一按下式计算：

$$\xi = \eta\left(0.4 - \frac{3}{(jl)^2}\right) \geqslant 0 \tag{8.62}$$

统一的折减刚度计算公式为：

$$B = \frac{EI}{1+\xi} \tag{8.63}$$

实际计算中，可取 η：

$$\eta = \frac{36Ed_c p A_0}{n_s khl^2} \tag{8.64}$$

$$j = 0.81\sqrt{\frac{n_s k A_1}{EI_0 p}} \quad (\text{mm}^{-1}) \tag{8.65}$$

$$A_0 = A_s A_c/(\alpha_E A_s + A_c) \tag{8.66}$$

$$A_1 = I_0/A_0 + d_c^2 \tag{8.67}$$

$$I_0 = I_s + I_c/\alpha_E \tag{8.68}$$

式中　k——抗剪连接件的刚度系数，$k = N_v^c$（N/mm）；

　　　p——抗剪连接件之间的纵向间距（mm）；

　　　n_s——抗剪连接件在一根梁上的列数。

8.8.2　试验对刚度分析的验证

为了验证公式（8.63）是否适用于波纹腹板 H 形钢组合梁的刚度计算，将 CB3～CB6 按照上述分析过程，首先给出各个试件的基本几何参数，见表 8.8。

组合梁基本几何参数　　　　　　　　　　　表 8.8

	b_e /mm	b_{eq} /mm	h_c /mm	I_c /cm^4	I_s /cm^4	I_{eq} /cm^4
CB3	1817	225	140	41541	19508	54478
CB4	1830	226	140	41846	19508	54528
CB5	1817	225	140	41541	19508	54478
CB6	1830	226	140	41846	19508	54528

随后，按照式（8.63）～式（8.68）计算得到组合梁的折减刚度，计算过程参数和结果见表 8.9：

组合梁折减刚度

表 8.9

	I_0 /cm⁴	A_0 /cm²	A_1 /cm²	j	η	ξ	B /Nmm²
CB3	24649	27.4	1989	0.00144	0.505	0.173	95.67e12
CB4	24687	27.4	1990	0.00144	0.351	0.126	99.76e12
CB5	24649	27.4	1989	0.00144	0.505	0.173	95.67e12
CB6	24687	27.4	1990	0.00144	0.351	0.126	99.76e12

若以单点加载值与跨中位移的关系作为梁的刚度，则在单位荷载作用下，两点对称加载的梁的挠度为：

$$\delta_1 = \overline{M}\overline{M}/(EI) = \frac{a^3}{3EI} + \frac{ac}{2EI}\left(a + \frac{c}{4}\right) \tag{8.69}$$

$$K_1 = 1/\delta_1 \tag{8.70}$$

分别将刚度试验结果 K_t 和理论抗弯刚度 K_1、理论抗剪刚度 K_2、理论总刚度 K_0 及有限元方法计算得到的刚度 K_{FEM} 全部列入表 8.10 中。

刚度试验结果与计算结果

表 8.10

	K_t /N/mm	K_1 /N/mm	K_2 /N/mm	K_0 /N/mm	K_{FEM} /N/mm	K_0/K_t
CB3	20966	23192	128542	19648	21422	0.94
CB4	10205	12032	87983	10530	11527	1.03
CB5	19790	22763	128542	19648	21422	0.99
CB6	11701	12032	87983	10530	11527	0.90

由表 8.10 可知，若仅考虑弯曲刚度，则试验结果 K_t 和 K_1 之间存在一定差距，究其原因应当是理论分析仅考虑了梁的弯曲变形，而未考虑剪切变形的原因。若按照换算截面法，两点对称加载组合梁的剪切位移可以用下式计算：

$$\delta_2 = \frac{ka}{GA} \tag{8.71}$$

对应刚度为：

$$K_2 = 1/\delta_2 \tag{8.72}$$

式中，k 组合梁换算截面的剪应力不均匀分布系数，其定义为[8.42][8.43]：

$$k = \frac{A}{I^2}\int_A \frac{S_y^2}{b_y^2}dA \tag{8.73}$$

由于计算复杂，也可以采用有限元程序中的截面工具对特定截面进行分析得到组合梁的剪应力不均匀分布系数。对于 CB3～CB6 就可以得到 $k \approx 14.75$。将其代入式（8.71）、式（8.72）得到剪切刚度 K_2，并利用下式得到组合梁总刚度：

$$K_0 = \frac{1}{\delta_1 + \delta_2} = \frac{K_1 K_2}{K_1 + K_2} \tag{8.74}$$

将计算的结果同样列入表 8.10 进行对比分析，若仅考虑弯曲刚度，则理论结果与试验值误差较大，若同时考虑剪切变形的影响，则修正后的结果与试验的差值都可以控制在 10% 以内，精度较高。因此，在实际工程设计中，建议考虑截面剪切变形对组合梁刚度的影响。

8.9 结论

（1）当混凝土翼板的剪跨比大于 8 时，组合梁的破坏形式为主要混凝土翼板的弯曲破坏，此时组合梁的抗剪承载力可不考虑混凝土翼板的作用，而仅考虑钢梁腹板的作用，按式（8.3）进行计算。

（2）当混凝土翼板的剪跨比小于等于 8 时，钢梁腹板提供的抗剪承载力比例有限，可以考虑计入混凝土翼板的抗剪作用，此时组合梁的抗剪承载力可以按照式（8.6）进行计算。

（3）试验证明组合梁的抗弯承载力大于梁截面的塑性弯矩，在设计过程中，采用组合梁塑性弯矩作为设计弯矩具有较高的安全储备。

（4）混凝土翼板与钢梁间的滑移和腹板的剪切变形对波纹腹板 H 形钢组合梁的刚度和挠度有影响，经试验结果验证，考虑腹板的剪切变形能够更为准确地预测梁的挠度。

参考文献

[8.1] 聂建国，樊健生. 广义组合结构及其发展展望 [J]. 建筑结构学报，2006，(26) 4：1~8.

[8.2] 李国强. 当代建筑工程的新结构体系 [J]. 建筑学报，2002，(7)：22~26.

[8.3] 聂建国. 钢—混凝土组合梁结构 [M]. 北京：科学出版社，2005.

[8.4] Andrews E. S. Elementary principles of reinforced concrete construction. Scott, Greenwood and Sons, 1912.

[8.5] 朱聘儒，高向东. 钢-混凝土连续组合梁塑性铰特性及内力重分布研究 [J]. 建筑结构学报，1990，11 (6)：26~36.

[8.6] Richard Yen J. Y. Composite beams subjected to static and fatigue loads. Journal of structure engineering 1997, 123 (6)：795~771.

[8.7] Newmark N. M. , Siess, C. P. , Viest, I. M, Test and analysis of composite beams with incomplete interaction. Experimental Stress Analysis，1951，9 (6)：896-901.

[8.8] 余志武，周凌宇，蒋丽忠. 钢-混凝土连续组合梁滑移与挠度耦合分析 [J]. 工程力学，2004，11 (2)：76~83.

[8.9] 王连广，刘之洋. 钢与轻骨料混凝土组合梁 [M]. 成都：西南交通大学出版社.

[8.10] Zona A, Ranzi G. Finite Element Models For Nonlinear Analysis of Steel? Concrete Composite Beams With Partial Interaction In Combined Bending And Shear [J]. Finite Elements in Analysis & Design, 2011, 47 (2)：98~118.

[8.11] Guezouli S, Alhasawi A. A new concept for the contact at the interface of steel-concrete composite beams [J]. Finite Elements in Analysis & Design, 2014, 87 (87 (2014))：32~42.

[8.12] Lowe D, Das R, Clifton C. Characterization of the Splitting Behavior of Steel-concrete Composite Beams with Shear Stud Connection [J]. Procedia Materials Science, 2014, 3：2174~2179.

[8.13] Tamayo J L P, Morsch I B, Awruch A M. Short-time numerical analysis of steel—concrete composite beams [J]. Journal of the Brazilian Society of Mechanical Sciences & Engineering, 2014：1~13.

[8.14] Vasdravellis G，Uy B，Tan E L，et al. Behaviour and design of composite beams subjected to sagging bending and axial compression [J]. Journal of Constructional Steel Research，2015，110：29～39.

[8.15] 陶慕轩，聂建国. 预应力钢-混凝土连续组合梁的非线性有限元分析 [J]. 土木工程学报，2011：8～20.

[8.16] 王皓磊，邵旭东，刘春，等. 带加劲肋钢－混凝土组合蜂窝梁力学性能试验研究 [J]. 湖南大学学报：自然科学版，2012，39：11～17.

[8.17] 汪洋，李天. 钢－混凝土组合梁位移延性分析 [J]. 世界地震工程，2013，29.

[8.18] 朱聘儒，傅功义. 考虑钢与混凝土之间相对滑移的组合梁弹性分析与受剪试验 [J]. 钢结构，1988，1：10～16.

[8.19] 聂建国，沈聚敏，余志武. 考虑滑移效应的钢－混凝土组合梁变形计算的折减刚度法 [J]. 土木工程学报，1995，28（6）：11～17.

[8.20] 余志武，蒋丽忠，李佳. 集中荷载作用下钢混凝土简支梁界面滑移理论和变形计算 [J]. 土木工程学报，2003，36（8）：1～6.

[8.21] Porter D. M. ，Cherif Z. E. A. Ultimate shear strength of thin webbed steel and concrete composite girders. Proceedings of the International Conference on Steel and Aluminum Structures [J]. Barking，U. K. ：Elsevier Applied Science Publishers LTD，1987：55～64.

[8.22] 付果，赵鸿铁，等. 钢-混凝土组合梁截面组合抗剪性能的试验研究 [J]. 建筑结构，2007，37（10）：66～68.

[8.23] 王连广，刘之洋. 钢与轻骨料混凝土组合梁 [M]. 成都：西南交通大学出版社.

[8.24] 聂建国，袁彦声. 钢-混凝土组合梁的截面性能分析 [J]. 郑州工学院学报，1993，14（1）：12～17.

[8.25] 聂建国，崔玉萍. 钢-混凝土组合梁在单调荷载下的变形和延性 [J]. 建筑结构学报，1998，19（2）：30～36.

[8.26] Williams，James B. ，and Galambos，Theodore V. ，Economic Study of a Braced Multi-Story Steel Frames，Engineering Journal，American Institute of Steel Construction，Vol. 5，No. 1，1968，2～11.

[8.27] J. Hartley Daniels，Geoffrey D. Kroll，and John W. Fisher，Behavior of Composite－Beam to Column Joints，Journal of the Structural Division，Proceedings of the American Society of Civil Engineers，Vol. 96，No. ST3，March，671～685，1970.

[8.28] Peter Ansourian，Jack Willian Roderick，Composite Connections to External Columns，Journal of the Structural Division，Proceedings of the American Society of Civil Engineers，ASCE，Vol. 102，No. ST8，August，1609～1625，1976.

[8.29] GB 50017—2003 钢结构设计规范 [S]. 北京：中国建筑工业出版社，2003.

[8.30] Hope-Gill M. C. ，Johnson R. P. Tests on three-span continuous composite beams [J]. Proceeding of the Institution of Civil Engineers，Part 2，1976，61（6）：367～381.

[8.31] Johnson R. P. Willmington R. T. Vertical shear in continuous composite beams [J]. Proceeding of the Institution of Civil Engineers，1972，53（9）：189～205.

[8.32] 曹阅，王庆利，吴献等. 钢-混凝土组合梁抗剪承载力计算 [C]. 哈尔滨建筑大学学报，中国钢协钢-混凝土组合结构协会第七次年会论文集，1999，32（3）：126～128.

[8.33] 过镇海，时旭东. 钢筋混凝土原理和分析 [M]. 北京：清华大学出版社 2003.

[8.34] Yukio Maeda，Research and Development of Steel-Concrete Composite Construction in Japan form 1950 to 1986，Composite Construction in Steel and Concrete Ⅲ：Proceedings of an Engineering

Foundation Conference，1996，20～40.

［8.35］ 李天. 简支钢-混凝土组合梁在短期静载作用下的试验研究和性能分析［D］. 河南：郑州工学院，1984.

［8.36］ 朱聘儒，朱起. 钢-混凝土组合梁协同工作的分析及试验［J］. 建筑结构学报，1987，8（5）.

［8.37］ 黄道元. 简支压形钢板组合梁在短期静荷载下受弯性能的试验研究［D］. 河南：郑州工学院，1988.

［8.38］ 过镇海，时旭东. 钢筋混凝土原理和分析［M］. 北京：清华大学出版社，2003.

［8.39］ 陆小华. 钢-混凝土组合梁在短期荷载下考虑混凝土非线性因素的刚度修正［J］. 武汉工业大学学报，1989（4）：463～472.

［8.40］ 聂建国，崔玉萍. 钢-混凝土组合梁在单调荷载下的变形和延性［J］. 建筑结构学报，1998，19（2）：30～36.

［8.41］ 聂建国，沈聚敏. 滑移效应对钢-混凝土组合梁弯曲强度的影响及其计算［J］. 土木工程学报，1997，30（1）：31～36.

［8.42］ 瞿履谦，庄崖屏，邵惠. 构件剪切变形的截面剪应力不均匀分布影响系数和计算表［J］. 建筑结构学报，1986，（04）.

［8.43］ 施炳华. 常用截面剪应力分布不均匀系数的计算公式［J］. 建筑结构学报，1984，（02）.

第9章　波纹腹板 H 形钢梁开洞与补强

9.1　概述

近年来学者对这类梁的承载能力、稳定性能、疲劳性能和连接已经做了较多的研究。然而，至今仍然没有关于开孔的波纹腹板构件的设计规范。但是近年来，高层建筑钢结构的快速发展，由于安装管线、设备的需要，常常会提出腹板开孔的要求。因此，波纹腹板开孔后的受力性能越来越受到研究人员和设计人员的关注。但是在实际工程对于腹板开孔仍没有定量的明确的设计方法，导致了要么不能满足功能要求或者盲目的补强。在早期平腹板钢构件发展推广期间也产生了相当长的一段时间的空白期。平腹板钢构件经过几十年的发展，逐渐形成了一套相对完整的开孔构件的设计方法。但至今还未见有规范收录开孔波纹腹板设计方法。目前我国对腹板开孔梁的分析和研究很少，我国的设计规范中，只有规范《高层民用建筑钢结构技术规程》[9.1]JGJ 99—2015 对腹板开孔梁在构造上做了些规定，对其计算方法未有涉及，尤其对腹板大尺度开孔梁研究更是少之又少，这一定程度上影响了开孔钢梁在实际工程中的应用。

对于波纹腹板梁，由于波纹腹板的高厚比普遍非常大，使得波纹腹板开孔后的性能与普通平腹板工形构件存在着较大的差别，故其设计方法也会有所不同。查阅文献得知波纹腹板梁腹板开孔的性能问题是国内外学者研究不够深入的部分。国内外也未见有学者提出完整的波纹腹板钢梁开孔后的设计理论。

当波纹腹板梁腹板开有孔洞时，腹板的抗剪承载力降低，同时腹板可能发生屈曲。为了得知开孔的梯形波纹腹板对承载性能的影响，本研究将对波纹钢腹板的抗弯性能、剪切性能以及稳定性能进行深入研究。合理地利用波纹腹板的优良特性，提出波纹腹板开孔后的设计方法，从而为波纹腹板钢梁的应用提供参考。

对于波折或者波纹腹板构件开孔的研究国内外均较少。

1991 年，Lindner[9.2]教授曾对梯形波折腹板在不同位置开孔时的受力性能进行过试验研究。文章主要研究了开孔后腹板的局部稳定性能。

2009 年，Arie Romeijn[9.3]对梯形波纹腹板梁开孔进行了基本的有限元参数分析。参数分析研究包括：腹板高度、平段部分长度、波纹深度、几何布置、开孔位置和直径对性能的影响。通过参数分析得到了一些定性的结论。但是该文中假设孔洞都开设在平段板上，故限制了开孔的尺寸以及位置。

2010 年，Kiymaz[9.4]通过有限元计算研究跨中荷载作用下开孔的波纹腹板梁的受力性能，并讨论了梁度、波纹特性、开孔尺寸对其弹塑性屈曲荷载的影响，但并未提出可用于设计的公式。

2012 年，张旭乔等[9.5]通过有限元分析了开孔位置、尺寸对抗剪强度、抗弯能力、挠曲的影响，通过拟合得出了开孔波纹腹板抗剪承载力的计算公式。

到目前为止，尚没有相关的规范、规程对开孔后的波纹腹板设计做出规定。

9.2 波纹腹板 H 形钢梁开洞后的性能

9.2.1 弹性抗剪屈曲承载力

1. 研究方法

开有孔洞的波纹腹板的失稳属于分枝点失稳问题[9.6]。求解稳定问题一般可以采用平衡法、能量法、有限单元法。若用平衡法求解失稳荷载，需要首先得到板的平衡方程，由现有的理论[9.7]可知，板的平衡方程是二维的偏微分方程，除均匀受压的四边简支的理想的矩形平板可以直接求解其屈曲荷载外，对于其他受力条件和边界条件的板，用平衡法很难直接求解。若用能量法求解失稳荷载，在求解过程中需要假定板的屈曲位移函数，开孔后的波纹腹板屈曲位移函数变化不定，难以提出适合求解的形式。

本文采用有限单元法，通过通用有限元分析软件 ANSYS 进行特征值屈曲分析，得到以下不同参数下的屈曲荷载：开孔的孔径 d、腹板高度 h_w、腹板厚度 t_w、开孔的横向偏心 e_x 以及纵向偏心 e_y。

本文利用有限元软件 ANSYS 对理想板件进行特征值屈曲分析，得到其对应的弹性稳定分岔失稳的临界荷载值。特征值屈曲分析根据势能驻值原理，求解矩阵特征值，原理简单清晰而且可靠。由此可以认为，数值模拟的结果是准确的。

在已有的未开孔波纹腹板受剪承载力计算公式（式（9.1）、式（9.4））的基础上，通过对开孔腹板有限元数值计算和参数分析，探讨各参数对其弹性抗剪屈曲承载力的影响，并以折减系数的形式修正未开孔波纹腹板受剪承载力计算公式，得到开孔后的弹性抗剪屈曲承载力计算公式。

由于在实际的过程应用中，开孔的尺寸在 50mm 以上，经过一定的数值模拟发现在该开孔尺寸下，腹板一般均会发生整体剪切屈曲，而不会发生局部剪切屈曲。因此，本文只对前述的整体剪切屈曲的公式进行修正，取 $k_g = 31.6$[9.8]。

若定义临界荷载为：

$$\tau_{cr} = \chi \tau_{cr,0} = \chi k_g \frac{D_x^{0.25} D_y^{0.75}}{t_w h_w^2} \tag{9.1}$$

式中，χ 为开孔的折减系数；$\tau_{cr,0}$ 为未开孔的波纹腹板弹性整体屈曲极限应力，与式（9.4）一致。

则可由数值计算的结果反推出开孔的折减系数 χ。

2. 有限元模型

为了研究波纹腹板钢梁腹板开孔后的剪切屈曲性能，并支持参数分析，本文采用了 ANSYS 进行开孔腹板钢梁的特征值屈曲分析。

考虑翼缘对波纹腹板的嵌固作用，取计算模型为一段包含翼缘的钢梁，并在施加荷载位置设置加劲肋，防止局部过早屈曲。

本文采用的波纹腹板的波形为《波纹腹板钢结构技术规程》[9.8]CECS291：2011 推

荐的波形, 其借鉴了我国现有的压形钢板 YX38-175-700 (GB/T 12755-91) 的规格尺寸 (见图 9.1), 倾角 58°, 波长 175mm, 波长展开长度为 217.36mm, $s/q=1.25$, 波高 38mm。

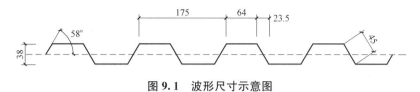

图 9.1 波形尺寸示意图

钢梁左端约束所有自由度, 模拟一端固支。右端梁上施加集中荷载, 荷载作用点约束弱轴方向的自由度, 防止发生钢梁的整体屈曲 (见图 9.2)。在数值分析过程中, 梁的长度将自适应地取为与高度相近。

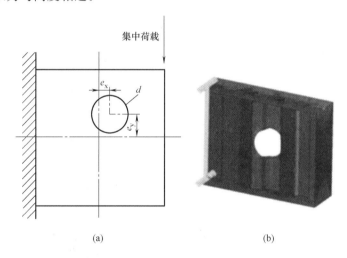

图 9.2 数值计算模型计算简图 (a) 及有限元模型 (b)

模型中翼缘、腹板及加劲肋的单元类型均采用 4 节点有限应变壳单元 SHELL181。在单元的厚度方向积分点个数设置为 5 个。弹性材料弹性模量取为 206GPa。经反复试算, 腹板的网格划分尺寸为 5mm, 孔洞周围加密为 2.5mm, 可以得到理想的特征值屈曲分析结果。翼缘的网格划分尺寸为 10mm, 翼缘与腹板相交的区域内, 单元划分与腹板相互对应。

3. 翼缘尺寸对腹板屈曲的影响

本文考虑了翼缘的嵌固作用, 并在建立的模型中包含翼缘。翼缘尺寸不同, 其对腹板的约束作用不同, 进而导致不同的弹性屈曲性能。故首先需要研究不同的翼缘尺寸的影响。一般地, 取翼缘尺寸 $b_f=200$mm, $t_f=10$mm, 并对其他翼缘尺寸进行结果的修正。定义嵌固修正系数 ζ 为:

$$\zeta = \tau_{cr,f}/\tau_{cr,1} \tag{9.2}$$

式中, $\tau_{cr,f}$ 为任意 b_f, t_f 下腹板的弹性屈曲临界应力, $\tau_{cr,1}$ 为 $b_f=200$mm, $t_f=10$mm 下腹板的弹性屈曲临界应力。

参考平腹板 H 形钢梁的研究成果, 翼缘对于腹板的约束系数与翼缘的相对宽度 (b_f/

h_w）以及相对厚度（t_f/t_w）有关。本节将对不同的翼缘的宽度、厚度以及腹板的高度、厚度进行研究。

另外，本节对 3 种开孔（开孔直径 $d=0.3h_w$，$0.525h_w$，$0.75h_w$）情况进行数值分析，研究开孔尺寸与嵌固修正系数的相关性。

计算中的翼缘尺寸取实际中常用的尺寸，为：$b_f=100\sim300$mm，$t_f=8\sim20$mm；腹板取，$t_w=2\sim6$mm，$h_w=520$mm。

对上述参数的有限元模型逐一进行特征值屈曲分析，按照式（9.2）对结果进行处理后如图 9.3 所示。

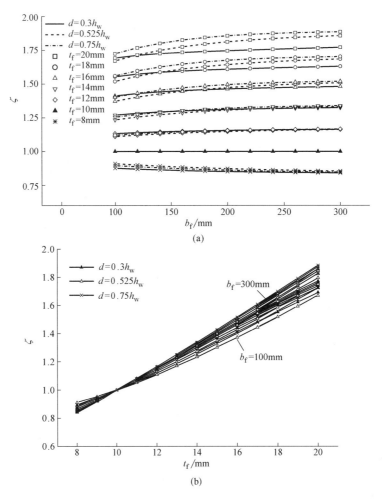

图 9.3　翼缘尺寸对开孔腹板的弹性屈曲影响

（a）翼缘宽度 b_f 的影响；（b）翼缘厚度 t_f 的影响

由图 9.3 可见对于波纹腹板而言，在正常范围内，不同的翼缘尺寸对腹板的约束作用以及对其抗剪承载力的影响主要是翼缘厚度的影响，翼缘宽度的影响可以忽略，并且，翼缘厚度的影响对于不同的开孔尺寸离散很小，同一翼缘厚度下嵌固系数的离散不超过 10%。因此，偏于安全的取其下包络线是合理可行的。

取其下包络线，近似为线性关系，对其进行拟合，得到约束系数的表达式为：

$$\zeta = 0.06733 t_f + 0.3057 \tag{9.3}$$

式中，t_f 为翼缘厚度，单位为 mm。

为了方便研究，之后的有限元模型的翼缘尺寸均取为 $b_f = 200\text{mm}$，$t_f = 10\text{mm}$。其余翼缘尺寸的结果采用式（9.3）计算得的约束系数进行修正。

4. 参数分析

对于选定的波纹波形，开孔参数归纳为：开孔的孔径 d、腹板高度 h_w、腹板厚度 t_w、开孔的横向偏移 e_y 以及纵向偏移 e_x，每个参数均会对开孔后的性能产生影响。

受限于钢构件加工及使用时的防腐，应取 $t_w = 2 \sim 6\text{mm}$，$h_w/t_w \leqslant 600$，$d \leqslant (2/3) h_w$ 腹板的高厚比可以取不超过 600 的值。本文研究的开孔直径不超过腹板全高的 2/3，孔口边缘与加劲肋的距离不小于一个完整波长，孔口边缘与翼缘的距离不小于 50mm。

（1）开孔的纵向偏移

在建筑钢结构中，管道穿行通过波纹腹板的位置是不确定的。开孔的位置可能位于偏离波段中点的位置（见图 9.2a 及 9.5）。本文中纵向为梁长方向，横向为梁高方向。

开孔的纵向偏移对弹性抗剪屈曲承载力的影响主要是由于波纹腹板在几何上是不均匀的，不同的开孔位置会导致开孔范围与波纹腹板各段平板几何相对位置的不同，进而为板件引入不同的边界条件，特别是开孔边缘与波折板的几何关系。为了验证这一点，本文首先对梁高为 520mm，腹板厚度为 2mm 的波纹腹板梁在不同的孔径下关于开孔位置纵向偏移的行为进行研究。得到如图 9.4 所示的曲线。

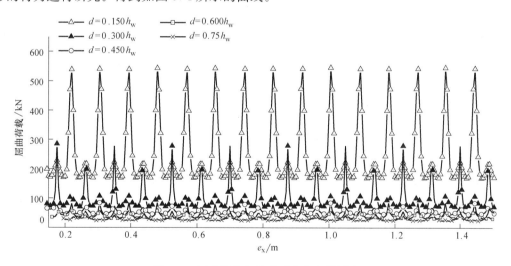

图 9.4　开孔的纵向偏移对承载力的影响

由图 9.4 可见，梁的抗剪承载力与位置呈关于波长的周期性变化，在一个波段内，开孔纵向偏移对抗剪屈曲有很大的影响。

于是可以对一个波段内抗剪承载力与开孔纵向偏移的关系进行研究。

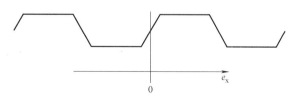

图 9.5　参数 e_x 的定义示意图

定义波纹腹板一个波段内的开孔纵向偏移如图9.5所示。

对不同的纵向偏移e_x，通过数值分析可以算得其弹性抗剪屈曲承载力。有限元模型同上，取梁高为520mm，腹板厚度为2mm，翼缘宽为200mm。计算得到的承载力随e_x的变化如图9.6所示。

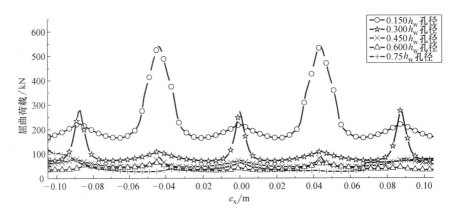

图9.6 一个波长内纵向偏移对承载力的影响

由图9.6可见，不同的开孔位置对抗剪屈曲的影响很大。由于实际应用中对于开孔的水平位置较为随意，难以人为限制。故直接对各种情况取最低荷载进行计算，即取各直径下的最不利情况，使问题得到很大的简化，在实际中开孔的边缘可能是很粗糙的，这样的处理也偏于安全。

由于开孔纵向偏移带来的影响是由于板件的边界条件的不同，故对不同的孔径，其最不利位置也是不同的。根据图9.6对不同的孔径分别取最不利的位置如表9.1所示。

不同的孔径的最不利开孔位置　　　　　　　　　　　　　　　　　　表9.1

孔直径/m	最不利位置/m	孔直径/m	纵向偏移 e_x/m
0.039	0.006	0.234	0.058
0.078	0.022	0.273	0.008
0.117	0.000	0.312	0.012
0.156	0.017	0.351	0.032
0.195	0.037	0.39	0.053

（2）开孔的横向偏移

开孔的横向偏移也会对波纹腹板的屈曲性能有影响。定义横向偏移率为e_y/h_w，其中e_y为开孔的中心偏离梁强轴的距离（见图9.2a），符号规定向上为正。对于每一个开孔位置，均可通过有限元计算得到对应的抗剪屈曲承载力。定义开孔横向偏移的影响系数χ_{e_y}为：

$$\chi_{e_y}=f\left(\frac{e_y}{h_w}\right)=\frac{F_{e_y}}{F_{e_y,0}} \tag{9.4}$$

式中：$F_{e_y,0}$为其余条件均相同的情况下$e_y/h_w=0$时的抗剪屈曲承载力；F_{e_y}为任意偏移率时的抗剪屈曲承载力。

由于波纹腹板的高度、厚度、开孔位置、开孔孔径均对影响系数有影响，故研究中进行了大量的数值分析。将上述影响系数关于相对横向偏移（e_y/h_w）的关系如图9.7所示：

对于图9.7中的各曲线，保守的取其下包络线，由于包络线的对称性，对其$e_y/h_w>0$

部分进行拟合，如图 9.8 所示。

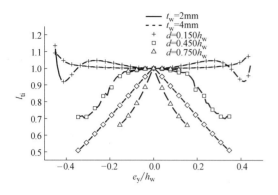
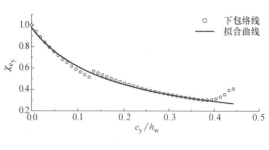

图 9.7 开孔的横向偏移与影响系数的关系　　　图 9.8 开孔的横向偏移与影响系数拟合

通过拟合上述曲线，再考虑对称性，得到开孔横向偏移的影响系数 χ_{e_y} 的表达式为：

$$\chi_{e_y} = \frac{0.165}{\dfrac{|e_y|}{h_w} + 0.1687}$$ (9.5)

（3）波纹腹板的高度、厚度及开孔的直径

为使表达统一，每个孔洞均开在上述纵向偏移最不利且横向偏移为 0 的位置处。

为了获得精确的结果，利用有限元模型进行了参数分析。取：$d = 39 \sim 390$mm，步长 39mm；$d/h_w = 0.1 \sim 0.75$，步长 0.05；$h_w/t_w = 100 \sim 600$，步长 50；取 $t_f = 10$mm，$b_f = 200$mm。

由此得到 1540 组参数模型进行特征值屈曲分析。对数据分析后发现，d、t_w 及 h_w 对承载力的影响相互关联。故将这几个参数一起考虑为开孔尺寸的折减（影响）系数 χ_d。则波纹腹板钢梁腹板开有圆孔弹性抗剪屈曲承载力表达式为：

$$\tau_{cr} = \zeta \chi_{e_y} \chi_d k_g \frac{D_x^{0.25} D_y^{0.75}}{t_w h_w^2}$$ (9.6)

在本节中将开孔规定在腹板中间高度的位置，此时开孔横向偏移的影响系数 $\chi_{e_y} = 1$。

由于本文中采用固定的波形，各波段版的宽度一定，各波段板的高厚比、高宽比均会对开孔后腹板的弹性屈曲产生影响，故折减系数的表达式中各参数是有量纲的。

经过多种表达式进行拟合尝试，根据误差最小的原则，选择分式表达式作为拟合结果。

该拟合是一个因变量和 3 个自变量的关系，4 维关系无法直观地给出图形。便于说明，给出因变量在截断下与其中单一变量的关系，限于篇幅，仅给出部分结果。

由图 9.9 可见，当 2 个变量固定时，影响系数与单一变量的关系都较明显：影响系数与腹板高度呈非线性正比关系；与腹板厚度呈非线性正比关系；与开孔直径接近呈非线性反比关系。

经过拟合，得到上述 3 个参数的折减系数表达式为：

$$\chi_d = 55 \frac{h_w^{1.94} t_w^{1.28}}{d^{1.20}}$$ (9.7)

式中：h_w，t_w，d 的单位均为 m。

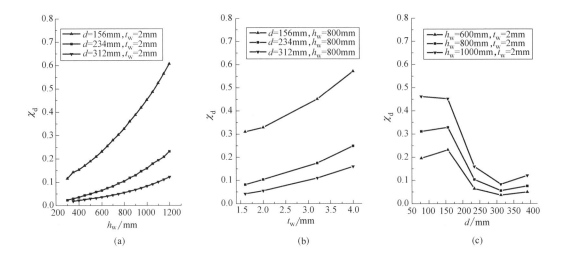

图 9.9　腹板高度、腹板厚度、开孔直径对开孔腹板的弹性屈曲影响

拟合结果即公式（9.7）与拟合数据的误差在 8％ 以内，且经过调整偏于安全。下面以一个算例来进行说明。

（4）算例

为验证式（9.7）的合理性和经济性，本节进行一个腹板任意开孔的波纹腹板构件的算例。

构件的尺寸取自《波纹腹板钢结构技术规程》[9.8] 附录 C 波纹腹板 H 形钢表，为：$h_w=1020mm$，$t_w=2mm$，$b_f=250mm$，$t_f=15mm$；钢梁长度取为 10 个波长，即 1.75m。开孔位置为：圆心纵向位置距梁左端 0.5m 处，横向位置为偏离中心轴 100mm 处。开孔尺寸取为 200mm，400mm 和 600mm。

3 个算例的计算结果以屈曲荷载表示如表 9.2 所示。

式（9.6）与有限元结果算例对比　　　　　　　　　　　　　　　表 9.2

h_w/mm	t_w/mm	d/mm	屈曲荷载/kN	
			公式计算结果	有限元结果
1020	2	200	82.436	162.643
1020	2	400	50.735	52.934
1020	2	600	31.195	36.069

由表 9.2 可见，按照式（9.7）计算得到的弹性抗剪屈曲荷载总是小于有限元计算得到的结果，在工程上是偏于安全的。

9.2.2　弹塑性抗剪屈曲承载力

1. 理论背景

本章将探讨腹板的弹塑性屈曲性能以及屈曲后行为，通过建立弹性屈曲与弹塑性屈曲荷载之间的关系进而确定腹板的抗剪承载力。

在未开孔的波纹腹板钢梁的弹塑性抗剪性能研究方面，国内外学者开展了一些研究。

Elgaaly[9.9]认为当计算得到的局部和整体弹性屈曲极限应力 $\overline{\tau}_{cr}>0.8\tau_y$ 出现非弹性屈曲，此时需要用公式（9.8）进行修正：

$$\tau_{cr}=\sqrt{0.8\overline{\tau}_{cr}\tau_y}\leqslant\tau_y \tag{9.8}$$

Elgaaly 的分析中考虑了弹性屈曲极限应力 $\overline{\tau}_{cr}>0.8\tau_y$ 时发生非弹性屈曲，推导过程中与钢板所处的具体情形无关，故而得到的式（9.8）适用于整体屈曲和局部屈曲两种破坏模式。同理，本式的推导过程对于开孔后的波纹腹板的剪切屈曲也是一致的，故有参考意义。

为方便分析，本文将文献中的公式用统一的方式表示，即将极限承载力表示为腹板通用宽厚比的函数。经过形式转换，Elgaaly 提出的公式可以表示为：

$$\frac{\tau_{cr}}{\tau_y}=\frac{0.894}{\lambda_s}\leqslant1.0 \tag{9.9}$$

$$其中，\lambda_s=\sqrt{\tau_y/\overline{\tau}_{cr}}=\sqrt{(f_y/\sqrt{3})/\overline{\tau}_{cr}} \tag{9.10}$$

式中 $\overline{\tau}_{cr}$ 为弹性屈曲极限应力，τ_{cr} 为弹塑性屈曲极限应力。公式（9.9）可以分别计算整体屈曲和局部屈曲极限承载力。

欧洲规范 EC3[9.10]并未确定以何种失效模式作为控制极限状态，而是分别给出了局部屈曲和整体屈曲承载力计算方法，计算整体屈曲的公式为式（9.11），计算局部屈曲的公式为式（9.12）。

$$\frac{\tau_{cr}}{\tau_y}=\frac{1.5}{0.5+\lambda_s^2}\leqslant1.0 \tag{9.11}$$

$$\frac{\tau_{cr}}{\tau_y}=\frac{1.15}{0.9+\lambda_s}\leqslant1.0 \tag{9.12}$$

李国强，张哲等[9.11,9.12]建立了波纹腹板 H 形钢梁的受力模型，并设计了 8 根构件进行了试验及有限元数值分析。试验研究表明，若波纹尺寸设计得当，腹板剪切强度可以达到钢材的剪切屈服强度。根据所进行的试验，并结合国外大量的试验数据，认为 Eurocode3 关于局部屈曲的设计公式具有足够的安全性和准确性（见图 9.10a），但是对于整体

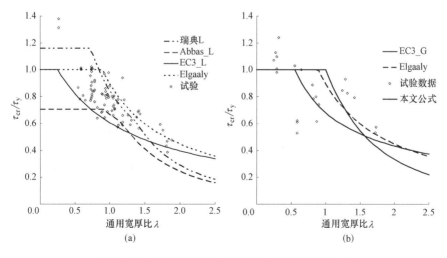

图 9.10　抗剪承载力公式与试验对比示意图（一）
（a）局部屈曲；（b）整体屈曲

屈曲，计算结果较差（见图 9.10b），提出了新的计算公式（9.13），能够对波纹腹板的弹塑性整体屈曲承载力提供一个合理、准确的估值。

$$\frac{\tau_{cr}}{\tau_y} = \frac{0.68}{\lambda_s^{0.65}} \leqslant 1.0 \tag{9.13}$$

郭彦林等[9.13]进行了 6 个正弦曲线波纹腹板短梁时间的抗剪承载力试验，对正弦曲线波纹腹板工形构件的腹板抗剪性能进行了系统研究，基于弹塑性大挠度有限元及试验研究了波纹腹板的弹性和弹塑性抗剪屈曲性能，提出了计算波纹腹板弹塑性抗剪屈曲荷载的实用计算公式（9.14）。

$$\frac{\tau_{cr}}{\tau_y} = \begin{cases} 1 - 0.35\lambda_s^2 & \lambda_s < 0.6 \\ -0.5\lambda_s^2 + 0.25\lambda_s + 0.895 & 0.6 \leqslant \lambda_s < 1.2 \\ 0.7/\lambda_s^2 & \lambda_s \geqslant 1.2 \end{cases} \tag{9.14}$$

在参考以上研究的基础上，本文将对开孔后的波纹腹板 H 形钢梁的弹塑性抗剪性能开展试验与理论研究。

2. 试验方案

（1）试件

设计 4 个腹板开有圆孔的波纹腹板 H 形钢梁受剪试件如图 9.11 所示，试件参数见表 9.3。试件翼缘尺寸为 $200\text{mm} \times 14\text{mm}$，腹板尺寸分为 $500\text{mm} \times 2\text{mm}$ 及 $500\text{mm} \times 4\text{mm}$，腹板开孔直径包括 130mm 与 260mm。试件腹板波形采用《波纹腹板钢结构技术规程》CECS291：2011[9.8]中推荐的波形：波高 $h_r = 40\text{mm}$，波纹水平段宽度 $b = 70\text{mm}$，倾斜段水平投影 $d = 50\text{mm}$（见图 9.12）。试件钢材设计采用 Q345 级钢，实测腹板屈服强度 f_{wy} 可达 594MPa，翼缘屈服强度 $f_{ty} = 425\text{MPa}$。腹板与翼缘之间采用双面角焊缝。

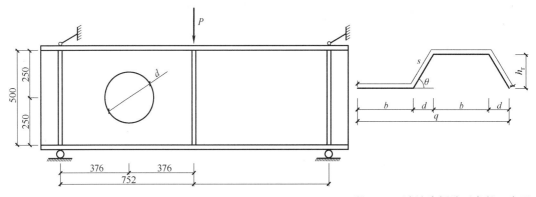

图 9.11　试件示意图　　　　　图 9.12　波纹腹板波形参数示意图

试件规格　　　　　　　　　　　　　　　　　　表 9.3

试件编号	腹板尺寸 $h_w \times t_w$/mm	翼缘尺寸 $b_f \times t_f$/mm	开孔直径 d/mm	剪跨段长度 l/mm
CWGOV1	500×2	200×14	130	752
CWGOV2	500×4	200×14	130	752
CWGOV3	500×2	200×14	260	752
CWGOV4	500×4	200×14	260	752

（2）加载

试验设计为两端简支梁的跨中单调加载，试验装置如图 9.13 所示。为了防止发生局部承压破坏，在支座及加载点处设置加劲肋。为了防止梁发生水平侧向扭转整体失稳，在两个支座处设置侧向约束夹肢，在夹肢与试件之间填塞聚四氟乙烯（PTFE）板，PTFE 板上涂抹黄油，保证试件在竖直平面内自由移动。以千斤顶为加载设备，利用实验室现有的反力架提供反力。

图 9.13 试验装置示意图

试验采用 100t 油压千斤顶加载。过程中首先预加载至 $0.1P_u$（P_u 为试件的预估极限荷载），卸载后正式加载，每 10kN 一级，分级加载到 $0.4P_u$，然后连续加载，每分钟加载 10kN，当试验曲线明显进入下降段后，终止加载。试验在同济大学建筑工程系实验室完成，所采用加载设备最大压力可达 1000kN。

（3）量测布置

试验中量测装置为位移计。为了得到试件在试验中的荷载-跨中竖向位移曲线，位移计主要布置在试件的跨中上、下翼缘及支座位置，以测量试件的跨中及支座的竖向位移。位移计的布置见图 9.14。

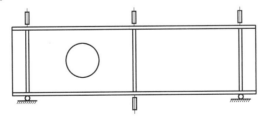

图 9.14 构件量测布置示意图

（4）材性试验

对制作试件所用的 4 种厚度的钢材进行了材性试验。本试验用到的四种钢板的厚度分别为 2mm、4mm、10mm 和 14mm，对每种厚度的钢板分别制作 3 个标准试样，测出材性试样的实际尺寸并做好标记后，进行静力拉伸，主要测量内容包括：板材厚度、屈服强度、抗拉强度和伸长率等。材性试验所得结果如表 9.4 所示。

			材性试验结果			表 9.4
编号	厚度/mm	宽度/mm	屈服强度/MPa	极限强度/MPa	伸长率/%	屈强比
P2	1.99	19.88	464.68	694.00	32.35	0.67
P4	4.05	20.07	594.33	652.67	28.83	0.91
P10	9.71	20.04	361.00	496.67	31.60	0.73
P14	13.58	20.15	425.00	518.33	26.80	0.82

3. 有限元模型

对试验构件采用通用有限元软件 ABAQUS 进行有限元分析。模型中钢梁翼缘和腹板的单元类型均采用 8 节点有限应变壳单元 S8R。试件的网格划分尺寸为 5mm，在单元的厚度方向积分点个数设置为 5 个。钢材弹性模量取为 206GPa，钢材屈服强度及极限强度取实测值，应力-应变本构关系取为有强化段的三折线模型（见图 9.15a）。

钢梁左端下边缘约束所有平动自由度及绕 x 轴和 z 轴的转动自由度，模拟转动支座；右端下边缘约束 y 轴及 z 轴的平动自由度，以及 x 轴和 z 轴的转动自由度，模拟右端自由滑动的滚轴支座。

其中一个试件 CWGOV1 的有限元模型见图 9.15b。

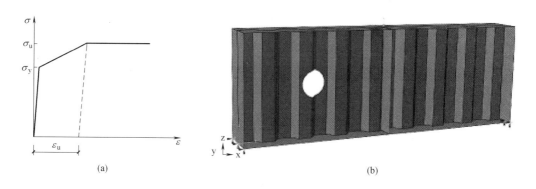

(a)　　　　　　　　　　　　　　(b)

图 9.15　三折线本构模型（a）及试件 CWGOV1 有限元模型（b）

4. 试验及有限元分析结果

4 根试件的最终破坏模式均为腹板在开孔处发生受剪屈曲破坏，破坏过程大体相似。可分为 3 个阶段：①加载初期梁跨中的竖向位移随荷载线性增长，腹板没有明显变形，圆孔沿 45° 方向有被拉成椭圆的趋势；②钢梁跨中竖向位移逐渐呈非线性发展，孔边腹板开始有明显变形，变形从面内圆孔被拉长发展为腹板面外的鼓曲；③最终钢梁挠度快速发展，孔边腹板的平面外鼓曲变形迅速发展，腹板部分屈服，随着圆孔被拉成梭形，荷载迅速下降，构件宣告破坏。

图 9.16 为试验中 4 个试件的荷载-跨中竖向位移曲线，可见有限元模型能较好地模拟各试件的受载变形过程。图 9.17 为其中一个试件 CWGOV2 的典型破坏过程。

4 个构件在试验中及有限元数值模拟中的破坏模式见图 9.18，可见各试件破坏模式的有限元分析结果均与试验结果吻合较好。所有试件的破坏都表现为腹板开孔部位的受剪屈曲破坏，其承载力也远小于完整腹板剪切屈服承载力。此外还发现所有试件破坏均为整体剪切屈曲破坏。

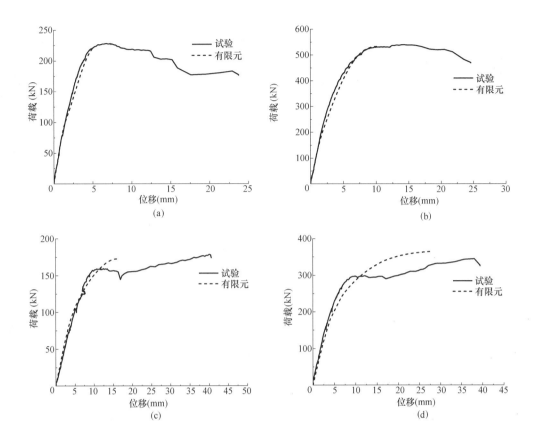

图 9.16 试件荷载-跨中竖向位移曲线
（a）试件 CWGOV1；（b）试件 CWGOV2；
（c）试件 CWGOV3；（d）试件 CWGOV4

图 9.17 试件 CWGOV2 的破坏过程（一）
（a）加载前；（b）阶段①

(c)   (d)

图 9.17　试件 CWGOV2 的破坏过程（二）

（c）阶段②；（d）阶段③

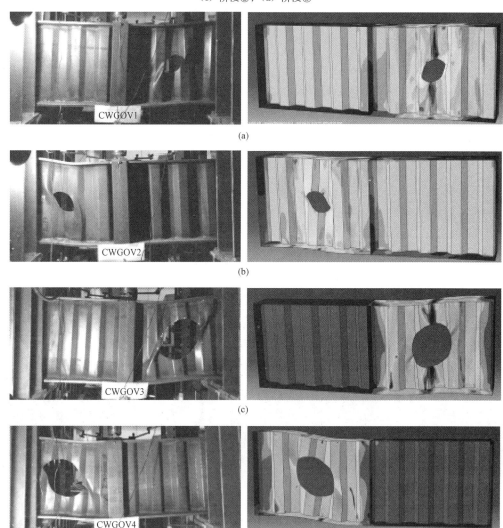

(a)

(b)

(c)

(d)

图 9.18　各试验构件的破坏模态

（a）CWGOV1 破坏模态；（b）CWGOV2 破坏模态；（c）CWGOV3 破坏模态；（d）CWGOV4 破坏模态

5. 参数分析

为了更加深入地对开孔后的波纹腹板钢梁的弹塑性剪切屈曲性能进行研究，本文采用经试验验证了的有限元模型进一步进行了参数分析。主要考虑的参数包括：波纹腹板的高度 h_w、腹板开孔的直径 d、波纹腹板厚度 t_w 以及材料的屈服强度 f_y。考虑实际应用中的钢梁规格尺寸，取：$h_w = 500$，750，1000mm；$d = 0.25h_w$，$0.50h_w$，$0.75h_w$；$t_w = 2$，3，4，5，6mm 和 $f_y = 345$，390，420MPa。

由此得到 135 组参数分析构件进行非线性有限元分析，以求得各参数下构件的弹塑性剪切屈曲承载力。

将试验中 4 个试件的实验结果及参数分析得到的 135 个参数构件的计算结果按照第二章中提出的式（9.6）及式（9.10）计算得到通用宽厚比 λ_s，然后将其与分析得到的极限应力与材料剪切屈服强度的比值绘制成散点图（图 9.19）。

由试验及有限元分析，开孔后的波纹腹板钢梁均为开孔部位腹板整体剪切屈曲破坏，故将上述散点图与式（9.9）、式（9.11）、式（9.13）、式（9.14）的曲线进行对比，如图 9.19 所示。

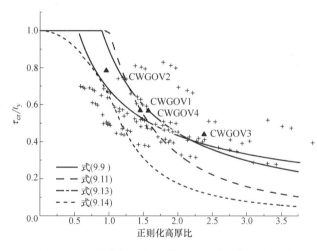

图 9.19　开孔腹板屈曲承载力与正则化高厚比关系

图 9.19 中横坐标为构件的通用宽厚比，纵坐标为极限应力与材料剪切屈服强度的比值，图中"＋"点为有限元参数分析所得数据，共 135 个，图中"Δ"点为试验所得数据，共 4 个。从该图可以明显看出，现有针对未开孔的波纹腹板的计算公式得到理论值（图 9.19 中各曲线）与本文研究的开孔后波纹腹板的结果在图上呈现的规律是一致的，但是结果尚存在较大差异，各公式给出的计算结果偏于不安全。

为此本文在参考已有的计算公式的基础上，结合参数分析结果，提出公式（9.8）作为开圆孔波纹腹板 H 形钢腹板受剪屈曲承载力的设计公式：

$$\frac{\tau_{cr}}{\tau_y} = \frac{0.30}{\lambda_s^{1.88} + 0.32} + 0.24 \leqslant 1.0 \tag{9.15}$$

式中 λ_s 为腹板通用高后比，按式（9.3）计算：

$$\lambda_s = \sqrt{\tau_y / \overline{\tau}_{cr}} = \sqrt{(f_y / \sqrt{3}) / \overline{\tau}_{cr}} \tag{9.16}$$

开孔腹板的弹性抗剪屈曲临界应力 $\bar{\tau}_{cr}$ 按式（9.8）计算：

$$\bar{\tau}_{cr} = \zeta\chi_{e_y}\chi_d k_g \frac{D_x^{0.25}D_y^{0.75}}{t_w h_w^2} \tag{9.17}$$

式中各参数意义及取值见第 2 章。

将式（9.17）与本文参数分析结果进行对比，如图 9.20 所示。

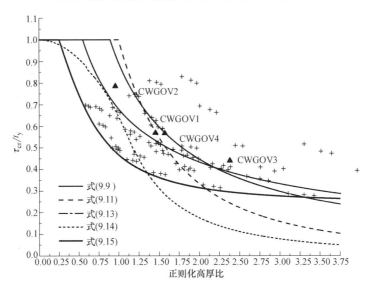

图 9.20　本文提出公式对比图

可见，本文提出的公式可包络试验及参数分析的结果，用于开圆孔波纹腹板构件剪切屈曲承载力的设计计算偏于安全，且形式简单便于采用。

9.3　波纹腹板 H 形钢梁开洞的补强

通过 9.2 节的研究表明，腹板开孔对腹板的弹性、弹塑性抗剪稳定影响都很大，在不补强的情况下，开孔后的钢梁截面很难达到"腹板受剪屈服前不发生屈曲"的设计要求，难以适用于实际工程，故需对开孔后的波纹腹板构件进行补强。

9.3.1　补强方法

图 9.21 为本文提出的波纹腹板开孔后的钢套筒补强方法示意图。补强方法描述为：在波纹腹板开孔处紧贴开孔后的腹板内缘设置钢套筒，钢套筒与腹板之间采用双面角焊缝连接。

图中的补强尺寸参数为：钢套筒的宽度 b，壁厚 t，直径 d。

9.3.2　补强原则与要求

1. 试验方案

（1）试件

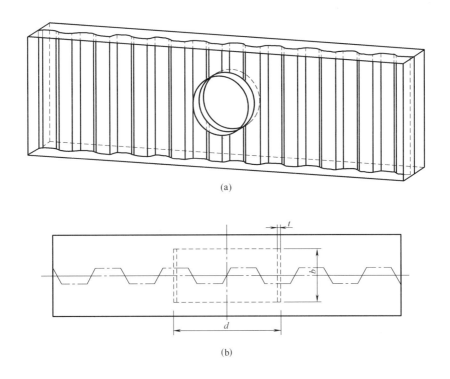

(a)

(b)

图 9.21 波纹腹板钢套筒补强方法示意图

(a) 补强方法示意图;(b) 补强尺寸

设计 8 个腹板开有圆孔、经过钢套筒补强后的波纹腹板 H 形钢梁受剪试件如图 9.22 所示,试件参数见表 9.5。试件翼缘尺寸为 200mm×14mm,腹板尺寸分为 500mm×2mm 及 500mm×4mm,腹板开孔直径包括 133mm 与 273mm。试件腹板波形采用《波纹腹板钢结构技术规程》CECS291:2011[9.8]中推荐的波形:波高 $h_r=40$mm,波纹水平段宽度 $b=70$mm,倾斜段水平投影 $d=50$mm(见图 9.23)。试件钢材设计采用 Q345 级钢,实测腹板屈服强度 f_{wy} 可达 594MPa,翼缘屈服强度 $f_{fy}=425$MPa。腹板与翼缘之间采用双面角焊缝。

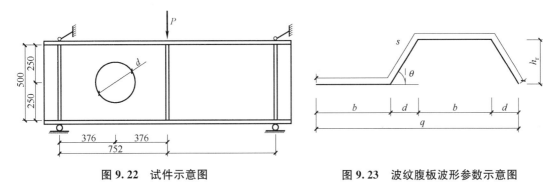

图 9.22 试件示意图　　　　　**图 9.23 波纹腹板波形参数示意图**

(2)加载

试验设计为两端简支梁的跨中单调加载,试验装置如图 9.24 所示。为了防止发生局

试件规格 表 9.5

试件编号	腹板尺寸 $h_w \times t_w$/mm	翼缘尺寸 $b_f \times t_f$/mm	开孔直径 d/mm	套筒宽度 b/mm	套筒厚度 t/mm	剪跨段长度 l/mm
CWGRV1	500×2	200×14	133	100	4	752
CWGRV2	500×4	200×14	133	100	4	752
CWGRV3	500×2	200×14	273	100	8	752
CWGRV4	500×4	200×14	273	100	8	752
CWGRV5	500×2	200×14	133	100	20	752
CWGRV6	500×4	200×14	133	100	20	752
CWGRV7	500×2	200×14	273	150	20	752
CWGRV8	500×4	200×14	273	150	20	752

部承压破坏,在支座及加载点处设置加劲肋。为了防止梁发生水平侧向扭转整体失稳,在两个支座处设置侧向约束夹肢,在夹肢与试件之间填塞聚四氟乙烯(PTFE)板,PTFE板上涂抹黄油,保证试件在竖直平面内自由移动。以千斤顶为加载设备,利用实验室现有的反力架提供反力。

图 9.24 试验装置示意图

试验采用 100t 油压千斤顶加载。过程中首先预加载至 $0.1P_u$(P_u 为试件的预估极限荷载),卸载后正式加载,每 10kN 一级,分级加载到 $0.4P_u$,然后连续加载,每分钟加载 10kN,当试验曲线明显进入下降段后,终止加载。试验在同济大学建筑工程系实验室完成,所采用加载设备最大压力可达 1000kN。

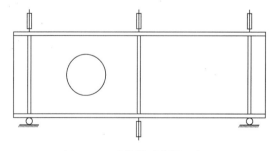

图 9.25 试件量测布置示意图

(3)量测布置及加载制度

试验中量测装置为位移计。为了得到试件在试验中的荷载-跨中竖向位移曲线,位移计主要布置在试件的跨中上、下翼缘及支座位置,以测量试件的跨中及支座的竖向位移。

位移计的布置见图 9.25。

(4)材性试验

对制作试件所用的 8 种钢材进行了材性试验。本试验用到厚度分别为 2mm、4mm、10mm 和 14mm 的四种钢板，以及 133×4（直径×厚度，下同）、273×7、133×20 和 273×20 四种规格的无缝钢管。对每种规格的钢板分别制作 3 个标准试样，测出材性试样的实际尺寸并做好标记后，进行静力拉伸，主要测量内容包括：板材厚度、屈服强度、抗拉强度和伸长率等。材性试验所得结果如表 9.6 所示。

材性试验结果 表 9.6

编号（位置）	厚度/mm	宽度/mm	屈服强度/MPa	极限强度/MPa	伸长率/%	屈强比
P2（腹板）	1.99	19.88	464.00	694.00	32.35	0.75
P4（腹板）	4.05	20.07	594.33	652.67	28.83	0.91
P10（翼缘）	9.71	20.04	361.00	496.67	31.60	0.73
P14（翼缘）	13.58	20.15	425.00	518.33	26.80	0.82
T133X4（加劲套筒）	4.22	19.38	370.00	538.33	28.67	0.69
T133X20（加劲套筒）	20.75	19.83	370.67	512.67	20.07	0.72
T273X7（加劲套筒）	7.29	19.92	332.33	490.67	32.10	0.68
T273X20（加劲套筒）	19.87	19.76	273.33	449.00	26.33	0.61

2. 试件有限元模型

对试验试件采用通用有限元软件 ANSYS 进行有限元分析。模型中钢梁翼缘、腹板、加劲肋及补强钢板的单元类型为 4 节点有限应变壳单元 SHELL181。试件的网格划分尺寸为 5mm，在单元的厚度方向积分点个数设置为 5 个。钢材弹性模量取为 206GPa，钢材屈服强度及极限强度取实测值，应力-应变本构关系取为有强化段的三折线模型，如图 9.26 所示。

钢梁左端下边缘约束所有平动自由度及绕 x 轴和 z 轴的转动自由度，模拟转动支座；右端下边缘约束 y 轴及 z 轴的平动自由度，以及 x 轴和 z 轴的转动自由度，模拟右端自由滑动的滚轴支座。

其中一个试件 CWGRV1 的有限元模型见图 9.27。

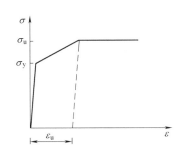

图 9.26 钢材应力应变模型

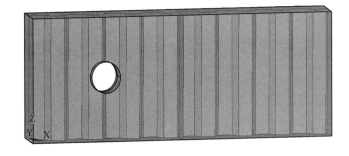

图 9.27 试件 CWGRV1 的有限元模型

3. 试验及有限元分析结果

8 根试件的最终破坏模式分为两类，一类为补强不足的情况下腹板发生受剪屈曲破坏，包括试件 CWGRV1、CWGRV2、CWGRV3 和 CWGRV4；一类为补强足够的情况下腹板材料屈服之后发生鼓曲破坏，包括试件 CWGRV5、CWGRV6、CWGRV7 和 CWGRV8。每一类中的破坏过程大体相似。

图 9.28 为试验中 8 个试件在的荷载-跨中位移曲线。图 9.29～图 9.31 为其中三个典

型试件的破坏过程。

补强不足的试件加载过程可分为3个阶段：①加载初期梁跨中的竖向位移随荷载线性增长，腹板没有明显变形，圆孔沿45°方向有被拉成椭圆的趋势（图9.29b）；②钢梁跨中竖向位移逐渐呈非线性发展，孔边腹板开始有明显的面外的鼓曲变形（图9.29c）；③最终钢梁挠度快速发展，孔边腹板的平面外鼓曲变形迅速发展，随着圆孔严重变形，荷载迅速下降，试件宣告破坏（图9.29d）。

补强足够的试件加载过程也可分为3个阶段：①加载初期梁跨中的竖向位移随荷载线性增长，腹板没有明显变形，套筒没有明显变形（图9.30b、图9.31b）；②钢梁跨中竖向位移逐渐呈非线性发展，腹板及套筒仍没有明显变形（图9.30c、图9.31c）；③钢梁挠度开始快速发展，孔边腹板发生平面外鼓曲变形并迅速发展（图9.30d）或未开孔一侧的腹板发生平面外的鼓曲变形并迅速发展（图9.31d），荷载迅速下降，随后试件宣告破坏。

由图9.28可见，各试件的荷载-位移曲线的有限元计算结果均与试验结果吻合较好。有限元分析得到的构件初始刚度、塑性发展以及极限承载力均与试验结果基本一致。

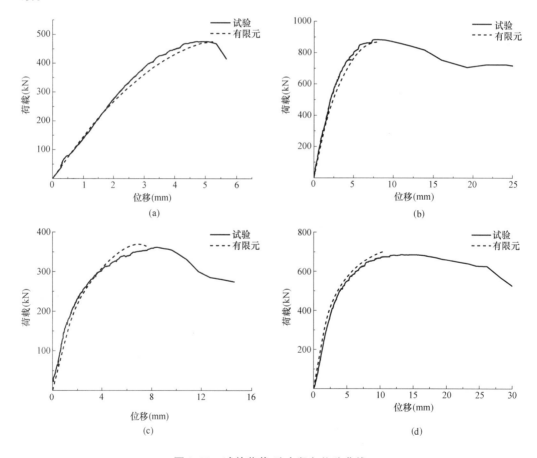

图9.28 试件荷载-跨中竖向位移曲线

（a）试件CWGRV1；（b）试件CWGRV2；（c）试件CWGRV3；（d）试件CWGRV4

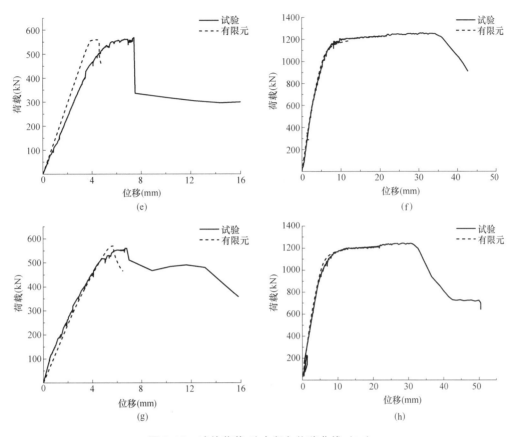

图 9.28 试件荷载-跨中竖向位移曲线（二）

（e）试件 CWGRV5；（f）试件 CWGRV6；（g）试件 CWGRV7；（h）试件 CWGRV8

图 9.29 试件 CWGRV4 破坏过程

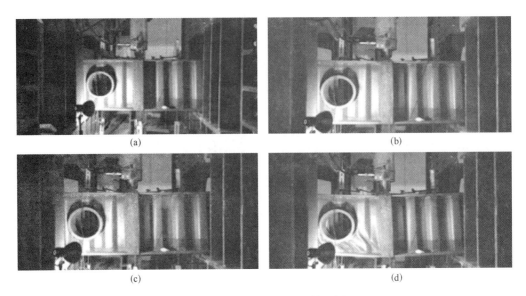

图 9.30　试件 CWGRV7 破坏过程

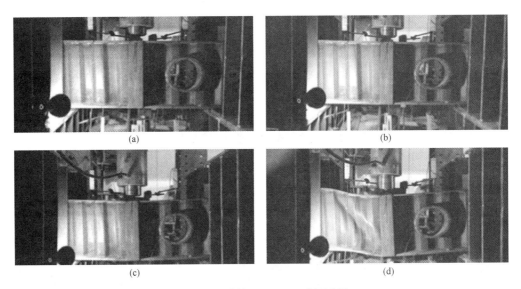

图 9.31　试件 CWGRV8 破坏过程

　　8 个构件在试验中及有限元数值模拟中的破坏模式见图 9.32，可见各试件破坏模式的有限元分析结果均与试验结果吻合较好。与前文描述一致，试件的破坏模式可以分为两类。试件 CWGRV1、CWGRV2、CWGRV3 和 CWGRV4 的破坏都表现为开孔部位腹板的受剪屈曲破坏；试件 CWGRV5、CWGRV6、CWGRV7 和 CWGRV8 的破坏表现为腹板受剪屈服后的弹塑性屈曲破坏，其承载力也可以达到腹板剪切屈服承载力。

　　因此由图 9.28 和图 9.32 可以认为本文所采用的有限元模型可以很好地模拟波纹腹板开孔后补强不足以及补强足够两种情况下的试件受剪加载过程。

4. 参数分析

　　为了研究开孔波纹腹板的补强设计方法，首先提出如下补强原则：补强后的开孔腹板

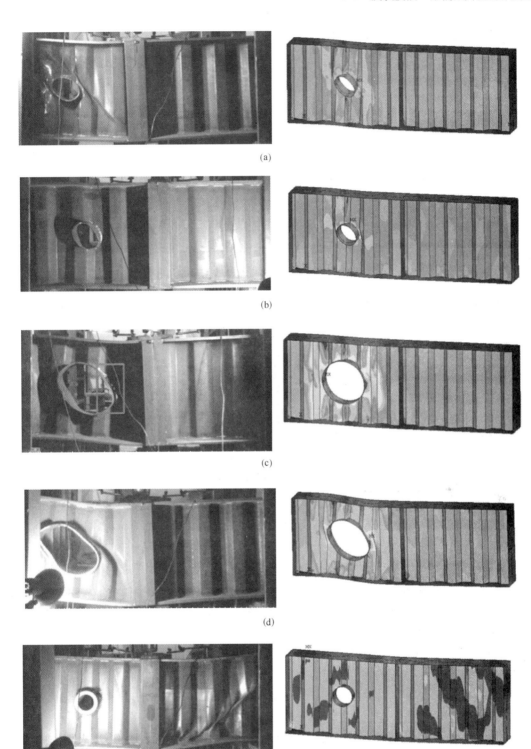

图 9.32 各试验试件的破坏模态（一）

（a）CWGRV1 破坏模态；（b）CWGRV2 破坏模态；（c）CWGRV3 破坏模态；
（d）CWGRV4 破坏模态；（e）CWGRV5 破坏模态；

图 9.32　各试验试件的破坏模态（二）

（f）CWGRV6 破坏模态；（g）CWGRV7 破坏模态；（h）CWGRV8 破坏模态

抗剪承载力不低于未开孔的腹板剪切屈服承载力。下文将以本原则为依据探讨补强参数的设计问题。

　　为得出波纹腹板开孔后采用钢套筒补强的设计计算表达式，并更加深入地对经过钢套筒补强的开孔波纹腹板钢梁的受剪性能进行研究，本文采用经试验验证了的有限元模型进一步进行了参数分析。参数分析的模型区腹板高度为 $h_w = 0.52$m，钢梁及钢套筒的材料屈服强度取为 $f_y = 345$MPa。

　　主要考虑的参数包括：波纹腹板的厚度 t_w、腹板开孔的直径 d、钢套筒的宽度 b 以及钢套筒的厚度 t。考虑实际情况，取：$t_w = 0.001$，0.002，0.003，0.004，0.005，0.006m；$d = 0.075h_w \sim 0.75h_w$，步长 $0.075h_w$；$b = 0.006 \sim 0.02$m，步长 0.002m；和 $t = 0.002 \sim 0.02$m，步长 0.002m。

　　由此得到 4800 个参数分析模型进行非线性有限元分析，以求得各参数下的试件的极限承载力。4800 个模型可分为 480 组，每一组控制 t_w、d 和 b 不变，仅钢套筒的厚度 t 变化。每一组内可看作在一定尺寸的钢梁上设置宽度一定的钢套筒，并逐步加厚套筒。

　　取其中五组具典型的模型：

　　第 I 组：$t_w = 0.004$m，$d = 0.150h_w$，$b = 0.016$m；

第Ⅱ组：$t_w = 0.004\mathrm{m}$，$d = 0.300h_w$，$b = 0.016\mathrm{m}$；

第Ⅲ组：$t_w = 0.004\mathrm{m}$，$d = 0.450h_w$，$b = 0.016\mathrm{m}$；

第Ⅳ组：$t_w = 0.004\mathrm{m}$，$d = 0.600h_w$，$b = 0.016\mathrm{m}$；

第Ⅴ组：$t_w = 0.004\mathrm{m}$，$d = 0.750h_w$，$b = 0.016\mathrm{m}$。

将结果整理如图 9.33 所示。

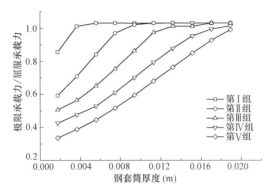

图 9.33 典型模型极限承载力/屈服
承载力-钢套筒厚度

由图 9.33 可见，随着套筒厚度的增加，构件的受剪承载力会达到一个补强足够的临界状态。同时，随着开孔直径的增大，在同一套筒宽度下，补强所需要的钢套筒厚度也越大。在 480 组模型中统计出所有的临界点，认为在这些临界点，补强措施刚好"足够"，也就得知了各组 t_w、d 以及 b 下所需要补强钢套筒的厚度 t。

对数据分析后发现，t 的值与 t_w、d 以及 b 均有关。经过多种表达式进行拟合尝试，根据误差最小的原则，得到分式表达式形式的拟合结果：

$$t = 0.05 \times \frac{t_w^{0.06} d^{1.10}}{b^{-0.45}} \tag{9.18}$$

式中与 t_w、d、b 以及 t 的单位均为 m。

在设计时若预先估计好钢套筒的宽度 b，根据式（9.1）可以计算出满足"补强后的开孔腹板抗剪承载力不低于未开孔的腹板剪切屈服承载力"这一原则所需的最小钢套筒厚度。

为验证式（9.18）的合理性，采用试验中的以下 8 个试件进行验证：

CWGRV1：$t_w = 0.002\mathrm{m}$，$d = 0.133\mathrm{m}$，$b = 0.10\mathrm{m}$；

CWGRV2：$t_w = 0.004\mathrm{m}$，$d = 0.133\mathrm{m}$，$b = 0.10\mathrm{m}$；

CWGRV3：$t_w = 0.002\mathrm{m}$，$d = 0.273\mathrm{m}$，$b = 0.10\mathrm{m}$；

CWGRV4：$t_w = 0.004\mathrm{m}$，$d = 0.273\mathrm{m}$，$b = 0.10\mathrm{m}$；

CWGRV5：$t_w = 0.002\mathrm{m}$，$d = 0.133\mathrm{m}$，$b = 0.10\mathrm{m}$；

CWGRV6：$t_w = 0.004\mathrm{m}$，$d = 0.133\mathrm{m}$，$b = 0.10\mathrm{m}$；

CWGRV7：$t_w = 0.002\mathrm{m}$，$d = 0.273\mathrm{m}$，$b = 0.15\mathrm{m}$；

CWGRV8：$t_w = 0.004\mathrm{m}$，$d = 0.273\mathrm{m}$，$b = 0.15\mathrm{m}$。

对上述 8 个试件通过式（9.18）进行设计，得到结果汇总于表 9.7。

式（9.18）验证结果　　　　　　　　　　　　　　　　表 9.7

试件编号	腹板厚度 t_w/mm	开孔直径 d/mm	套筒长度 b/mm	实际套筒厚度 t/mm	计算套筒厚度 $t_{式(1)}$/mm	计算结果
CWGRV1	2	133	100	4	$t \geqslant 10.55$	不足
CWGRV2	4	133	100	4	$t \geqslant 11.00$	不足
CWGRV3	2	273	100	8	$t \geqslant 23.27$	不足
CWGRV4	4	273	100	8	$t \geqslant 24.26$	不足
CWGRV5	2	133	100	20	$t \geqslant 10.55$	满足
CWGRV6	4	133	100	20	$t \geqslant 11.00$	满足
CWGRV7	2	273	150	20	$t \geqslant 19.39$	满足
CWGRV7	4	273	150	20	$t \geqslant 20.21$	临界

由表 9.7 可知，试件 CWGRV1、CWGRV2、CWGRV3 以及 CWGRV4 通过计算为补强不足，与试验结果吻合；试件 CWGRV5、CWGRV6 以及 CWGRV7 通过计算为补强足够，与试验结果吻合；试件 CWGRV8 通过计算处于临界状态，与试验结果相比偏于安全。

从上面 8 个构件的算例可知，式（9.18）是足够准确的，同时偏于安全，可供工程设计使用。

参考文献

［9.1］ JGJ 99—2015 高层民用建筑钢结构技术规程［S］，2015.

［9.2］ Lindner J. Shear capacity of beams with trapezoidally corrugated webs and openings［J］. Proceedings of Structure Stability Research Council，Chicago，1991.

［9.3］ Romeijn A.，Sarkhosh R.，de Hoop H. Basic parametric study on corrugated web girders with cut outs［J］. Journal of Constructional Steel Research，2009，65（2）：395-407.

［9.4］ Kiymaz G.，Coskun E.，Cosgun C.，et al. Transverse load carrying capacity of sinusoidally corrugated steel web beams with web openings［J］. Steel and Composite Structures，2010，10（1）：69-85.

［9.5］ 张旭乔，郭彦林，姜子钦. 腹板开有圆孔的波浪腹板工形构件抗剪和抗弯承载力研究［J］. Industrial Construction，2012，42（7）.

［9.6］ 李波，王肇民，黄斌，等. 腹板开孔钢梁的极限承载力有限元分析［J］. 建筑结构，2005，35（6）：41-42.

［9.7］ 陈骥. 钢结构稳定理论与设计［M］（第六版）. 北京：科学出版社. 2014.

［9.8］ CECS291：2011，协会标准《波纹腹板钢结构技术规程》［S］.

［9.9］ Easley J T. Buckling formulas for corrugated metal shear diaphragms［J］. Journal of the structural Division. 1975，101（7）：1403-1417.

［9.10］ Eurocode C. 3：Design of Steel Structures，Part 1-5：Plated structural elements［R］. EN 1991-1-5. Brussels：European Comittee for Standardization，2005.

［9.11］ 李国强，张哲，孙飞飞. 波纹腹板 H 形钢梁抗剪承载力［J］. 同济大学学报：自然科学版，2009，37（6）：709-714.

［9.12］ 张哲. 波纹腹板 H 形钢及组合梁力学性能理论与试验研究［D］. 同济大学.

［9.13］ 郭彦林，张庆林. 波折腹板工形构件翼缘稳定性能研究［J］. 建筑科学与工程学报，2008（4）：64-69.

第 10 章　波纹腹板钢结构节点与设计

10.1　波纹腹板钢结构连接节点构造形式

虽然波纹腹板 H 形钢在国内外的研究和应用已有相当长的时间，但其连接节点的力学性能在国内外均未见有相关系统研究。有少数研究者进行了一些构造上的建议，但是鲜见试验资料，也未形成系统设计建议。由于没有足够的理论支持，我国有关技术规程《波纹腹板钢结构技术规程》CECS 291：2011[10.1]中对节点部分也未有设计计算上的规定，这对此类型钢在我国的推广使用有一定的影响。本章提出各种波纹腹板钢结构连接节点构造形式，并给出其受力性能的研究结果，为波纹腹板钢结构的应用创造条件。

10.1.1　波纹腹板钢 H 形钢梁柱铰接节点构造形式

基于传统的 H 形钢梁柱铰接节点连接方法，在波纹腹板 H 形钢梁端焊接端板，并通过螺栓、梁连接板及柱连接板实现梁柱的铰接。如图 10.1 所示。

10.1.2　波纹腹板 H 形钢梁柱栓焊刚接节点构造形式

在传统梁柱刚接节点做法的基础上，在波纹腹板 H 形钢梁端焊接端板，并借助高强螺栓、连接板及平腹板 H 形钢梁段实现梁柱的刚接。根据具体连接方式不同，分为两种构造形式，如图 10.2 所示。两种节点的梁翼缘与梁端板均通过全熔透对接焊缝焊接，波纹腹板与梁端板通过双面角焊缝焊接，节点 1 连接板与梁端板通过双面角焊缝连接，平腹板

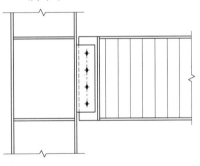

图 10.1　波纹腹板 H 形钢铰接节点构造形式

梁段翼缘与梁端板通过全熔透对接焊缝焊接，腹板与连接板通过高强螺栓连接，平腹板梁段翼缘与钢柱通过全熔透对接焊缝连接，腹板与柱翼缘通过双面角焊缝连接；其中波纹腹板钢梁与端板之间的焊缝、平腹板梁段与钢柱之间的焊缝在工厂施焊，其余在现场施焊。节点 2 平腹板梁段翼缘与梁端板通过全熔透对接焊缝连接，腹板与梁端板通过双面角焊缝连接，连接板与柱翼缘通过双面角焊缝连接，平腹板梁段翼缘与柱翼缘通过全熔透对接焊缝焊接，腹板与连接板通过高强螺栓连接，其中波纹腹板钢梁与端板之间的焊缝，端板与平腹板梁段之间的焊缝在工厂施焊，其余在现场施焊。

10.1.3　波纹腹板 H 形钢梁柱端板螺栓连接节点构造形式

波纹腹板钢梁与 H 形钢柱的端板螺栓连接节点的构造形式如图 10.3 所示，在波纹腹

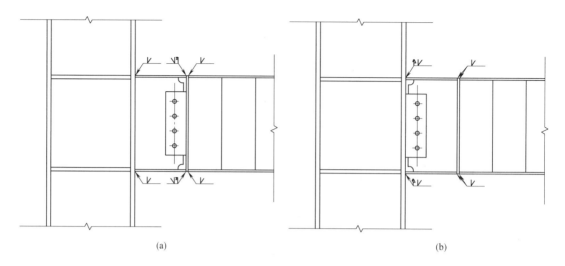

(a)　　　　　　　　　　　　　　　(b)

图 10.2　波纹腹板 H 形钢梁柱刚性节点做法

（a）刚接节点构造 1 示意图；（b）刚接节点构造 2 示意图

板 H 形钢梁的一端焊接端板，并通过摩擦型高强螺栓与 H 形钢柱连接。

10.1.4　波纹腹板 H 形钢主次梁连接节点构造形式

参照传统的 H 形钢主次梁连接节点构造，在波纹腹板 H 形钢次梁端焊接端板，端板上焊接次梁连接板，借助高强螺栓和贴板将次梁连接板与主梁加劲肋连接，主次梁翼缘之间未作连接，从而实现主次梁的铰接，构造形式如图 10.4 所示。

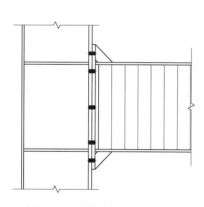

图 10.3　波纹腹板 H 形钢梁柱
端板螺栓连接节点构造形式

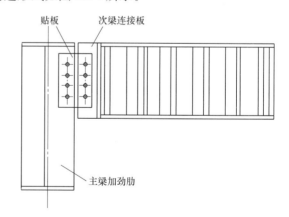

贴板　　次梁连接板

主梁加劲肋

图 10.4　波纹腹板 H 形钢主次梁
铰接节点构造形式

10.1.5　波纹腹板 H 形钢梁梁端板螺栓拼接节点构造形式

波纹腹板 H 形钢梁梁端板螺栓拼接方案节点构造如图 10.5 所示。端板螺栓连接承载性能好，构造简单，施工速度快，质量比较容易得到保证[10.2]，将其用于波纹腹板钢梁的连接，可以在保证承载力的前提下节约钢材，节省施工时间。

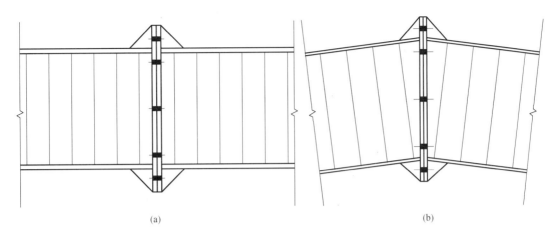

(a)　　　　　　　　　　　　　　　　　(b)

图 10.5　波纹腹板 H 形钢梁梁端板螺栓连接节点

（a）平梁端板螺栓连接；（b）斜梁端板螺栓连接

10.2　波纹腹板 H 形钢梁柱铰接节点

10.2.1　节点性能

对波纹腹板 H 形钢梁柱铰接节点性能进行试验研究。根据梁的受剪承载力进行节点的设计[10.3][10.4]，设计了 2 个节点，试验采用的波纹腹板 H 形钢规格为 CWA 500-200×10，即梁翼缘宽 200mm、厚 10mm，梁腹板高 500mm、厚 2mm，腹板采用的波形如图 10.6 所示。焊接 H 形钢柱截面为 500mm×250mm×14mm×22mm。试件几何尺寸如图 10.7 所示。

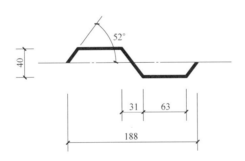

图 10.6　波纹腹板 H 形钢波形一波段几何参数

具体做法及试件细部尺寸如图 10.8 所示。节点梁翼缘与梁端板通过全熔透对接焊缝焊接，波纹腹板与梁端板通过双面角焊缝焊接，梁连接板与柱连接板均通过双面角焊缝分别与梁端板和柱翼缘焊接，梁连接板与柱连接板通过高强螺栓连接。除高强螺栓外，所有钢材均采用 Q235 钢。由材性试验，测得试件 J1 腹板屈服强度 $f_y=244$MPa，抗拉强度 $f_u=394$MPa，伸长率 $\delta=34.7\%$；翼缘屈服强度 $f_y=297$MPa，抗拉强度 $f_u=413$MPa，伸长率 $\delta=35.7$；试件 J2 腹板屈服强度 $f_y=320$MPa，抗拉强度 $f_u=457$MPa，伸长率 $\delta=38.5\%$；翼缘屈服强度 $f_y=278$MPa，抗拉强度 $f_u=428$MPa，伸长率 $\delta=40.5\%$。

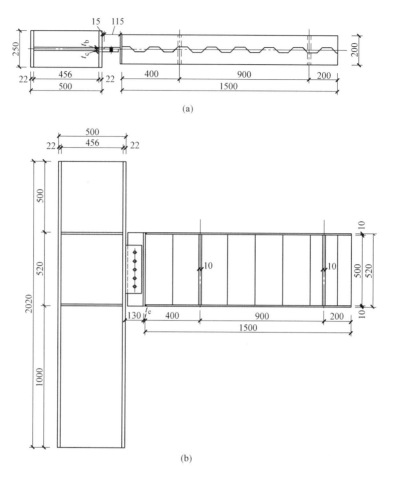

图 10.7　试件几何尺寸示意图

(a) 平面尺寸图；(b) 立面尺寸图

试验装置主要包括：龙门架、液压千斤顶、压力传感器、应变及位移测量系统等。

试验的加载装置如图 10.9 所示，H 形钢柱下端通过锚杆固定在试验台座上。通过固定在龙门架上的液压千斤顶对试件施加竖向荷载，从而在试件中产生剪力。试验现场布置如图 10.10 所示。

试验前根据《波纹腹板钢结构技术规程》CECS 291：2011 对试件按 H 形钢梁的受剪屈曲承载力进行计算，作为预估荷载。根据预估荷载制定加载制度为：预加载阶段以 10％预估荷载为一级，共加载 3 级；正式加载阶段每 10kN 为一级，两级之间连续加载，加载速率约为 10kN/s；进入塑性后，连续加载至构件屈曲或出现过大变形即视为破坏。实际控制时根据测点反馈，对分级加载上限进行调整。

量测装置主要包括位移计和应变片，用来测量节点的位移及构件各截面的应力分布。在梁端支座处设置压力传感器，测量支座处的竖向压力。试验中监测了加载点和支座处的位移，其中，位移计 a、b、c 分别测量加载点和支座的竖向位移，位移计 d 测量支座的水平位移。位移计的测点布置见图 10.11a；试验中使用直角应变花量测了试件各截面的应变分布，应变测点布置见图 10.11b。

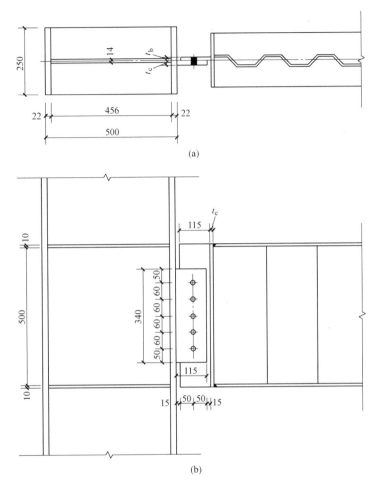

(a)

(b)

图 10.8　铰接节点构造示意图

（a）平面示意图；（b）立面示意图

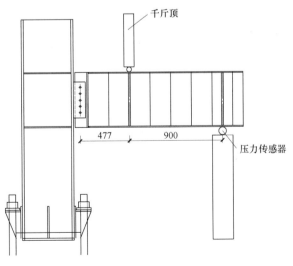

图 10.9　试验加载装置示意图

(a)　　　　　　　　　(b)

图 10.10　试验安装现场照片

(a) J1；(b) J2

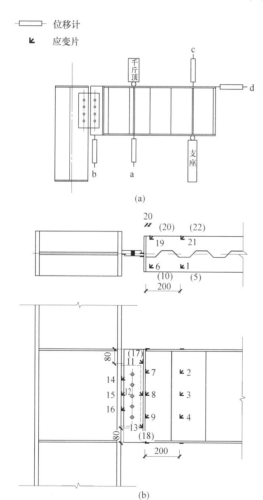

图 10.11　试件测点布置图

(a) 位移测点布置；(b) 应变测点布置

2 个试件的破坏模式均为钢梁腹板剪切屈服后屈曲。对于试件 1，当荷载达到约 230kN 时，加载点位移约为 1.6mm，波纹腹板屈服，定义此时的荷载为屈服荷载；当荷载达到约 250kN 时，在加载点处出现较为明显的竖向位移，约为 3mm；荷载达到 290kN 时，试件产生巨响，波纹腹板发生剪切屈曲，承载力下降至峰值的 60% 左右，随即卸载。试件 J1 破坏形态如图 10.12 所示。对于试件 2，当荷载达到 250kN 左右时，加载点位移约为 2.5mm，波纹腹板屈服，当荷载达到约 270kN 时，在加载点处出现较为明显的竖向位移，约为 3mm；荷载达到 311kN 时，试件产生巨响，波纹腹板发生剪切屈曲，承载力下降至峰值的 60% 左右，试件 J2 的破坏形态如图 10.13 所示。加载过程中两节点除波纹腹板外均无肉眼可见的破坏，端板均未观察到肉眼可见的变形，波纹腹板与端板间的双面角焊缝无破坏。两个试件的加载过程基本相同，屈服荷载和极限荷载较为接近，破坏形态相同。

试件荷载-位移曲线如图 10.14 所示，其中位移为加载点位移。由图可见，试件波纹腹板屈服后，荷载-位移曲线进入弹塑性阶段。试件 J1 的屈服荷载约为 230kN，对应位移为 1.6mm；试件 J2 的屈服荷载约为

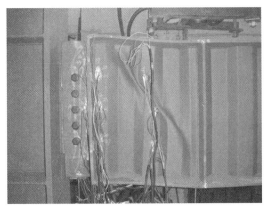
图 10.12 试件 J1 试验照片

图 10.13 试件 J2 试验照片

250kN，对应位移为 2.5mm。试件 J1 的峰值荷载为 290kN，对应位移为 4.5mm，试件 J2 的峰值荷载为 311kN，对应位移为 6.8mm。2 个试件的荷载-位移曲线在线性阶段基本一致，峰值荷载不同的原因主要是两试件非同期加工，材料性能指标存在差异。

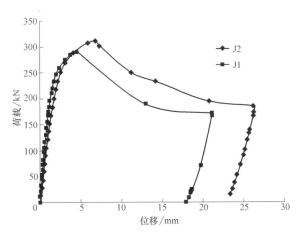
图 10.14 试件荷载-位移曲线

10.2.2 设计方法

为了验证传统的设计方法是否适用于波纹腹板 H 形钢梁柱铰接节点，将节点各截面剪应力试验值与传统设计方法的计算值进行对比。

1. 波纹腹板与端板间角焊缝邻近截面剪应力

波纹腹板与端板间角焊缝邻近截面的剪力沿截面均匀分布，计算 3 个测点的剪应变平均值，进而可得截面的平均剪应力。

由文献 [10.5]，截面的平均剪应力理论计算式为：

$$\tau = \frac{V}{h_w t_w} \qquad (10.1)$$

式中：h_w、t_w 为波纹腹板的截面高度和厚度。

图 10.15 为试件角焊缝附近腹板剪应力，由图可见，在弹性阶段，焊缝邻近截面腹板

的平均剪应力试验值与理论值很接近，最大相差约 10%，表明在波纹腹板钢梁与端板的连接中，波纹腹板与端板连接的单面角焊缝承受全部剪力。

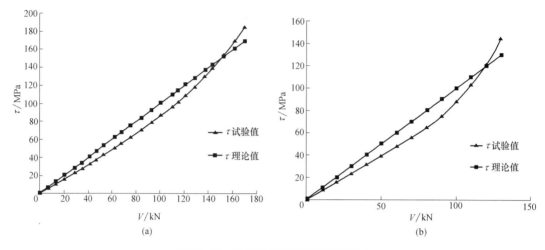

(a)　　　　　　　　　　　　(b)

图 10.15　试件角焊缝附近腹板剪应力

（a）试件 J1 角焊缝附近腹板剪应力；（b）试件 J2 角焊缝附近腹板剪应力

2. 梁连接板与端板焊缝邻近截面剪应力

取测点 12 作为计算参考点，剪应力理论值计算式为：

$$\tau = \frac{VS_b}{I_b t_b} \tag{10.2}$$

式中：V 为梁连接板的截面剪力；S_b、I_b、t_b 分别为梁连接板对截面主轴的面积矩、惯性矩和截面厚度。

图 10.16 为试件梁连接板测点 12 剪应力，由图可见，当截面剪力小于 150kN 时，连接板的应变基本处于弹性阶段，试验值均与理论值符合较好，说明用理论公式可以准确预测这种节点焊缝处的剪应力。

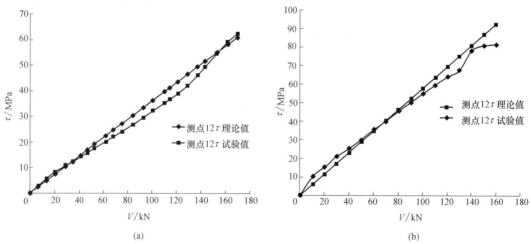

(a)　　　　　　　　　　　　(b)

图 10.16　试件梁连接板测点 12 剪应力

（a）试件 J1 梁连接板测点 12 剪应力；（b）试件 J2 梁连接板测点 12 剪应力

3. 柱连接板与柱翼缘焊缝邻近截面剪应变分布

取测点 15 作为计算参考点，剪应力理论值计算公式为：

$$\tau = \frac{V}{S_c} \tag{10.3}$$

其中 S_c 为柱连接板截面面积。

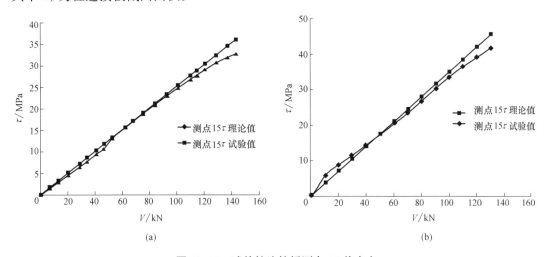

(a)　　　　　　　　　　　　　　　(b)

图 10.17　试件柱连接板测点 15 剪应力

（a）试件 J1 柱连接板 15 号点剪应力；（b）试件 J2 柱连接板 15 号点剪应力

图 10.17 为试件柱连接板测点 15 剪应力，由图 10.17 可见，当截面剪力小于 150kN 时，连接板的应变基本处于线弹性阶段，试验值均与理论值符合较好。

通过以上试验结果证明，采用现有的焊缝应力计算方法，可以进行波纹腹板 H 形钢梁柱铰接节点设计。

10.3　波纹腹板 H 形钢梁柱刚接节点

10.3.1　节点性能

用于本节试验的波纹腹板 H 形钢型号为 CWA500-200×10，即梁翼缘宽 200mm、厚 10mm，梁腹板高 500mm、厚 2mm，腹板采用的波形与 10.2 中介绍的试件相同。平腹板 H 形钢梁段的截面尺寸为 520mm×250mm×10mm×12mm，H 形钢柱的截面尺寸为 500mm×250mm×10mm×22mm。

两个节点分别采用 10.1.2 节中的两种做法。各节点的连接构造参数如表 10.1 所示。除高强螺栓外，所有钢材均采用 Q235 钢。节点 1 梁腹板和翼缘与 10.2 节中试件 J1 相同，节点 2 梁腹板和翼缘与 10.2 节中试件 J2 相同。

试验采用柱水平放置，梁垂直放置的形式进行加载。在柱的两端使用通过丝杠固定在底槽中的压梁将柱固定，水平反力架将柱两端顶紧，防止滑动。为了限制构件平面外失稳，对试件施加了侧向支撑。试验的加载装置如图 10.18 所示，试验现场布置如图 10.19 所示。

节点试验构造参数统计　　　　　　表 10.1

节点编号	端板厚度 （mm）	连接板厚度 （mm）	10.9 级摩擦型 高强螺栓型号
1	12	18	M16
2	12	10	M16

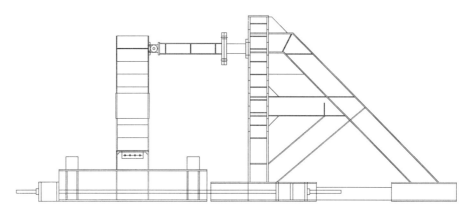

图 10.18　试验加载装置示意图

图 10.19　试验现场布置图

　　量测装置主要包括位移计和应变片，用来测量节点的位移及构件各截面的应力分布状况。位移计和应变片的布置如图 10.20 所示。

　　试验采用千斤顶静力加载，直至试件破坏。

　　两个节点的破坏模式均为波纹腹板 H 形钢梁腹板整体剪切屈服后屈曲，如图 10.21 所示。节点 1 荷载达到 140kN 左右时，荷载位移曲线进入非线性阶段，波纹腹板屈服，荷载达到 165kN 时，波纹腹板发生整体剪切屈曲，承载力下降至峰值的 60% 左右。节点 2 荷载达到 150kN 左右时，荷载位移曲线进入非线性阶段，波纹腹板屈服，荷载达到 200kN 时，波纹腹板发生整体剪切屈曲，承载力下降至峰值的 70% 左右。加载过程中两节点无肉眼可见的破坏，波纹腹板与端板间的双面角焊缝无破坏，梁翼缘与端板间的坡口熔透焊缝无破坏，平腹板梁段与梁端板、柱翼缘之间的连接均无破坏。

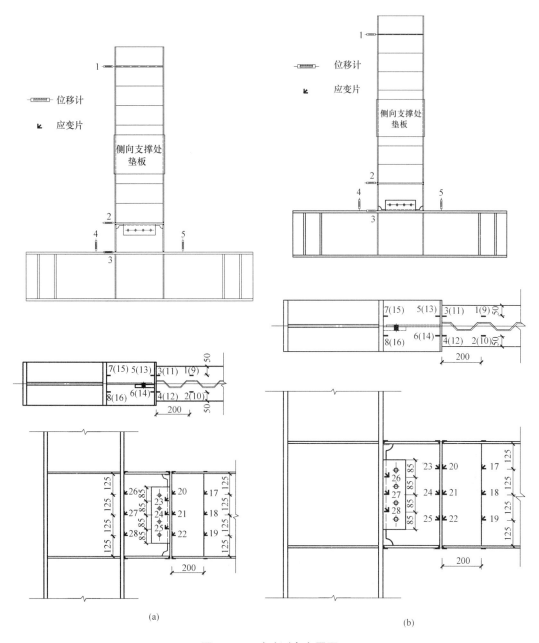

图 10.20　试验测点布置图

（a）节点 1；（b）节点 2

10.3.2　设计方法

1. 节点 1 各截面应力分布

（1）波纹腹板与端板间角焊缝附近应力分布

将波纹腹板与端板间角焊缝附近的 17、18、19 号点所测得的剪应变与距离端板 200mm 处的波纹腹板上 20、21、22 号点所测得的剪应变进行对比，得到如图 10.22 所示

(a) (b)

图 10.21　节点试验后照片

(a) 节点 1 破坏现象；(b) 节点 2 破坏现象

曲线。

由图 10.22 可见，各点在线弹性阶段的剪应变随剪力变化基本一致，可知焊缝附近截面与梁截面的剪应力分布一致，均为沿截面均匀分布。取线弹性阶段的截面平均剪应力实测值与理论值比较，如图 10.23 所示。

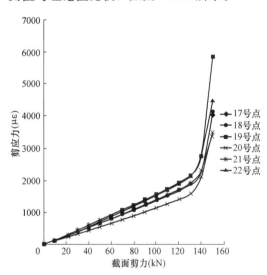

图 10.22　节点 1 梁腹板剪应变分布

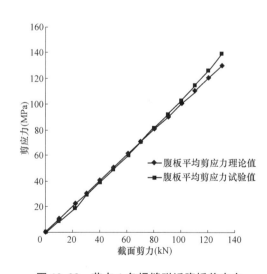

图 10.23　节点 1 角焊缝附近腹板剪应力

由图可见，焊缝附近截面在弹性阶段，腹板的平均剪应力试验值与理论值很接近，因此可以认为在波纹腹板钢梁与端板的连接中，波纹腹板与端板连接的双面角焊缝承受全部剪力，剪力沿截面均匀分布。

(2) 连接板应力分布

在与梁端板连接的连接板上布置了三个应变片检测梁连接板的应力分布状况，剪应变与截面剪力的变化曲线如图 10.24 所示。

从图中可以看出，连接板上各点在荷载作用范围内仍处于弹性阶段，连接板中点的剪应变要明显大于上下各 1/4 处点的剪应变。计算的剪应力与实测值的对比如图 10.25 所示。

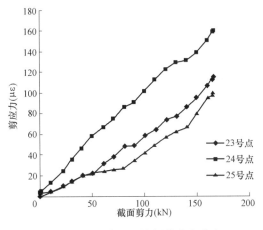

图 10.24　节点 1 连接板剪应变分布　　　图 10.25　节点 1 连接板 23、24 号点剪应力

腹板平均剪应力理论值按照公式 $\tau = \dfrac{VS}{It_w}$ 计算，计算 I、S 时所考虑的截面为连接板与外伸梁段截面组成的组合截面，考虑全截面共同受剪而计算出的剪应力值。从图中 10.25 可以看出，使用该公式计算的剪应力理论值与实测的剪应力试验值符合较好。

（3）平腹板梁段与柱翼缘连接附近应力分布

在平腹板梁段与柱翼缘焊缝附近设置 3 个测点，剪应变与截面剪力的变化曲线如图 10.26 所示。

从图 10.26 可以看出，平腹板上各点在荷载作用范围内仍处于弹性阶段，平腹板板中点的剪应变要明显大于上下各 1/4 处点的剪应变。计算的剪应力与实测值的对比如图 10.27 所示。

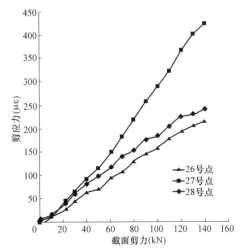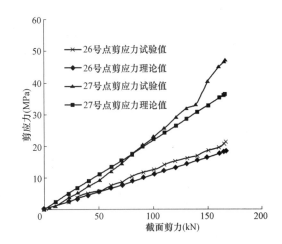

图 10.26　节点 1 平腹板梁段腹板剪应变分布　　　图 10.27　节点 1 平腹板梁段 26、27 号点剪应力

26 号点与 27 号点的剪应力理论值按照公式 $\tau = \dfrac{VS}{It_w}$ 求得。从图 10.27 可以看出，使用该公式计算出的剪应力理论值与实测的剪应力试验值符合较好。

2. 节点 2 各截面应力分布

（1）波纹腹板与端板间角焊缝附近应力分布

将波纹腹板与端板间角焊缝附近的 17、18、19 号点所测得的剪应变与距离端板 200mm 处的波纹腹板上 20、21、22 号点所测得的剪应变进行对比，得到如图 10.28 所示曲线。

由图 10.28 可见，各点在线弹性阶段的剪应变随剪力变化基本一致，可知焊缝附近截面与梁截面的剪应力分布一致，均为沿截面均匀分布。取线弹性阶段的截面平均剪应力实测值与理论值比较如图 10.29 所示。

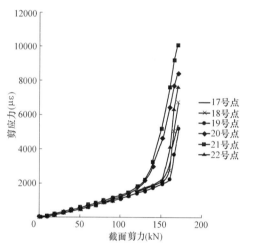

图 10.28　节点 2 梁腹板剪应变分布　　　　图 10.29　节点 2 角焊缝附近腹板剪应力

由图 10.29 可见，在弹性阶段，焊缝附近截面腹板的平均剪应力试验值与理论值接近，因此可以认为在波纹腹板钢梁与端板的连接中，波纹腹板与端板连接的双面角焊缝承受全部剪力，剪力沿截面均匀分布。

（2）平腹板梁段与柱翼缘连接附近应力分布

在平腹板梁段与柱翼缘焊缝附近设置 3 个测点，剪应变与截面剪力的变化曲线如图 10.30 所示。

从图中可以看出，平腹板上各点在荷载作用范围内仍处于弹性阶段，平腹板板中点的剪应变要明显大于上下各 1/4 处点的剪应变。计算的剪应力与实测值的对比如图 10.31 所示。

24 号点与 25 号点的剪应力理论值按照公式 $\tau = \dfrac{VS}{It_w}$ 求得，从图 10.31 中可知，使用该公式计算出的剪应力理论值与实测的剪应力试验值符合较好。

（3）连接板应力分布

在与柱翼缘连接的连接板上布置了三个应变片检测梁连接板的应力分布状况，剪应变与截面剪力的变化曲线如图 10.32 所示。

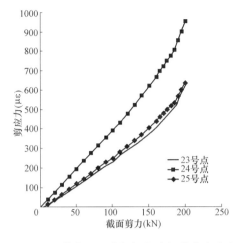

图 10.30 节点 2 平腹板梁段腹板剪应变分布

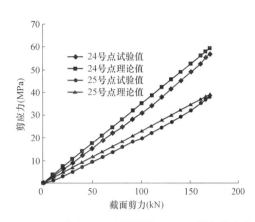

图 10.31 节点 2 平腹板梁段 24、25 号点剪应力

从图 10.32 可以看出，连接板上各点在荷载作用范围内仍处于弹性阶段，连接板中点的剪应变要明显大于上下各 1/4 处点的剪应变。计算的剪应力与实测值的对比得如图 10.33 所示。

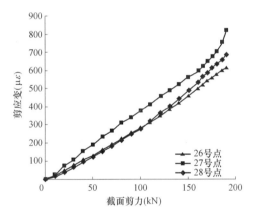

图 10.32 节点 2 连接板剪应变分布

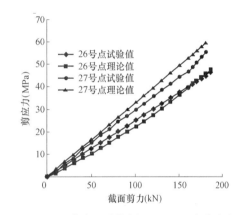

图 10.33 节点 2 连接板 26、27 号点剪应力

26 号点与 27 号点的剪应力理论值按照公式 $\tau = \dfrac{VS}{It_w}$ 求得，计算 I、S 时所考虑的截面为连接板与外伸梁段截面组成的组合截面，考虑全截面共同受剪而计算出的剪应力值。从图 10.33 可知，使用该公式计算出的剪应力理论值与实测的剪应力试验值符合较好。

10.4 波纹腹板 H 形钢梁柱螺栓端板连接节点

10.4.1 节点性能

1. 试验研究

焊接 H 形钢柱截面为 500mm×240mm×16mm×24mm。波纹腹板梁与 10.2 试件相同，梁柱节点端板厚度为 20mm，采用 10.9 级 M20 摩擦型高强螺栓，节点的几何尺寸如图 10.34 所示。为研究腹板波折对节点受力性能的影响，波纹腹板 H 形钢梁与端板连接处腹板的断点选在波形的最高点，即两列螺栓并不关于波纹腹板对称，两列螺栓与波纹腹板的距离不同。

节点梁翼缘与梁端板通过全熔透对接焊缝焊接，波纹腹板与梁端板通过双面角焊缝焊接，梁端板与柱翼缘通过高强螺栓连接。除高强螺栓外，所有钢材均采用 Q235 钢。试件钢梁腹板和翼缘的材性实测结果同 10.2 节；两个试件端板的材性实测结果为：试件 J1-屈服强度 $f_y = 303$MPa，抗拉强度 $f_u = 435$MPa，伸长率 $\delta = 34.7\%$；试件 J2-屈服强度 $f_y = 281$MPa，抗拉强度 $f_u = 434$MPa，伸长率 $\delta = 35.5\%$。

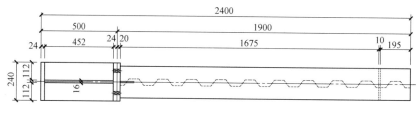

(a)

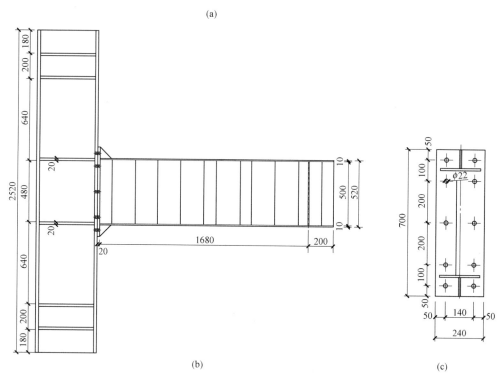

(b)　　　　　　　　　　　　　　　　　(c)

图 10.34　试件几何尺寸示意图

(a) 平面尺寸图；(b) 立面尺寸图；(c) 端板尺寸图

试验的加载装置如图 10.35 所示，H 形钢柱水平放置，波纹腹板 H 形钢梁垂直放置，柱两端用压梁通过锚杆固定在试验台座上，同时，柱两端水平顶紧，防止滑动。为防止梁发生整体失稳，在梁中段设置垫板，施加水平支撑。固定在水平反力架上的液压千斤顶通过压梁和销轴和波纹腹板 H 形钢梁连接，对试件施加水平荷载，直至试件破坏。试验现场布置如图 10.36 所示。

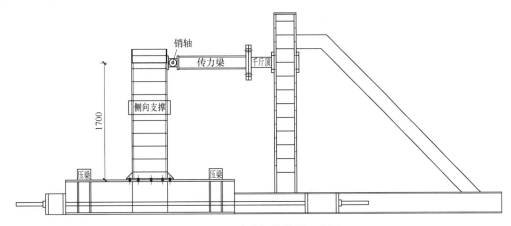

图 10.35 试验加载装置示意图

(a)

(b)

图 10.36 试验安装现场照片

(a) J1；(b) J2

加载每 10kN 为一级；进入塑性后，连续加载至构件屈曲或出现过大变形即视为破坏。实际控制时根据测点反馈，对分级加载上限进行调整。

量测装置主要包括位移计和应变片，用来测量节点的位移及构件各截面的应力分布。在梁端支座处设置压力传感器，测量支座处的竖向压力。试验中监测了加载点和支座处的位移，其中，位移计 1、2 分别测量加载点和端板的水平位移，位移计 3、4 测量柱加劲肋两侧各 100mm 处柱翼缘的竖向位移，以监测柱可能发生的刚性转动。位移计的测点布置见图 10.37a；试验中使用应变片量测了螺栓的拉应变，每个螺栓布置两个应变片，螺栓编号见图 10.37b。

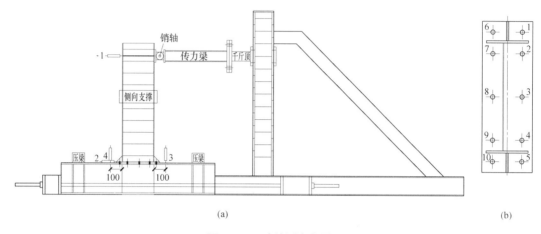

图 10.37　试件测点布置图

（a）位移测点布置；（b）应变测点布置

图 10.38　螺栓应变片安装示意图

每个螺栓在螺栓杆上对称地开两个槽，槽深度 1mm，宽度 5mm，长度保证应变片位置在每个试件的端板和柱翼缘的中间；在槽底放置应变片，表面用树脂覆盖加以保护；在螺栓头对应槽的位置各开一个直径 2mm 的孔，用以引出导线，如图 10.38 所示。在试件安装过程中，保证每个螺栓上的两个应变片连线垂直于梁翼缘，这样可以测出螺栓截面的最大和最小应变，每个螺栓取其两个应变片测量的平均值作为该螺栓轴向应变值，以计算螺栓拉力。

2 个试件的破坏模式均为波纹腹板 H 形钢梁腹板剪切屈服后屈曲，如图 10.39 所示。对于试件 1，当荷载达到约 230kN 时，位移约为 1.6mm，波纹腹板屈服；当荷载达到约 250kN 时，在加载点处出现较为明显的竖向位移，荷载达到 290kN 时，试件产生巨响，波纹腹板发生剪切屈曲，承载力下降至峰值的 60% 左右，随即卸载。对于试件 2，当荷载达到 250kN 左右时，位移约为 2.5mm，波纹腹板屈服，当荷载达到约 270kN 时，在加载点处出现较为明显的竖向位移，荷载达到 311kN 时，试件产生巨响，波纹腹板发生剪切屈曲，承载力下降至峰值的 60% 左右。加载过程中两节点均无肉眼可见的破坏，端板均未观察到肉眼可见的变形，波纹腹板与端板间的双面角焊缝无破坏。两个试件的加载过程基本相同,屈服荷载和极限荷载较为接近,破坏模式相同。

(a)   (b)

图 10.39 节点试验后照片

(a) 节点 1 破坏现象;(b) 节点 2 破坏现象

试件弯矩-转角曲线如图 10.40 所示。试验结果见表 10.2。其中,弯矩值为端板与柱翼缘界面处的外加弯矩值,转角为梁柱轴线夹角相对于无荷载时的改变值。加载值两试件的曲线在线性阶段基本一致,屈服荷载和峰值荷载不同的原因主要是两试件非同批次加工,材料性能指标存在差异。

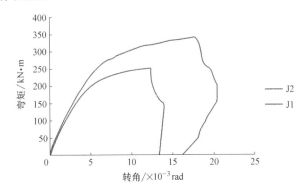

图 10.40 试件弯矩-转角曲线

试验结果   表 10.2

试件	屈服弯矩 (kN·m)	极限弯矩 (kN·m)	破坏转角 (10^{-3} rad)
J1	195	251	12.2
J2	265	340	17.6

2. 有限元分析

采用大型通用有限元计算软件 ABAQUS/Standard 对试件进行了建模、分析与计算。

在建立模型过程中，对于节点的所有组成部分，均采用实体单元 C3D8（8 节点六面体二次积分单元），划分单元结果如图 10.41 所示，螺栓单元划分如图 10.42 所示。

模型边界条件与试验的边界条件一致，为柱两端截面的 2 个位移约束，并对梁施加面外约束，避免梁的整体失稳。

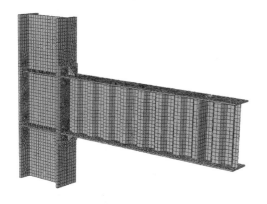 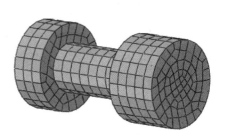

图 10.41　节点有限元分析模型　　　　　图 10.42　螺栓网格划分示意图

试件 J2 的弯矩-转角曲线与有限元计算所得的弯矩-转角曲线如图 10.43 所示，由图 10.43 可知，有限元计算得到的曲线在线性阶段与试验曲线较为吻合，即有限元模型能较为精确地模拟节点在弹性阶段的受力性能。

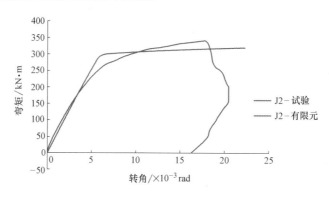

图 10.43　J2 弯矩-转角曲线与有限元对比

10.4.2　设计方法

平腹板 H 形钢梁柱端板螺栓连接节点设计多采用刚性端板模型或 T 形连接件模型，我国《钢结构高强度螺栓连接的设计、施工及验收规程》[10.6] 对高强螺栓的拉力分布采用刚性端板模型，我国《门式刚架轻型房屋钢结构技术规程》[10.7] 对端板厚度的计算采用 T 形连接件模型。

我国《钢结构高强度螺栓连接的设计、施工及验收规程》[10.6] 假定螺栓受力线性分布且中和轴为螺栓群的形心轴，通过降低螺栓抗拉设计强度来考虑撬力的不利影响。如图 10.44 所示，将端板视为无弯曲变形的刚性体，在弯矩 M 作用下，由于高强螺栓预拉力很大，被连接构件的接触面一直保持紧密贴合。中和轴在截面高度中央，可以认为就在螺栓群形心轴线上。因此，受力最大的最上端螺栓拉力可按下列公式计算

$$N_t^1 = M y_1 / (m \sum y_i^2) \tag{10.4}$$

其中，y_1 为螺栓群中和轴至最大拉力螺栓的距离，y_i 为每列第 i 个螺栓至中和轴的距离，m 为螺栓列数。

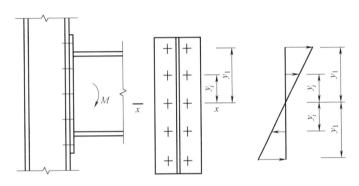

图 10.44 刚性端板模型

对单个高强螺栓进行受力分析时可借鉴 T 形连接的计算方法[10.8]，如图 10.45 所示。高强螺栓在外力作用前，已经有预拉力 P，它和构件与 T 形件翼缘接触面的挤压力 C 相平衡，即

$$C = P \tag{10.5}$$

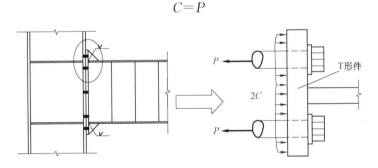

图 10.45 T 形连接件

螺栓在外力 N_t 作用后，使螺栓拉力由 P 增加至 P_t，而板件间的挤压力却由 C 减小为 C_f（见图 10.46），于是有

$$P_f = N_t + C_f \tag{10.6}$$

由变形协调关系

$$P_f = P + N_t / (A_p / A_b + 1) \tag{10.7}$$

式中 A_b——螺栓杆截面面积；

A_p——构件挤压面面积。

通常螺栓杆周围的压缩面积比螺栓杆截面面积大得多，取 $A_p / A_b = 10$，当构件正好被拉开时，$P_f = N_t$。代入得

$$P_f = 1.1P \tag{10.8}$$

可见，当外力 N_t 把连接构件拉开时，螺栓杆的拉力增量，最多为其预拉力的 10%。为了避免端板式高强螺栓连接板件接触面间被拉开，规范规定每个摩擦型高强螺栓的抗拉设计承载力不得大于 $0.8P$。

如果 N_t 取 $0.8P$，代入式（10.7），则 $P_f = 1.07P$。这样，螺栓在达到设计承载拉力之前，拉力增量最多为 7%，显然变化不大，可以认为螺栓杆内原预拉力基本不变。即

$$N_u = My_1 / (m\sum y_i^2) \leqslant 0.8P \tag{10.9}$$

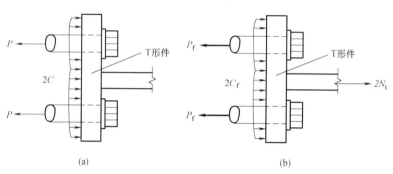

图 10.46　高强螺栓受拉 T 形件模型

(a) 高强螺栓施加预拉力；(b) 高强螺栓受外拉力

端板连接的破坏形式取决于螺栓和端板之间的相对强弱关系，以 T 形件为例：单个螺栓布置的 T 形连接有三种可能的破坏机制（假定 T 形连接的腹板强度足够），分别是：翼缘在根部和螺栓位置处屈服（图 10.47a），翼缘根部屈服同时螺栓失效（图 10.47b），螺栓失效（图 10.47c）[10.9]。

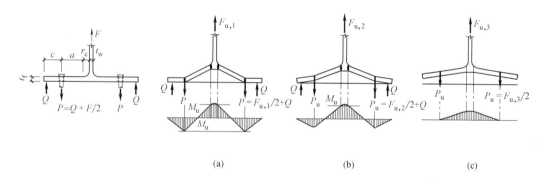

图 10.47　T 形连接的破坏机制

(a) 破坏 1；(b) 破坏 2；(c) 破坏 3

我国《门式刚架轻型房屋钢结构技术规程》[10.7]以图 10.47b 中的破坏模式（螺栓失效同时端板屈服）作为临界状态，采用屈服线理论，根据不同端板的支承条件，对端板厚度的确定做出了规定。

如图 10.48 所示，波纹腹板 H 形钢梁柱端板螺栓连接节点中，端板的外伸部位边界条件为两边（直角）支承。对于翼缘内侧的端板，由于波纹腹板轴向刚度很小[10.10]，可不考虑其对端板的支撑，因此翼缘内侧的端板的边界条件可认为是两边（平行）支承。

则端板厚度可按下列公式确定：

外伸部位

$$t \geqslant \sqrt{\frac{6e_f e_w / N_t}{[e_w b + 2e_f(e_f + e_w)]f}}$$ (10.10)

翼缘内侧

$$t \geqslant \sqrt{\frac{6e_f a N_t^1}{b(e_f + a)f}}$$ (10.11)

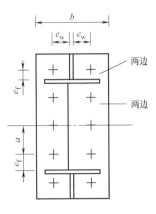

图 10.48 端板支撑条件

式（10.10）、式（10.11）中，N_t 为端板外伸部位高强螺栓的拉力设计值，N_t^1 为当端板外伸部位的高强螺栓拉力为设计值时，对应的翼缘内侧螺栓拉力值；e_w、e_f 分别为螺栓中心至腹板和翼缘板表面的距离，a 为端板内侧螺栓到螺栓群中心轴的距离；b 为端板的宽度，f 为端板钢材抗拉强度设计值。

由式（10.3），推导得

$$M = N_u(m \sum y_i^2) / y_1$$ (10.12)

将 $N_u = 0.8P$ 代入式（10.12）中，得到 J1、J2 的设计弯矩 M 为 174kN·m。根据式（10.8）可得 6 号螺栓拉力的理论值。将设计弯矩 M 下 6 号螺栓拉力的试验值、有限元计算值和理论值列表，如表 10.3 所示。

6 号螺栓拉力的试验值和有限元计算值对比　　　　　　　　　表 10.3

试件	理论值 （kN）	试验值 （kN）	有限元计算值 （kN）
J1	166	167.1	156.6
J2	166	163.9	156.4

2 个试件中，设计弯矩下 6 号螺栓拉力试验值和有限元计算值与理论值很接近。有限元计算值略偏小的原因主要是有限元计算中端板与柱翼缘面贴合紧密，螺栓杆周围的压缩面积与螺栓杆截面面积比理论假设的 10 更大。

对于 J2 的有限元分析，在外加弯矩为 174kN·m（设计弯矩）时，端板的 Mises 应力分布如图 10.49（a）所示，由图中可以看出，端板未屈服。继续加大外加弯矩，至端板外伸部位和翼缘内侧部位屈服，屈服弯矩如表 10.4 所示。端板的 Mises 应力分布如图 10.49（b）和图 10.49（c）所示，可知在螺栓承载力控制的设计弯矩作用下，端板未屈服，端板的屈服弯矩大于螺栓设计承载力控制的节点设计弯矩。因此，端板厚度计算公式安全。

端板屈服弯矩　　　　　　　　　　　　　　　　　　　表 10.4

部位	理论屈服弯矩 （kN·m）	有限元计算屈服弯矩 （kN·m）
外伸部位	253	265
翼缘内侧	265	289

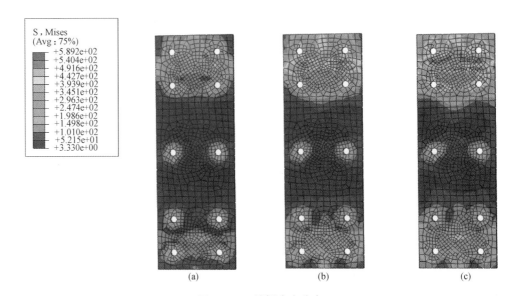

图 10.49 端板应力分布

(a) 外加弯矩 174kN・m；(b) 外加弯矩 265kN・m；(c) 外加弯矩 289kN・m

10.5 波纹腹板 H 形钢梁拼接节点

10.5.1 节点性能

1. 试验研究

进行了 2 个平梁端板螺栓拼接节点和 2 个斜梁端板螺栓拼接节点性能试验研究。

试验中梁采用的波纹腹板 H 形钢规格为 CWA500-200×10，即梁翼缘宽 200mm、厚 10mm，梁腹板高 500mm、厚 2mm，腹板波纹尺寸见图 10.6。节点梁翼缘与梁端板通过全熔透对接焊缝焊接，波纹腹板与梁端板通过双面角焊缝焊接，两侧梁端板通过高强螺栓连接。除高强螺栓外，所有钢材均采用 Q235 钢，材性试验结果见表 10.5。高强螺栓按照《钢结构设计规范》GB 50017—2003[10.3]的规定施加预拉力。为研究腹板波折对节点受力性能的影响，平梁拼接节点中波纹腹板 H 形钢梁与端板连接处腹板的断点选在波形的最高点，即两列螺栓并不关于波纹腹板对称，两列螺栓与波纹腹板的距离不同。此外，端板两侧的波纹腹板的断点偏离轴线的方向分别选取同侧和异侧两种情况。斜梁拼接节点中波纹腹板 H 形钢梁与端板连接处腹板的断点随机。试件的几何尺寸如图 10.50、图 10.51 所示，图 10.50（a）中所示为平梁波纹腹板断点偏离轴线方向为异侧。各节点的端板厚度、高强螺栓型号和端板两侧波纹腹板的断点偏离轴线的方向如表 10.6 所示。

	材性试验结果			表 10.5
试件厚度（mm）	取样位置	屈服强度 f_y（MPa）	抗拉强度 f_u（MPa）	伸长率（%）
2	波纹腹板	244	394	34.7
10	梁翼缘	297	413	35.7
16	端板	292	424	35.2

试件编号	节点类型	端板厚度 mm	两侧腹板断点 偏离轴线方向	摩擦型高强 螺栓型号
J1	平梁拼接	16	异侧	10.9 级 M16
J2	平梁拼接	16	同侧	10.9 级 M16
J3	斜梁拼接	16	随机	10.9 级 M16
J4	斜梁拼接	16	随机	10.9 级 M16

节点试件构造参数统计 表 10.6

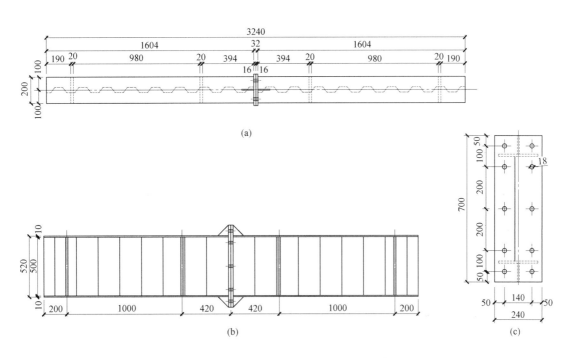

图 10.50 平梁拼接节点试件几何尺寸示意图
(a) 平面尺寸图；(b) 立面尺寸图；(c) 端板尺寸图

试验的加载装置如图 10.52 所示，通过分配梁实现两个加载点同步加载，为防止梁发生整体失稳，在梁中段设置垫板，施加侧向支撑。固定在龙门架上的液压千斤顶对试件施加竖向荷载，直至试件破坏。试验现场布置如图 10.53 所示。

量测装置主要包括位移计和应变片，用来测量节点的位移及构件各截面的应力分布。在梁端支座处设置压力传感器，测量支座处的竖向压力。试验中监测了加载点和支座处的位移，其中，位移计 1、2 分别测量支座处的竖向位移，位移计 3、4 测量加载点的竖向位移，位移计 5 测量节点处的竖向位移。位移计的测点布置见图 10.54a；试验中使用应变片量测了螺栓的拉应变，每个螺栓布置两个应变片，螺栓编号见图 10.54b。

4 个试件的破坏模式均为波纹腹板 H 形钢梁腹板剪切屈服后屈曲，如图 10.55 所示。对于 J1 和 J2，当荷载达到约 150kN 时，位移约为 5.3mm，波纹腹板屈服；荷载达到 190kN 时，试件产生巨响，波纹腹板发生剪切屈曲，承载力下降至峰值的 60% 左右，随即卸载。对于 J3 和 J4，当荷载达到约 155kN 时，位移约为 5mm，波纹腹板屈服；荷载

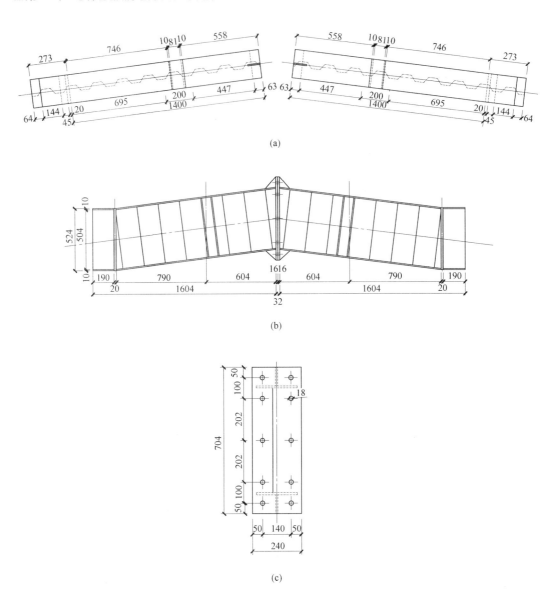

图 10.51　斜梁拼接节点试件几何尺寸示意图

(a) 平面尺寸图；(b) 立面尺寸图；(c) 端板尺寸图

达到 200kN 时，试件产生巨响，波纹腹板发生剪切屈曲，承载力下降至峰值的 60% 左右，随即卸载。加载过程中 4 个节点均无肉眼可见的破坏，端板均未观察到肉眼可见的变形，波纹腹板与端板间的双面角焊缝无破坏。平梁节点的两个试件的加载过程基本相同，屈服荷载和极限荷载较为接近，破坏模式相同；斜梁节点的两个试件的加载过程基本相同，屈服荷载和极限荷载较为接近，破坏模式相同。

试件弯矩-转角曲线如图 10.56 所示。试验结果见表 10.7。其中，荷载值为每个加载点分配的荷载值，即千斤顶外加荷载值的一半，位移为两个加载点位移（即位移测点）的平均值。J1、J2 的曲线在线性阶段基本一致，非线性阶段略有差异；J3、J4 的曲线在线性阶段和非线性阶段吻合度均较高。

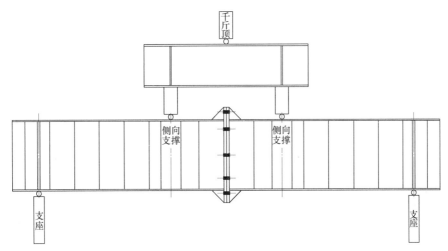

图 10.52 试验加载装置示意图

(a)

(b)

图 10.53 试验安装现场照片

（a）平梁节点；（b）斜梁节点

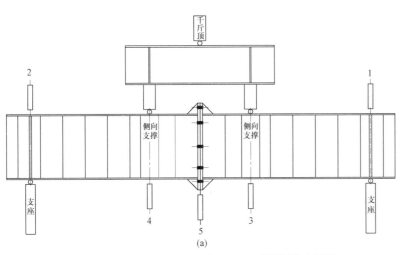

(a)

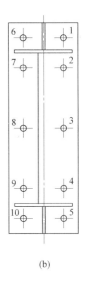

(b)

图 10.54 试件测点布置图

（a）位移测点布置；（b）应变测点布置

图 10.55　节点试验后照片

（a）J1 破坏现象；（b）J2 破坏现象；（c）J3 破坏现象；（d）J4 破坏现象

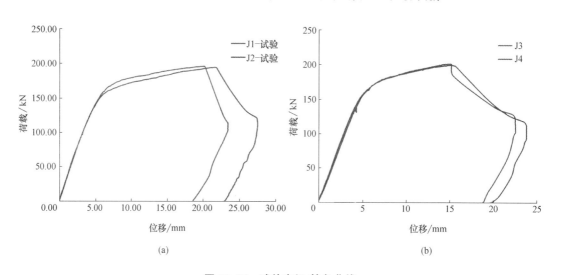

图 10.56　试件弯矩-转角曲线

（a）平梁弯矩转角曲线；（b）斜梁弯矩转角曲线

试验结果				表 10.7
试件	屈服荷载 （kN）	极限荷载 （kN）	屈服荷载对应位移 （mm）	极限荷载对应位移 （mm）
J1	151	195	5.3	22.5
J2	147	194	5.3	21.5
J3	156	201	5.0	14.7
J4	156	201	5.0	15.0

2. 有限元分析

采用大型通用有限元计算软件 ABAQUS/Standard 对试件进行了建模、分析与计算。

在建立模型过程中，对于节点的所有组成部分，均采用实体单元 C3D8（8 节点六面体二次积分单元），划分单元结果如图 10.57 所示。

模型边界条件与试验的边界条件一致，为梁两端支座截面的简支位移约束，并对梁施加侧向约束，避免梁的整体失稳。

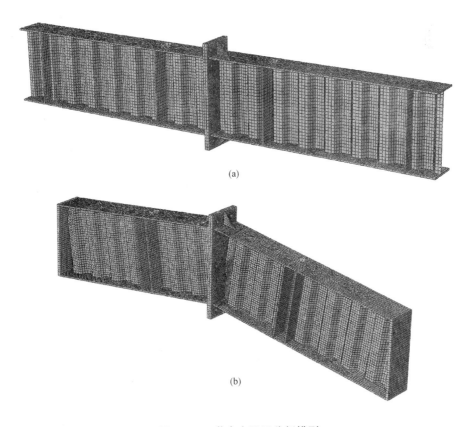

(a)

(b)

图 10.57 节点有限元分析模型

（a）平梁有限元模型；（b）斜梁有限元模型

各试件的荷载-位移曲线试验结果与有限元计算结果对比如图 10.58 所示。由图 10.58 可知，有限元计算得到的曲线与试验曲线较为吻合，有限元模型能较为精确地模拟试验节点的受力性能。

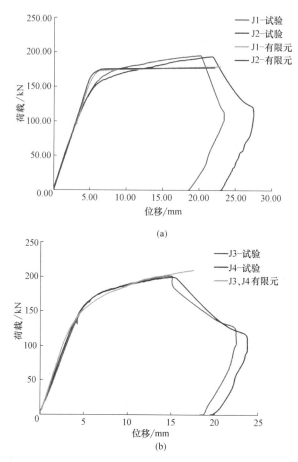

图 10.58 荷载-位移曲线与有限元对比

（a）平梁荷载-位移曲线与有限元对比；（b）斜梁荷载-位移曲线与有限元对比

10.5.2 设计方法

波纹腹板 H 形钢梁梁拼接节点的设计方法与波纹腹板 H 形钢梁梁柱螺栓端板连接节点的设计方法相同，参见 10.4.2 节。

将设计弯矩（$M=139$kN·m）下节点 6 号螺栓拉力的试验值、有限元计算值和理论模型计算值列表，如表 10.8 所示。

节点试件 6 号螺栓拉力的试验值与计算值对比			表 10.8
试件	试验值（kN）	理论模型计算值（kN）	有限元计算值（kN）
J1	111.3	107	106.2
J2	110.2	107	106.3
J3	111.5	107	107.1
J4	109.6	107	107.1

4 个试件中，设计承载弯矩下，6 号螺栓拉力试验值与有限元计算值和理论模型计算值均很接近。试验值略偏大的原因主要是实际试验构件中端板不能完全紧密贴合，存在一定空隙，螺栓杆周围的压缩面积与螺栓杆截面面积比理论假设的 10 更小。

对 J1、J3 试件进行有限元分析，在设计外加弯矩 136kN·m 下，端板的 Mises 应力分布如图 10.59（a）、图 10.60（a）所示，可见试件端板未屈服，因此端板厚度计算公式安全。继续加大外加弯矩，至端板外伸部位和翼缘内侧部位屈服，屈服弯矩如表 10.9 所示。端板的 Mises 应力分布如图 10.59（b）、图 10.60（b）和图 10.59（c）、图 10.60（c）所示。

端板屈服弯矩　　　　　　　　　　　　　　表 10.9

部位	理论屈服弯矩 （kN·m）	有限元计算屈服弯矩 （kN·m）
外伸部位	253	265
翼缘内侧	265	289

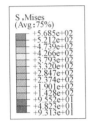 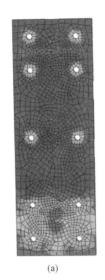 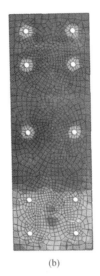 

(a) (b) (c)

图 10.59　J1 端板应力分布

（a）外加弯矩 136 kN·m；（b）外加弯矩 171kN·m；（c）外加弯矩 182kN·m

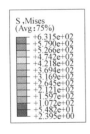 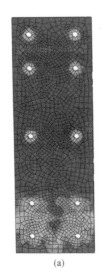  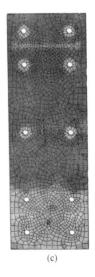

(a) (b) (c)

图 10.60　J3 端板应力分布

（a）外加弯矩 136 kN·m；（b）外加弯矩 171kN·m；（c）外加弯矩 182kN·m

10.6　波纹腹板 H 形钢主次梁铰接节点性能研究

10.6.1　节点性能

通过试验研究节点受力性能，设计相同的 2 个试件相互对照，主梁采用的波纹腹板 H 形钢型号为 CWA800-300×10，即梁翼缘宽 300mm、厚 10mm；梁腹板高 800mm、厚 2mm；次梁采用的波纹腹板 H 形钢型号为 CWA400-200×10，即梁翼缘宽 200mm、厚 10mm，梁腹板高 400mm、厚 2mm；主次梁连接贴板厚 6mm。所有钢材均采用 Q235B 钢，实测材性见表 10.10，试件几何尺寸见图 10.61。

		材性试验结果	表 10.10
试件厚度 （mm）	屈服强度 σ_y （MPa）	抗拉强度 σ_u （MPa）	伸长率 （%）
2	320	457	38.5
6	292	426	40.5
10	278	428	40.5

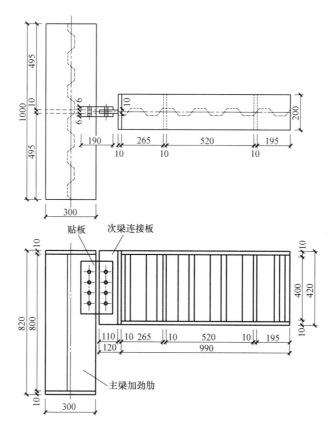

图 10.61　试件几何尺寸示意图

试验的加载装置如图 10.62 所示,通过两端有锚杆的压梁将主梁固定在试验台座上,以限制主梁梁端的竖向位移和扭转。通过固定在龙门架上的液压千斤顶对次梁施加竖向荷载,从而在次梁中产生剪力。试验现场布置如图 10.63 所示。

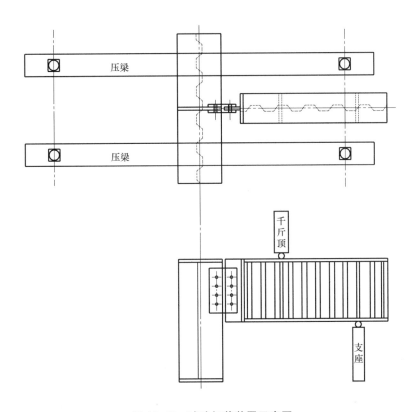

图 10.62 试验加载装置示意图

量测装置主要包括位移计和应变片,用来测量节点的位移及构件各截面的应力分布状况。试验中监测了加载点和支座处的位移,其中,位移计 a、b、c 分别测量加载点和支座的竖向位移,位移计 d 测量支座的水平位移。位移计的测点布置见图 10.64(a);试验中使用直角应变花量测了试件各截面的应变分布,应变测点布置见图 10.64(b)。

两个节点的破坏模式均为波纹腹板 H 形钢次梁腹板剪切屈服后屈曲。节点 1 的外加荷载达到 270kN 左右时,波纹腹板屈服,荷载达到 326kN 时,次梁的波纹腹板发生剪切屈曲,翼缘也有明显变形,承载力下降至 290kN 左右,继续缓慢加载,位移增长速度加快,当位移达到 65mm 左右时,试件不能继续承载,破坏状态如图 10.65

图 10.63 试验安装现场照片

223

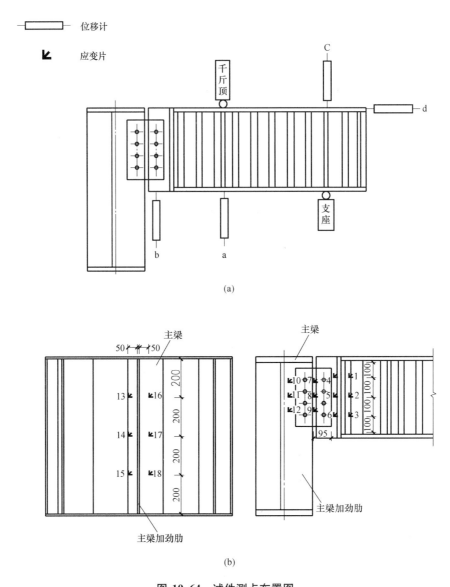

图 10.64　试件测点布置图

（a）位移测点布置；（b）应变测点布置

所示。节点 2 的外加荷载达到 265kN 左右时，波纹腹板屈服，荷载达到 334kN 时，次梁的波纹腹板发生剪切屈曲，翼缘也有明显变形，承载力下降至 300kN 左右，继续缓慢加载，位移增长速度加快，当位移达到 42mm 左右时，试件不能继续承载，破坏状态如图 10.66 所示。加载过程中除波纹腹板外两节点均无肉眼可见的破坏，端板未观察到肉眼可见的变形，梁连接板和 2 片贴板无肉眼可见的破坏，次梁的波纹腹板与端板间的双面角焊缝无破坏。

　　2 个节点的荷载位移曲线如图 10.67 所示，试件的屈服荷载、极限荷载和破坏位移如表 10.11 所示。由图可见，相对于节点 2，节点 1 的延性稍差，其原因可能是节点 2 次梁的波纹腹板加工时存在一定的初始缺陷。

图 10.65 节点 1 试验照片

图 10.66 节点 2 试验照片

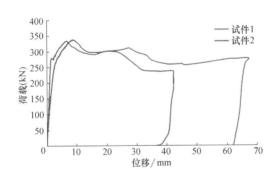

图 10.67 节点荷载位移曲线

试验结果 表 10.11

试件	屈服荷载 （kN）	极限荷载 （kN）	破坏位移 （mm）
1	270	326	67
2	265	334	42

图 10.68、图 10.69 所示曲线为波纹腹板与端板间角焊缝邻近截面的 1、2、3 号点的剪应力在线性阶段的分布情况：

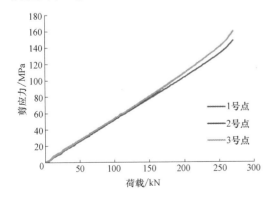

图 10.68 节点 1 梁腹板剪应力分布

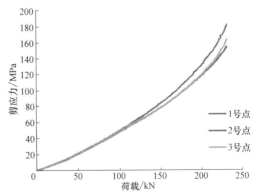

图 10.69 节点 2 梁腹板剪应力分布

由图 10.68、图 10.69 可见，两个节点的位于波纹腹板与端板间角焊缝邻近截面的 1 号点、2 号点、3 号点剪应变基本一致，这证明波纹腹板与端板间角焊缝邻近截面的剪力沿截面均匀分布。

计算 3 个测点的剪应变平均值，可得截面的平均剪应力。

波纹腹板 H 形钢梁的截面剪力主要由波纹腹板承担，且剪力沿波纹腹板近似均匀分布。则梁截面的剪应力设计值为：

$$\tau = \frac{V}{h_w t_w} \tag{10.13}$$

图 10.70、图 10.71 分别为节点 1、2 的次梁腹板平均剪应力的理论值与试验值曲线。由图 10.70、图 0.71 可见，在弹性阶段，焊缝邻近截面腹板的平均剪应力试验值与理论值接近，最大相差约 10%，因此可以认为在波纹腹板钢梁与端板的连接中，波纹腹板与端板连接的单面角焊缝承受全部剪力，剪力沿截面均匀分布。

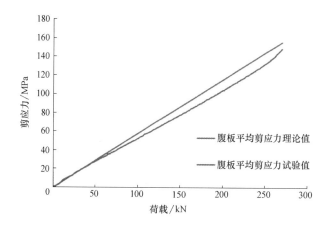

图 10.70　节点 1 角焊缝附近腹板剪应力

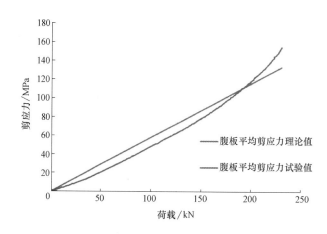

图 10.71　节点 2 角焊缝附近腹板剪应力

试验中，在两个节点次梁连接板与端板连接角焊缝附近布置了 3 个测点来测量梁连接板的剪力分布，将剪应力随剪力变化的曲线进行对比，如图 10.72、图 10.73 所示。

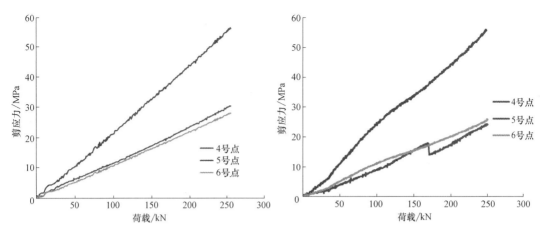

图 10.72　节点 1 次梁连接板剪应力分布　　　图 10.73　节点 2 次梁连接板剪应力分布

由图 10.72、图 10.73 可见，5 号点剪应力约为 4、6 号点剪应力的 2 倍，取 5 号点作为计算参考点，剪应力理论值计算公式为：

$$\tau = \frac{VS}{It_w} \tag{10.14}$$

图 10.74、图 10.75 分别为节点 1、2 的 5 号点剪应力的理论值与试验值曲线，从中可知，当截面剪力小于 250kN 时，连接板的应变基本处于线弹性阶段，试验值均与理论值符合较好，说明用理论公式计算可以准确预测这种节点焊缝处的剪应力。

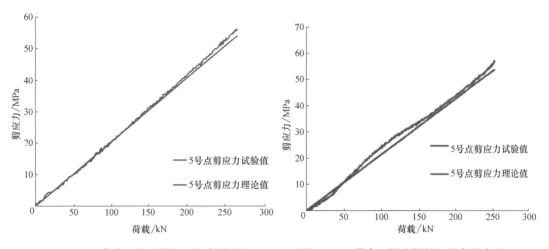

图 10.74　节点 1 梁连接板 5 号点剪应力　　　图 10.75　节点 2 梁连接板 5 号点剪应力

在节点 1 的主梁加劲肋靠近螺栓孔区域布置三个应变测点，以考察加劲肋靠近螺栓孔附近的应力分布。节点 1 的 10 号点、11 号点与 12 号点的剪应力曲线如图 10.76 所示。可以看出，此区域的剪应力较小，并无应力集中现象，这主要是由于主梁加劲肋较高较厚，因此按照构造设置主梁加劲肋即可满足次梁的传力需求，无需进行计算。

两节点的主梁加劲肋两侧的波纹腹板上均匀布置 3 个应变测点，以考察次梁剪力传递到主梁之后主梁波纹腹板的应力分布，两节点的 13 号点、14 号点、15 号点、16 号点、17 号点与 18 号点的剪应变曲线分别如图 10.77、图 10.78 所示。可以看出，沿主梁腹板高度方向剪应变基本上均匀分布。

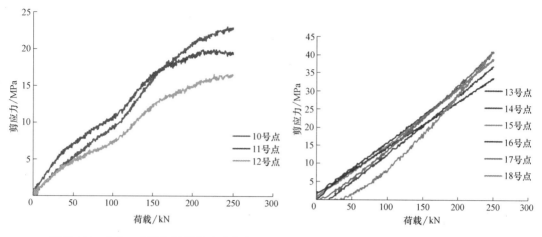

图 10.76　节点 1 主梁加劲肋剪应力分布　　　图 10.77　节点 1 主梁截面剪应力分布

取 15 号点作为计算参考点，剪应力理论值计算公式为：

$$\tau = \frac{V}{S} \tag{10.15}$$

图 10.79、图 10.80 分别为节点 1、2 的 8 号点剪应力的理论值与试验值曲线。由图 10.78、图 10.79 可见，当截面剪力小于 250kN 时，加劲肋附近的主梁波纹腹板的应变基本处于线弹性阶段，试验值均与理论值符合较好。

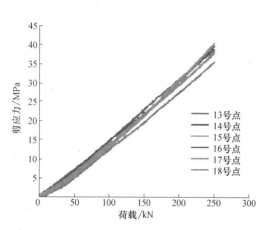

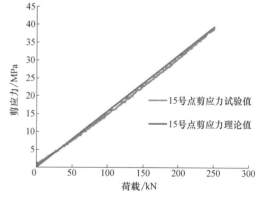

图 10.78　节点 2 主梁截面剪应力分布　　　　图 10.79　节点 1 主梁 15 号点剪应力

10.6.2　设计方法

基于试验结果和理论公式，提出波纹腹板 H 形钢主次梁铰接节点各部件的承载力设计公式。

1. 次梁连接板承载力

次梁连接板承担次梁传递的剪力，并通过贴板和高强螺栓将剪力传递给主梁加劲肋，次梁连接板的抗剪承载力应按下式验算：

$$V = \frac{f_v I_l t_l}{S_l} \qquad (10.16)$$

式中 V——次梁连接板截面设计剪力；

$\quad\quad f_v$——次梁连接板板钢材的抗剪
强度；

I_l、t_l、S_l——次梁连接板的截面主轴惯性
矩、厚度和截面中点面积矩。

根据式 10.15，计算可得试件的次梁
连接板抗剪承载力为 449kN，折算为外加
荷载为 746kN。

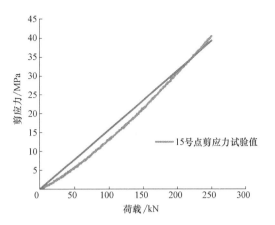

图 10.80 节点 2 主梁 15 号点剪应力

2. 贴板承载力

贴板与高强螺栓将次梁连接板传递的
剪力传递给主梁加劲肋，贴板的抗剪承载
力应按下式验算：

$$V = \frac{f_v I_t t_t}{S_t} \qquad (10.17)$$

式中，V——贴板截面设计剪力；

$\quad\quad f_v$——贴板钢材的抗剪强度设计值；

I_t、t_t、S_t——分别为贴板的惯性矩、厚度和面积矩。

根据式 10.16，计算可得试件的贴板抗剪承载力为 202kN，折算为外加荷载
为 672kN。

3. 高强螺栓群承载力

高强螺栓群与贴板将次梁连接板传递的剪力传递给主梁加劲肋，高强螺栓群的抗剪承
载力应按下式验算[10.3]：

$$V = n V_V^b \qquad (10.18)$$

式中，V——高强螺栓群截面设计剪力；

$\quad\quad n$——高强螺栓的个数；

$\quad\quad V_V^b$——一个高强螺栓的抗剪承载力。

根据式 10.17，计算可得试件的高强螺栓群抗剪承载力为 324kN，折算为外加荷载
为 538kN。

4. 次梁承载力

在钢框架中，次梁主要承担并传递压型钢板或檩条传递的屋面或楼面荷载，根据《波
纹腹板钢结构技术规程》[10.1]，次梁的抗剪承载力应按下列公式验算：

$$V \leqslant f_v h_w t_w \qquad (10.19)$$

式中，V——次梁截面设计剪力；

$\quad\quad f_v$——腹板钢材的抗剪强度；

h_w、t_w——分别为腹板的高度和厚度。

根据式（10.19），计算可得试件的次梁抗剪承载力为 112kN，折算为外加荷载
为 245kN。

由式（10.16）～式(10.19) 可知，试件 1、2 的主次梁铰接节点的承载力由次梁的抗剪承载力控制，实际试验中，试件发生次梁波纹腹板剪切屈曲破坏，主次梁铰接节点的次梁连接板、贴板和高强螺栓完好，与理论相符。

参考文献

[10.1] CECS 291：2011 波纹腹板钢结构技术规程 [S]. 北京：中国计划出版社. 2011

[10.2] 郭兵. 钢框架梁柱端板连接在循环荷载作用下的破坏机理及抗震设计对策 [D]. 西安：西安建筑科技大学，2002：1-2.

[10.3] GB 50017—2003 钢结构设计规范 [S]. 北京：中国计划出版社：2003.

[10.4] 李国强，张哲，孙飞飞. 波纹腹板 H 形钢梁抗剪承载力 [J]. 同济大学学报（自然科学版），2009，37（6）：709-714.

[10.5] 张哲. 波纹腹板 H 形钢及组合梁力学性能理论与试验研究 [D]. 上海：同济大学，2009：84-112.

[10.6] JGJ 82-91 钢结构高强度螺栓连接的设计、施工及验收规程 [S]. 北京：中国计划出版社：1992.

[10.7] CECS 102：2002 门式刚架轻型房屋钢结构技术规程 [S]. 北京：中国计划出版社：2002.

[10.8] 陈绍蕃. 钢结构 [M]. 北京：中国建筑工业出版社，2002：82-84.

[10.9] 楼国彪. 钢结构高强度螺栓外伸式端板抗火性能研究 [D]. 上海：同济大学，2005：17-18

[10.10] Elgaaly M，Seshadri A，Hamilton R W. Bending strength of steel beams with corrugated webs [J]. J. Struct. Eng.，1997，123（6），772-782.

第 11 章 波纹腹板钢结构应用

11.1 设计与应用要点

11.1.1 波纹腹板钢结构合理应用范围

波纹腹板钢构件适用于一般工业与民用建筑所采用的钢构件及其所构成的结构，尤其适用于以受弯为主的横向受力构件、压弯构件等，如单层工业厂房中的门式框架梁、柱、吊车梁、抗风柱和檩条等构件；多高层钢结构中的组合次梁、主梁等。波纹腹板钢构件还运用于梁式桥中组合 T 型梁或组合箱梁、桥式起重机的主梁等[11.1]。

波纹腹板钢构件主要的经济性体现在腹板厚度的减薄[11.2]，如果梁截面高度过小，考虑到加工成本，则经济性不明显。因此波纹腹板钢梁的截面高度不宜小于 400mm。

如果波纹腹板厚度较薄，则对于加工质量和焊接质量更为敏感[11.3]；而腹板厚度较厚，一方面经济效应无法充分发挥，另一方面会导致加工困难，成本增加。因此，腹板厚度在建筑结构中建议为 2～8mm，在桥梁结构中为 8～20mm。

相对于传统平腹板钢构件，腹板厚度大幅减薄，因此在强腐蚀作用环境条件下不宜采用波纹腹板钢构件。

相比平腹板钢梁，波纹腹板钢梁的塑性转动能力较差[11.4]，因此在抗震设计时应注意将波纹腹板钢梁用在地震作用不会或不易发生塑性变形的结构部位或结构构件，例如次梁。

对于设防烈度为 7 度及以上的地震区，如结构中的构件满足下列条件，则该构件可采用波纹腹板钢构件：

（1）构件含地震作用的轴向力设计值与构件翼缘截面面积和钢材抗拉强度设计值乘积的比值不超过 0.4。原因是，波纹腹板型钢压弯构件进入塑性以后，如果轴压力较大，在地震反复作用下塑性区容易发生轴向屈曲，故对允许在地震区采用的波纹腹板钢构件的轴压比给予一定限制。

（2）构件在重力荷载代表值和中震作用标准值的组合效应下，构件截面不屈服，且构件的承载力满足设计要求。原因是，当构件在重力荷载代表值和中震作用标准值的组合效应下，构件截面仍不屈服，且构件满足承载力设计要求时，说明地震对该构件的影响很小。

（3）结构的安全等级为二级或三级。

11.1.2 波纹腹板钢结构软件支持

目前支持波纹腹板钢建筑结构构件设计的软件包括：MTSTool 工具箱、PKPM/STS 和 Midas Civil 等。其中 MTSTool 工具箱以梯形波纹腹板钢构件（之型钢）设计为主（图11.1），而 PKPM/STS 除了支持梯形波纹腹板钢构件设计，还支持正弦曲线波纹腹板钢构件（波浪腹板 H 形钢）的设计（图 11.2）。

Midas Civil 能够支持波纹腹板组合桥梁的设计，目前软件仅提供了梯形波纹腹板单箱单室组合钢箱梁的截面形式（图 11.3），其他波纹腹板梁截面形式可以通过全手动操作完成建模。

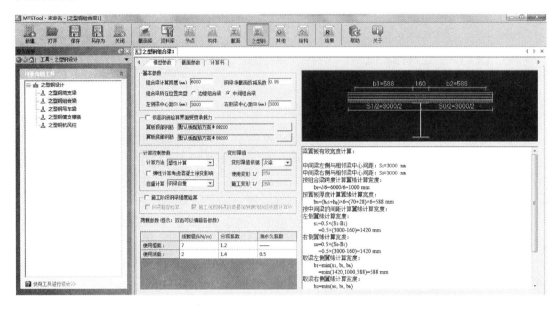

图 11.1 MTSTool 之型钢组合梁界面

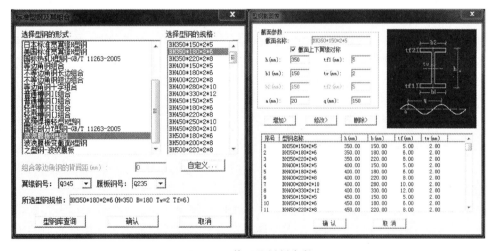

图 11.2 截面及材料参数

11.1.3 在设计中应注意的问题

1. 波形问题

我国《门式钢架轻型房屋钢结构技术规程》CEC S102—2002[11.5]中规定腹板高厚比不宜超过 $250\sqrt{235/f_y}$，而试验及理论分析证明若波纹腹板的波形设计合理，波纹腹板 H 形钢的腹板高厚比在远超这一限值的情况下依然能够满足"腹板屈服前不发生屈曲"这一

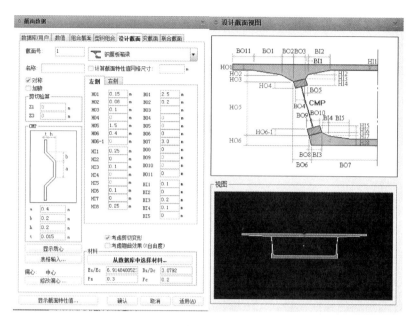

图 11.3 截面设计参数对话框

原则。反之，若腹板波形设计不合理，则腹板也可能发生弹性剪切屈曲，且其强度低于剪切屈服强度的情况。因此波形的设计与选择对于波纹腹板钢结构构件非常重要。

目前，国内外资料中关于波纹腹板的剪切强度设计公式，均采用强度折减系数法[11.6]。这些方法对于某些能够满足"屈服前不屈曲"原则的腹板波形会低估其承载力，所以建议：如有充分试验证明波纹腹板屈服前不发生屈曲，应按照腹板剪切屈服强度与腹板面积的乘积作为腹板抗剪承载力。如没有充分试验证明，则应按照本书中相关算式计算抗剪承载力折减系数。《波纹腹板钢结构技术规程》CECS 291：2011[11.7]附录 A 中给出了两种推荐波形（见图 11.4），这两种波形均是通过了若干试验，验证得出的结论为：

（1）腹板屈服前不发生屈曲，即腹板抗剪强度可以达到材料剪切屈服强度。

（2）腹板用钢量较省，也就是腹板的褶皱率 s/q 较小。

（3）腹板具有较好的塑性性能，延性系数较高。

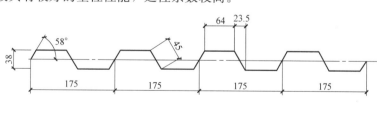

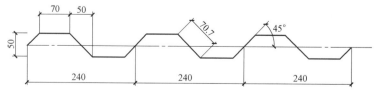

图 11.4 推荐波形

2. 刚度问题

根据试验和理论分析，波纹腹板钢构件在横向荷载作用下，腹板剪切变形较为明显，不能忽略，因此在编制计算程序时，波纹腹板钢构件单元刚度应采用下式：

$$
\begin{bmatrix}
\dfrac{EA}{l} & 0 & 0 & -\dfrac{EA}{l} & 0 & 0 \\[2mm]
0 & \dfrac{12EI}{(1+\phi)l^3} & -\dfrac{6EI}{(1+\phi)l^2} & 0 & -\dfrac{12EI}{(1+\phi)l^3} & \dfrac{6EI}{(1+\phi)l^2} \\[2mm]
0 & -\dfrac{6EI}{(1+\phi)l^2} & \dfrac{(4+\phi)EI}{(1+\phi)l} & 0 & \dfrac{6EI}{(1+\phi)l^2} & \dfrac{(2-\phi)EI}{(1+\phi)l} \\[2mm]
-\dfrac{EA}{l} & 0 & 0 & \dfrac{EA}{l} & 0 & 0 \\[2mm]
0 & -\dfrac{12EI}{(1+\phi)l^3} & \dfrac{6EI}{(1+\phi)l^2} & 0 & \dfrac{12EI}{(1+\phi)l^3} & \dfrac{6EI}{(1+\phi)l^2} \\[2mm]
0 & -\dfrac{6EI}{(1+\phi)l^2} & \dfrac{(2-\phi)EI}{(1+\phi)l} & 0 & \dfrac{6EI}{(1+\phi)l^2} & \dfrac{(4+\phi)EI}{(1+\phi)l}
\end{bmatrix}
$$

式中，E 为材料的弹性模量，l 为构件的长度，构件单元截面面积 A 和惯性矩 I 只能考虑翼缘部分，同时取 $\phi=12EI/(G'A_w l^2)$，A_w 为腹板截面面积，剪切模量也要考虑腹板波折的影响，取 $G'=G \cdot q/s$，G 为材料的剪切模量。

11.2　结构运输与安装要点

11.2.1　建筑结构运输与安装要点

1. 建筑结构运输要点

（1）构件运输总体部署

1）根据工程进度的需要，构件原则上将按运输计划，分批、分节地进行，对于超长、超宽或者超重的构件，应进行合理的分段划分，满足最大运输限制，确保运输安全。如果现场安装计划变更，业主或者总包单位必须事先发出书面通知，运输计划根据实际情况做出相应调整；

2）在运输周期内，根据每批发运的构件情况，将调度相应的运输工具，确保构件的准时发运，并在运输计划（含调整计划）的指定时间内运到工地或者现场仓储场地；

3）将预先根据每批次的构件特点和工程进度，对于每批次的构件都将进行专门的统筹安排，对构件的运输方式、运输道路等做出缜密的计划，并安排足够的运输工具装运大型构件，安排好构件运输中所需的相应配套措施。另外，对尺寸较大的构件将制作专门的运输搁置件；

4）运输操作之前，将责令承运方对投入运营的每一车辆进行严格的安全检查和正规的保养措施；并要求承运方提交运营车辆的准运报告，以保证车辆能准时、安全地到达目的地。

（2）构件包装要求

1）包装的产品需产品检验合格，随行文件齐全，漆膜干燥；

2）包装应根据钢结构的特点、运输和装卸条件等要求进行作业，做到包装紧凑、防护周密、安全可靠；

3）产品包装应具有足够强度，保证产品能经受多次装卸和运输无损伤、变形、降低精度、锈蚀、残失，能安全可靠地运抵目的地；

4）包装材料与构件之间应有隔离物，避免磨损与互溶；

5）所有箱上应有唛头、重心与起吊标志；

6）装箱清单中，构件号要明显标出；

7）大件制作托架，小件、易丢件采用捆装和箱装；

8）包装材料与构件的颜色应有显著的区别；

9）涂料等具有失效期的物品应注明生产日期与有效期；

10）分段运输的构件采取补强措施；

11）打包时，突出的零件尽量朝向包装箱内侧，避免运输过程中碰撞变形。

（3）构件包装方式

1）构件单根重量不小于 5t 时，采用单件裸装运输；

2）杆件单重小于 2t 且为不规则构件也采用单件裸装运输。

（4）构件包装标识要求

1）构件发运前须编制发运清单，清单上必须明确项目名称、构件号、构件数量和构件重量；

2）构件单重大于 10t 时，应在构件顶面、两侧面上用 40mm 宽的线，划 150mm 长的"十"字标记，代表重心点，在构件侧面上标起吊位置及标记；

3）包装应将同一区域的小构件打包在一起，不同单元的构件不能混包；

4）包装的最小尺寸及重量：不低于 1m³ 或 500kg；

5）包装的最大重量：不超过 20t。

（5）构件装载要求及方法

1）构件装载及加固要求

① 构件运输时，根据构件规格，重量和长度选用相匹配的载重汽车。汽车装载不得超过核定中的载重量；大型货运汽车载物高度从地面起宜控制在 4m 以内，宽度不超出车厢，后端不超出车身 2m。

② 钢结构长度未超出车厢后挡板时，不准将栏板平放或放下；超出时，构件，栏板不准遮挡号牌，转向灯，制动灯和尾灯。

③ 钢结构的体积超过规定时，须经有关部门批准后才能装车。

④ 封车加固的铁线（或钢丝绳）与其在车底板上的投影的夹角一般接近 45 度。

⑤ 通常使用的加固材料有：支架、垫木、三角木、挡木、方木、铁线、钢丝绳、钢丝绳夹头、紧线器、导链等；加固车时，用铁线（或钢丝绳）拉牢。形式应为八字形、倒八字形、交叉捆绑或下压式捆绑。

⑥ 装载时保证均衡平稳、捆扎牢固，确保运输的安全性。

2）构件装载方法

体积较大的构件一般采取裸装运输，长度较长但截面积不大的构件采取捆扎方式，小构件装箱运输。大构件典型装载形式如图 11.5 所示。

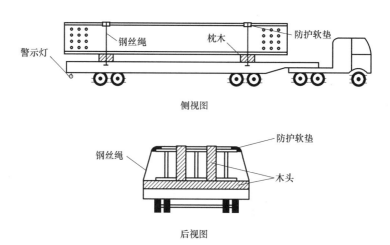

侧视图

后视图

图 11.5　大型 H 形钢梁装载示意图

2. 建筑结构安装要点

（1）波纹腹板梁安装工艺流程图

波纹腹板梁安装工艺流程图如图 11.6 所示。

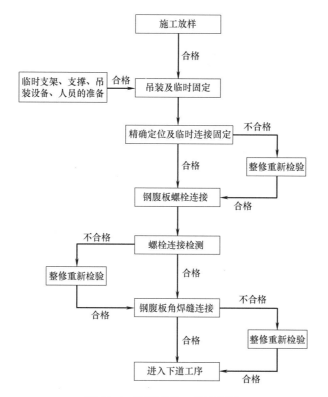

图 11.6　腹板安装工艺流程图

（2）现场安装准备及精度要求

1）安装准备

安装前应准备好临时支架、支撑、吊装设备等，按照施工图纸核对进场构件、零件的尺寸及质量证明文件。同时做好波形钢腹板螺栓连接摩擦面处理、安装放样工作，确认无误后方可进行。

图 11.7 为门式刚架梁现场分段水平拼装。与平腹板钢梁相比，波纹腹板钢梁抗扭刚度大，抗侧弯能力强，有利于现场构件的堆放与拼装。

图 11.7 波纹腹板刚架梁的现场分段拼装

2）构件安装精度要求

波纹腹板钢构件安装、拼装精度，对整个结构受力性能会产生很大影响。其安装质量按表 11.1 和表 11.2 控制。

刚架斜梁安装的允许偏差（mm） 表 11.1

项　目		允许偏差(mm)
梁跨中垂直度		$L/500$
梁挠曲	侧向	$L/1000$
	垂直方向	$+10.0,-5.0$
相邻梁接头部位	中心错位	3.0
	顶面高差	2.0
相邻梁顶面高差	支承处	10.0
	其他处	$L/500$

吊车梁安装的允许偏差（mm） 表 11.2

项　目	允许偏差 a	图　例
轨距	10	
直线度	3	

续表

项　　目	允许偏差 a	图　　例
竖向偏差	10	
	梁跨的 1/1500	

（3）吊装及临时固定

刚架梁现场拼装时，应做好临时支撑，如图 11.8 所示。同时应注意：

图 11.8　波纹腹板刚架梁的现场临时支撑

1）安装前，严格控制各波纹腹板钢构件的总体尺寸与螺栓等分部尺寸，相对公差控制在允许范围之内，以利各接口的顺利栓接（焊接）；

2）在完成节段的制造运输后，进行节段的拼装时应控制立面线形及梁长。节段的长、宽、高，螺栓的纵、横向间距，预拼装全长、拱度等偏差也要控制在允许的范围内；

3）要检查螺栓孔的配合情况。合格后，牢固固定，且保证螺栓连接、焊接连接等，不移位、不变形；

现场安装采用塔吊或汽车吊吊起、人工配合作业的方法吊装，如图 11.9，图 11.10 和图 11.11 所示。

图 11.9　波纹腹板钢构件的起吊

图 11.10　波纹腹板钢构件的安装就位

相对于平腹板 H 形钢，波纹腹板 H 形钢的平面外稳定性优势更加明显，24m 跨的钢梁采用两点吊装即可（图 11.12），挠度控制也非常出色，提高了安装效率和可靠性。

图 11.11　结构安装完成

图 11.12　24m 跨钢梁两点起吊

波纹腹板钢构件的安装要点如下：

1）在波纹腹板钢构件的翼缘上标记出梁的安装方向，以防出现梁端部反向安装的现象，以及避免方向相互干扰，并能确保位置准确；

2）安装波纹腹板刚架边梁时，梁柱通过端板连接。让波纹腹板钢构件缓缓倾斜靠入两柱间端板，根据现场标高及设计位置利用千斤顶或撬棍微调。安装同时，可用牵引绳来避免波纹腹板钢构件在施工中扰动，避免横向、纵向移动；

3）螺栓连接时，波纹腹板钢构件起吊就位后，对孔时应在螺栓孔重合的瞬间；

4）对好孔后，立即在钉栓群中穿入四根定位冲钉，随即安装 4～6 根螺栓，然后替换冲钉，安装高强螺栓。

（4）安装验收

自检合格后，请监理工程师按要求验收，验收合格后方可进行焊接连接工作。

（5）现场焊接工艺

工地焊接工作之前，要对有资格的焊接人员进行培训，熟悉焊接工艺要求，明确焊接工艺参数，并对焊工进行技术交底，进行焊接工艺评定试验，合格后方可进行焊接施工。

焊接准备：

施焊前连接接触面和焊缝边缘每边 30～50mm 范围内的铁锈、毛刺、污垢、冰雪等污物应清除干净，露出钢材金属光泽。

角焊缝连接：

对接焊连接采用施工方便、保证质量的二氧化碳气体保护焊的焊接方法施工。焊接时除符合焊接准备的要求外，还应符合下列要求：

1）在施焊周围设立挡风防雨围挡，防止风雨对焊接质量影响；

2）施焊时母材的非焊接部位严禁焊接引弧；

3）多层焊接宜连续施焊，应注意控制层间温度，每一层焊缝焊完后及时清理检查，清除药皮、熔渣、溢流和其他缺陷后，再焊下一层。

焊接工艺要求：

1）所有的焊接，均应按照批准的焊接工艺评定试验要求进行，若存在与焊接工艺要求不一致的变化，需重新进行焊接工艺评定试验；

2）焊工必须熟悉工艺要求，明确焊接工艺参数，施焊前由技术人员对焊工进行技术交底；

3）根据设计图纸和加工技术要求，编制工厂焊接的工艺文件；

4）点固焊应与正式焊缝一样的质量要求；

5）点固焊前，必须按施工图及工艺文件检查焊件坡口尺寸、根部间隙等，如不符合要求，不得进行点固焊；

6）点固焊长度、间距及焊脚高度应符合有关规范标准的要求；

7）在正式焊接前，应检查点固焊缝有无裂纹，确无裂纹后才能正式焊接；

8）点固焊不得有裂纹、夹渣、焊瘤等缺陷。凡最后不熔入正式焊缝的点固焊应予以清除；

9）应根据有关规范标准，制定严格的焊接材料的保存、领用、烘干、存放制度，以便对主要焊缝进行焊材跟踪；

10）施焊前连接接触面和焊缝边缘每边 30～50mm 范围内的铁锈、毛刺、污垢、冰雪等污物应清除干净，露出钢材金属光泽；

11）当工作件表面潮湿或有雨、雪、大风、严寒气候（环境温度低于 5℃，相对湿度大于 80％）时，不宜进行环境作业；

12）当在环境温度低于 0℃时进行低温环境操作，采取如下措施：

① 焊前应清除沿焊缝两边宽 100～200mm 范围内的霜、冰、雪及其他污物，并用氧-乙炔火焰烘干；

② 当环境温度低于－5℃ 时，应进行预热，预热温度为 70℃ 左右；

13）手工焊焊接的引弧应放在焊接坡口之内进行；

14）埋弧自动焊必须在距焊缝端部 80mm 以上的引、熄弧板上进行引弧、熄弧。焊接中应尽量不断弧，如有断弧必须将停弧处刨成 1：5 斜坡后，并搭接 50mm 再引弧施焊，引、熄弧板应待焊缝冷却后割去；

15）采用埋弧自动焊，半自动焊进行焊缝返修时，必须将清除部位的焊缝两端刨成不大于 1：5 的斜坡，再进行焊接；

16）返修后的焊接应打磨匀顺，并按质量要求进行复检。返修焊次数不宜超过两次；

17）焊缝检查的要点：

焊缝的外观检验：焊接完毕，所有焊缝必须进行外观检查，不得有裂纹、气孔、焊缝按照二级焊缝质量要求，进行焊缝超声波探伤，探伤检验要求按照 TB 10212 执行。

（6）螺栓和角焊缝合用连接施工工艺

施工准备：

施工前高强螺栓副连接应按出厂批号复验扭矩系数，修整螺栓孔内的毛刺、污物等影响螺栓预拉力的因素。保证高强螺栓能顺利穿入孔内，扭矩扳手在作业前应进行校正，其扭矩误差不得大于使用扭矩的±5％。

安装螺栓时应顺畅穿过螺孔，不得强行敲入，穿入方向全桥一致，螺栓轴线垂直于钢板表面。

高强螺栓连接施工时从跨中的连接缝开始，对称向两端进行。

采用扭矩法拧紧高强度螺栓连接副，初拧、复拧和终拧应在同一日内完成。初拧应有试验确定，一般为终拧扭矩的 50%。

螺栓连接检查：

检查由专职质量检查员进行，检查扭矩扳手必须标定，其扭矩误差不大于使用扭矩的 ±3%，且进行扭矩抽查。

松扣、回扣法检查，先在螺栓与螺母上做标记，然后将螺母退回到 30°，再检查扭矩扳手把螺母重新拧至原来的位置测定扭矩，该值不大于规定值的 10% 时为合格。

对焊缝与高强度螺栓合用连接检验合格后方可进行下道工序。

（7）现场涂装施工

1）涂装要求

① 漆膜的外观要求平整、均匀，无气泡、裂纹，无严重流挂、脱落、漏涂等缺陷，面漆颜色与比色卡相一致；

② 涂膜厚度按图纸规定，采用《金属和其他无机覆盖层厚度测量方法评述》GB/T 6463—986 的磁性测厚仪进行测量；

③ 漆膜附着力的检验采用《色漆和清漆漆膜的划格试验》GB/T 9286—1998 进行划格评级，并达到 1 级以上。

2）现场涂装施工时的注意点：

① 现场涂装钢板外表面不得在雨、雪、大风天气进行，涂装时环境温度温度应在 5℃～38℃之间，相对湿度 80% 以下（当与油漆说明书不符时，应执行油漆相应产品施工说明书）。涂装后 4h 内应保护免受雨淋。

② 现场涂装钢板内表面要通风，监测有害气体浓度，确保安全。

③ 现场涂装前，先清除表面的锈迹、焊渣、氧化皮、油脂等污物，表面呈现出均匀金属光泽。修补运输安装过程的损伤，再对焊缝表面及焊缝两边进行处理。

④ 腹板采用合适宽度的滚筒刷，在焊缝及焊缝两边先刷一道环氧富锌底漆，厚度达到 80μm，再刷环氧云铁防锈漆两道，总厚度 120μm，然后刷丙烯酸脂肪族聚氨酯面漆一道，厚度 40μm，最后用高压无气喷涂机对整个腹板喷涂脂肪族聚氨酯面漆一道，厚度 40μm。

⑤ 现场喷涂其他技术及质量要求同车间涂装。

11.2.2 桥梁结构运输与安装要点

1. 运输

根据以往项目梁段运输经验，结合本项目实际情况，组织人员进行线路考察，对路、桥、隧等特殊位置的限高、限宽、坡度、转弯半径等项目进行分析，拟定钢腹板及零部件运输路线。

根据超限车车型及运输钢箱梁的重量、长度、宽度和转弯半径等特性，其运输线路的选定原则为：

（1）尽量选择等级高的公路行驶，并最大限度地利用高速公路行驶。高等级公路具有桥梁、弯道、平曲线和竖曲线半径以及横坡度的设计标准高，通过能力强的优点，有利于重型车组通行，同时也相应减少沿途的加固改造费用。

（2）根据此次运输特征，尽量选择车流量少，人群较少的线路，同时尽可能地避开繁华的城镇，以利于车组的安全通过。

波纹腹板钢构件在运输前的包装要求如下：

（1）钢构件包装在油漆完全干燥、构件编号、接头标记、焊缝保护完成并检查验收后才能进行；

（2）包装是根据钢构件的特点、储运、装卸条件和客户的要求进行作业，做到包装紧凑、防护周密、安全可靠；

（3）包装钢构件的外形尺寸和重量应符合公路运输方面的有关规定；

（4）加固捆扎是保证梁段安全的重要环节，为使钢墩及梁段顺利的到达施工现场，所以在运输途中使用手动葫芦及钢丝绳将箱梁和装载车辆的平板（大梁）之间进行锁定（图11.13），以保证箱梁运输的稳定性及安全。

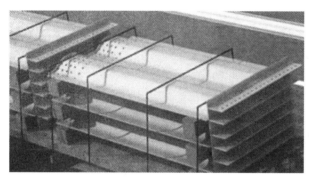

图 11.13　波纹腹板钢构件运输示意

2. 安装

波形钢腹板预应力混凝土箱梁最基本的施工方法是挂篮悬拼施工法。日本最近在波形钢腹板预应力混凝土箱梁施工中利用波形钢腹板作施工受力构件的悬臂施工法（图11.14）及利用波形钢腹板作导顶推施工的方法[11.8]（图11.15）。

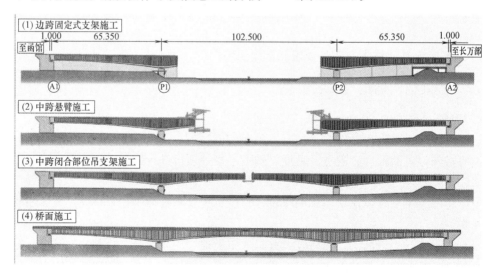

图 11.14　悬臂施工法

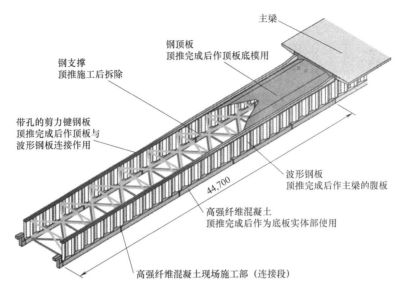

主梁

钢顶板
顶推完成后作顶板底模用

钢支撑
顶推施工后拆除

带孔的剪力键钢板
顶推完成后作顶板与
波形钢板连接作用

44.700

波形钢板
顶推完成后作主梁的腹板

高强纤维混凝土
顶推完成后作为底板实体部使用

高强纤维混凝土现场施工部（连接段）

图 11.15　顶推施工法

　　下面以挂篮悬拼施工法为例介绍波纹钢腹板预应力混凝土箱梁的施工要点。波纹钢腹板安装工艺流程见图 11.6。

　　（1）波纹钢腹板安装定位

　　悬臂施工桁车的波纹钢腹板起吊系统设置在悬臂施工桁车前端，可以满足前端垂直起吊。波纹钢腹板前端垂直起吊安装工艺简单，波纹钢腹板运输至悬臂施工桁车吊点正下方，电动葫芦起吊纵向移动至设计位置定位安装。如图 11.16 所示。

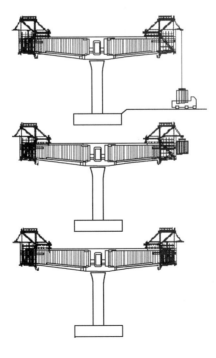

图 11.16　波纹钢腹板垂直起吊

波纹钢腹板定位采用在上加工时焊接临固耳板，型钢和对拉花篮螺，进行精确定位，见图11.17。

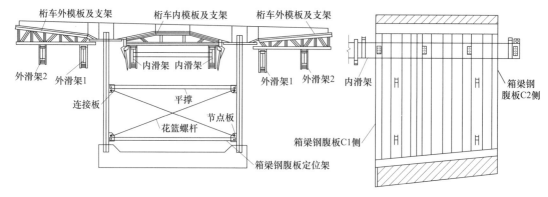

图 11.17　波纹钢腹板定位

（2）波纹钢腹板与顶底板的连接

波纹钢腹板与混凝土顶、底板的连接是关系波形钢腹板预应力混凝土箱梁整体性的关键构造[11.9]。波纹钢腹板 PC 组合梁桥采用的抗剪连接件有：角钢剪力键、开孔板剪力键、栓钉剪力键和埋入式剪力键等。角钢剪力键、开孔板剪力键、栓钉剪力键为有翼缘板的连接方法，而埋入式剪力键为无翼缘板的连接方法（见图11.18）。

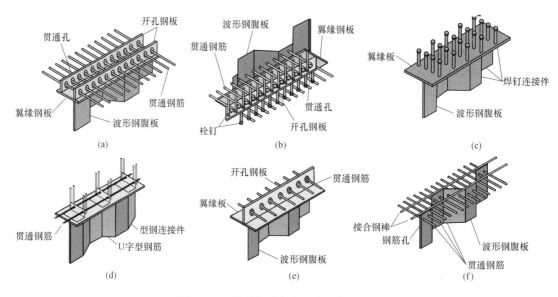

图 11.18　波纹钢腹板与混凝土板的连接
（a）Twin-PBL 键连接；（b）S-PBL＋栓钉连接；（c）栓钉连接；（d）角钢剪力键连接；
（e）S-PBL 键连接；（f）埋入式连接

（3）波纹钢腹板间的纵向连接

波纹钢腹板节段内的纵向连接可在工厂完成，节段与节段波纹钢腹板纵向连接只能在悬浇施工中完成，为了施工中连接方便，设计考虑了用螺栓先做临时固定后施焊的连接方法。

（4）波纹钢腹板与横隔的连接

波纹钢腹板与横隔的连接可以采用栓钉连接或其他连接方式，其剪力传递通过剪力钉完成。为了实现混凝土腹板到波纹钢腹板的渐变，在梁端现浇段设置了波形钢腹板里衬混凝土，里衬混凝土与底板同时浇注，其与波纹钢腹板通过螺栓钉连接[11.10]。

（5）波纹钢腹板安装定位标准

根据《公路工程质量评定标准》8.10 斜拉桥—8.10-8 结合梁斜拉桥工字梁悬臂拼装一节，结合项目实际特点，拟定波纹钢腹板安装定位标准，见表 11.3。

波纹钢腹板安装定位标准 表 11.3

项　次	项　目	允许偏差(mm)	
1	波纹钢腹板轴线偏位	10	内外侧腹板分别测量
2	内外侧腹板间距偏差	5	间隔 2m 量 3 处
3	内外侧钢腹板高差	10	间隔 2m 量 3 处
4	波纹钢腹板横桥向垂直度	1/500	间隔 2m 量 3 处
5	波纹钢腹板纵桥向坡度	1/500	间隔 2m 量 3 处

随后依次完成混凝土浇筑、振捣和养护等混凝土工程。

（6）波纹钢腹板现场焊施工工艺要点

现场立焊采用施工方便、保证质量的二氧化碳气体保护焊的焊接方法施工。焊丝采用 $\Phi 1.2mm$ 的 ER50-6，焊接设备为 NBC-500 焊机。

焊接工艺流程为：

就位复核→紧固固定螺栓→现场机械除锈→预热（表面去潮气）→对称焊接→自检→专检。

焊接工艺要求：

1）所有的焊接，均应按照批准的焊接工艺评定试验要求进行，若存在与焊接工艺要求不一致的变化，需重新进行焊接工艺评定试验。

2）焊工必须熟悉工艺要求，明确焊接工艺参数，施焊前由技术人员对焊工进行技术交底。

3）根据设计图纸和加工技术要求，编制现场焊接的工艺文件。

4）现场焊接形式为立焊，应由下向上焊接，工人需佩戴防护手套、工作服、面罩。焊接时需设置防风棚，保证风速小于 2m/s，同时禁止在密闭环境作业防止 CO_2 窒息伤人。

5）焊接前，必须按施工图及工艺文件检查焊件断面、螺栓压紧状况、根部间隙等，如不符合要求，不得进行施焊。

6）应根据有关规范标准，制定严格的焊接材料的保存、领用、存放制度，以便对主要焊缝进行焊材跟踪。

7）施焊前连接接触面和焊缝边缘每边 30～50mm 范围内的铁锈、毛刺、污垢、冰雪等污物应清除干净，露出钢材金属光泽。

8）当工作件表面潮湿或有雨、雪、大风、严寒气候（环境温度低于 5℃，相对湿度大于 80%）时，不宜进行环境作业。

9）当环境温度低于 0℃时进行低温环境操作，采取如下措施：

① 焊前应清除沿焊缝两边宽 100～200mm 范围内的霜、冰、雪及其他污物，并用氧——乙炔火焰烘干。

② 当环境温度低于 −5℃ 时，应进行预热，预热温度为 70℃ 左右。

10）焊接中应尽量不断弧，如有断弧必须将停弧处刨成 1：5 斜坡后，并搭接 50mm 再引弧施焊。

11）焊缝返修时，必须将清除部位的焊缝两端打磨成 1：5 的斜坡，再进行焊接。

12）返修后的焊接应打磨匀顺，并按质量要求进行复检。返修焊次数不宜超过两次。

13）焊接端部进行磨平处理，以提高焊缝端部疲劳强度。

14）禁止在波形钢腹板任意焊接其他部件或临时支撑。

焊接工艺评定和焊工资格：

1）焊接工艺评定

① 以前已做的具有相同材质、相同断面形式、相同焊接方法并有正式报告的工艺评定，经监理认可予以承认。

② 当采用新材料或新方法、新工艺进行焊接时，应按规范进行焊接工艺评定，当焊接工艺评定合格后，方可在本项目工程中使用。

2）焊工资格

钢腹板钢焊接中，二氧化碳气体保护焊由劳动部门认可等级的焊工，须有认可的焊接上岗证，可在本项目从事与其合格项目相应的焊接工作。

焊接的检验：

焊缝的外观检验：焊接完毕，所有焊缝必须进行外观检查，不得有裂纹、未熔合、夹渣、未填满弧坑和超出表 11.4 规定的缺陷。

焊缝质量要求　　　　　　　　　　　　　　　　　表 11.4

序号	项目	质量要求(mm)
1	气孔	直径小于 1.0mm 每米不多于 3 个，2 点间距≥20。
2	咬边	≤1.0
3	焊波	$h \leqslant 2$(任意 25mm 范围内)
4	余高	板厚(10～14mm)$h \leqslant 3$；板厚(16～8mm)$h \leqslant 4$
5	余高铲磨	$h \leqslant 3$ 表面粗糙度 50 △2；−0.3

焊接工艺评定：

在钢结构构件制作和安装之前按《建筑钢结构焊接技术规程》JGJ 81—2002 的规定进行焊接工艺评定，并根据评定报告确定焊接工艺参数。

1）焊前准备

① 标准焊接标准断面图样。

② 焊接断面制备：采用冷加工磨削方法制备焊接断面。

③ 焊前焊接断面检查：平整，不得有裂纹、分层、夹渣等缺陷，形状和尺寸应符合相应规定。

④ 焊丝需去除油锈，保护气体应保持干燥，有效期内。

2）组对定位

① 平台水平组对，焊接断面间隙 1.0～2.0 边缘与平台夹紧固定。

② 点固焊缝不得有裂纹，否则应清除重焊。

③ 熔入永久焊缝内的点固焊缝两端应便于接弧，否则应予以修整。

3）焊接

按评定后的工艺参数编制焊接工艺卡，遵循本指导书进行施焊。

① 采用一面粘接陶瓷条，单面焊接工艺，防止焊接变形。

② 每条焊缝应尽可能一次焊完。当中断焊接时，对冷裂纹敏感的焊件应及时采取后热、缓冷措施。

4）钢腹板焊接生产工艺流程

焊接断面准备→螺栓压紧→预热（表面去潮气）→对称焊接→自检/专检。

5）焊缝返修

对需要焊接返修的缺陷要分析产生原因，提出改进措施，按评定合格的焊接工艺，编制焊接返修工艺。

焊缝同一部位返修次数不宜超过二次。

返修前需将缺陷清除干净。

修补处预热，预热温度 100℃。返修焊缝性能和质量要求应与原焊缝相同。

11.3 应用实例 1：烟台潮水机场

11.3.1 工程概况

烟台潮水机场航站楼位于山东烟台蓬莱，国家一类航空口岸，规划总投资 40 亿元，分为飞行区和航站区两大块，飞行区等级将达到 4D 标准，拥有 39 个机位的停机坪以及总库容 3000m³ 的机场油库。航站楼将满足年旅客吞吐量 1000～1200 万人次，需要机场建设有一条长 3400m、宽 45m、两侧各设 7.5m 宽的道肩跑道和等长的平行滑行道，同时新建航站楼工程建筑面积 8.9 万 m²，采用大跨度空间钢结构屋盖，屋盖采用波纹腹板钢梁[11.11]。

11.3.2 采用波纹腹板钢结构情况

该项目采用波纹腹板钢梁（图 11.19），结构总用钢量 7500t。工程中波纹钢腹板厚度 5～14mm，高度为 800～3500mm，翼板最厚达 80mm，最大跨度 55.5m，最大悬挑长度 26.6m。

11.3.3 采用波纹腹板钢结构的效益分析

该项目是国内首个波纹腹板焊接 H 形钢梁的大型空间钢结构，也是世界最大波纹腹板钢结构建筑。与桁架结构方案相比，用钢量减少约 15%，建筑净高增加约 20%，安装费用节约 20% 以上，节省工程造价约 1260 万元。

图 11.19 烟台潮水机场所采用波纹腹板主梁

11.4 应用实例 2：靖江体育中心

11.4.1 工程概况

靖江体育中心位于靖江市滨江新城，北起富阳路，南临新洲路，东至通江路和西天生港，西至新民路。

体育中心用地处于靖江三大区域的交汇点，交通便利，环境优越。体育中心由体育场、体育馆、游泳馆和配套商业构成。其中，体育场：21000 座，建筑面积 41500m²；体育馆：6500 座，建筑面积 25000m²；游泳馆：900 座，建筑面积 24000m²；商业配套建筑面积：6900m²；容积率：0.56；建筑密度：30%；绿化率：32%[11.12]。

图 11.20 靖江体育中心

11.4.2 采用波纹腹板钢结构情况

该项目采用了 203t 波纹腹板型钢构件（图 11.20），最大构件长 13.0m，高 0.6m。

11.4.3 采用波纹腹板钢结构的效益分析

该项目为建筑用波纹腹板 H 形钢首次在体育场馆建设中被采用的工程，不仅增强了建筑的美观性，还创造良好的社会效益与经济效益。解决了该项目用钢量较大、经济性不够好的问题，节省工程造价 101 万元。

11.5 应用实例 3：扬州牧羊三园项目

11.5.1 工程概况

本项目位于江苏省扬州市邗江经济开发区南园。工程计划总投资 10.68 亿元，占地 450 亩，建筑面积 125000m²，是扬州市重点建设项目之一，用于生产高端智能化成套设备，旨在建设一流的高端饲料机械研究试验生产基地，一流的世界级饲料机械制造及服务企业。基地在饲料机械生产中首次采用全自动喷涂和机器人焊接技术，并具备世界领先的饲料机械研发条件。

11.5.2 采用波纹腹板钢结构情况

该项目采用了波纹腹板钢构件，其中框架主梁和全部吊车梁采用波纹腹板 H 形钢，工程中使用了 995t 波纹腹板型钢构件（图 11.21 和图 11.22），最大构件长 12.0m，高 1.25m。

图 11.21 扬州牧羊三园厂区波纹腹板钢框架

图 11.22 扬州牧羊三园项目吊车梁

11.5.3 采用波纹腹板钢结构的效益分析

该项目是波纹腹板吊车梁钢构件在单体项目中应用最多的工程，增强了建筑的美观性，创造了显著的社会效益与经济效益。波纹腹板钢构件的采用解决了项目用钢量大、经济性不够好的问题，共节约用钢量 325t，节省工程造价 162.5 万元。吊车梁方案经济性对比分析见表 11.5。

扬州牧羊三园项目吊车梁方案经济性对比　　　　　　　　　　　　　　　　表 11.5

	波纹腹板 H 形钢吊车梁	普通平腹板 H 形钢吊车梁
典型规格	ZH1250 * 4 * 350 * 16 * 250 * 12	H1000 * 350(250) * 8 * 16(12)
重量(t)	975	1300
制作单价(元/t)	6200	5900
合价(元)	6,045,000.00	7,670,000.00

厂房框架主梁同样采用了波纹腹板 H 形钢，因此项目整体节约用钢量 425t，节省造价 285 万元。

11.6　应用实例 4：上海爱茉莉项目

11.6.1　工程概况

爱茉莉太平洋化妆品（上海）有限公司新址暨研发中心位于马东开发区剑兰路、浏翔路，总投资 3 亿元，占地面积 92788m²，总建筑面积 83161m²。建筑为单层，局部三层，建筑高度 20.8m。建筑为钢结构，工程总用钢量为 3000t。爱茉莉太平洋集团是韩国最大的集化妆品开发、生产和销售为一体的国际性集团之一，拥有 66 年的发展历史，其产品深受全球客户的喜爱。

11.6.2　采用波纹腹板钢结构情况

工程中采用了 890t 波纹腹板型钢构件，最大构件长 12.0m，高 1.15m。主要用于楼层次梁，屋面梁等以受弯为主的构件（图 11.23 和图 11.24）。

图 11.23　上海爱茉莉项目楼面梁

图 11.24　上海爱茉莉项目屋面梁的节点

11.6.3　采用波纹腹板钢结构的效益分析

建筑用波纹腹板 H 形钢在本项目中的应用，替代了传统的平腹板 H 形钢，不仅增强了建筑的美观性，还创造良好的社会效益与经济效益，工程共节省用钢量 262t，节省工程造价 104.84 万元。吊车梁方案经济性对比分析见表 11.6。

	波纹腹板 H 形钢吊车梁	普通平腹板 H 形钢吊车梁
典型规格	ZH900 * 3 * (150 * 10) * (220 * 10)	HN500 * 200 * 10 * 16
重量(t)	890	1152
制作单价(元/t)	6200	5700
合价(元)	5,518,000.00	6,566,400.00
备注	腹板材料为 Q235，翼缘板材料为 Q345	腹板、翼缘板材料均为 Q345

上海爱茉莉项目吊车梁方案经济性对比　　　　　　　　表 11.6

经测算，采用波纹腹板 H 形钢后，共节约用钢量 262t，节省造价 104.84 万元。

11.7 应用实例 5：伊朗德黑兰 br-06l/r 特大桥

伊朗德黑兰北部高速公路 br-06l/r 特大桥位于伊朗德黑兰北部山区，位于 9 度地震区。高速公路在塔隆河谷与桑干河谷交汇处的上游跨越桑干河谷，以 br-06 桥通过。桑干河谷深且坡岸陡立，谷底到桥面高达 80 余米。两侧桥台位于岩层上，两岸坡无植被，河谷中有常年流水且有果林分布[11.13]。

主桥采用预应力混凝土连续梁，跨径布置为 83＋153＋83＝319m。主桥横桥向采用双幅桥布置，桥面宽 2×13.1m，桥下交道净空大于 5.2m。

由于桥位于地震烈度 9 度区，为减轻自重进一步提高该桥结构抗震性能、缩短施工周期、减少施工对环境的影响，采用 83m＋153m＋83m 波纹钢腹板预应力混凝土箱形连续梁桥，如图 11.25 所示。

图 11.25　伊朗德黑兰 br-06l/r 特大桥

11.8 应用实例 6：河南桃花峪黄河大桥

桃花峪黄河大桥为单箱单室波纹钢腹板公路梁桥（图 11.26），在郑州市西北郊跨越黄河，南岸接线位于郑州荥阳市境内，北岸接线则位于焦作武陟县境内。黄河大堤以内为沁河滩地，以外为冲积平原。拟建桥位南岸先由北向南经过邙山逐渐过渡到平原地区，沿黄河南岸，西起巩义，东到郑州黄河铁路桥，广阔分布着黄河地貌，厚度一般为数米至数十米，且多分布在宽阔的河流谷底。拟建桥位北岸路线，处于焦作南部平原区，黄河大堤以内为黄河沁河滩地，以外为冲积平原[11.14]。

主要设计参数如下：

公路等级：高速公路

行车道数：主线双向 6 车道，两侧设置硬路肩

设计速度：100km/h

行车道宽度：$2 \times 3 \times 3.75$m（六车道）

标准路基宽度：33.5m

桥梁宽度：33m

路基（桥面）横坡：2%

桥梁设计汽车荷载：公路-Ⅰ级

设计基准期：100 年

桥梁设计安全等级：一级

构件重要性系数：1.1

黄河设计防洪流量：19600m³/s

桥梁全长 7691.5m，分别包括北侧堤外引桥，左幅桥径组合为 [(25＋30＋2×35＋2×25)＋6×30＋4×(5×30)]m，右幅桥跨径组合为 [(3×25＋2×35＋30)＋6×30＋4×(5×30)]m、跨大堤桥（75＋135＋75）m、北侧堤内引桥 [3×5×50＋8×6×50＋4×(50＋4×51＋50)]m、副桥（50＋10×80）m、主桥（160＋406＋160）m、南引桥（2×5×50）m，主桥和副桥跨越主河槽。其中跨大堤桥采用波纹钢腹板 PC 组合箱梁桥，跨径布置为 75m＋135m＋75m，上下行两幅，桥中心线位于半径 $R=4500$m 的圆曲线，箱梁顶面设 2% 的横坡。梁段采用挂篮悬臂浇注施工，连续墩墩顶临时固结，边跨直线段搭设临时支架现浇。

跨河堤段箱梁采用单箱单室直腹板箱型断面，箱梁腹板采用波形钢腹板。支点处梁高为 7.5m，高跨比为 1/18，边跨端支点处和跨中梁高根据本桥结构特点取为 3.5m，高跨比为 1/38.6。支点到跨中梁下缘按 1.8 次抛物线变化。边跨设置四道横隔板，中跨设置八道横隔板，横隔板间距为 9.6～17.6m。波形钢腹板钢材种类为 Q345D，抗拉强度 200MPa、抗剪强度 120MPa，波长 1600mm，波高 220mm，直板段水平长度为 430mm，斜板段水平长度为 370mm，钢板厚度 10～22mm。

图 11.26　桃花峪黄河大桥

参考文献

[11.1] 张哲，李国强，孙飞飞. 波纹腹板 H 形钢研究综述 [J]. 建筑钢结构进展，2008，10（6）：41-46.

[11.2] 李国强，张哲，孙飞飞. 波纹腹板 H 形钢梁抗剪承载力 [J]. 同济大学学报：自然科学版，2009，37（6）：709-714.

[11.3] Harrison JD. Exploratory fatigue test of two girders with corrugated webs [J]. British Welding Journal 1965，12（3）：121-125.

[11.4] Lindner J. Lateral torsional buckling of beams with trapezoidally corrugated webs [R]. Proc.，Int. Colloquium of Stability of Steel Structures，Budapest，Hungary，1990：79-86.

[11.5] CECS 102—2002 门式钢架轻型房屋钢结构技术规程 [S]. 北京：中国计划出版社，2002.

[11.6] European Committee for Standardisation. prEN 1993-1-5. EUROCODE 3：Design of steel structures；Part 1. 5［S］. Plated structural elements，2004.

[11.7] CECS291：2011 波纹腹板钢结构技术规程 [S]. 北京：中国计划出版社，2011.

[11.8] 陈海波，任红伟，宋建永. 波纹钢腹板预应力组合箱梁桥的设计与施工 [J]. 公路交通科技：应用技术版，2008（7）：92-96.

[11.9] 孙筠. 波纹钢腹板体外预应力组合箱梁剪力连接件实验研究 [D]. 哈尔滨工业大学，2006.

[11.10] 王圣保. 不同连接形式对波纹钢腹板 PC 组合梁性能影响 [J]. 哈尔滨工程大学学报，2012，33（12）：1492-1497.

[11.11] 芮明倬，任涛，姜文伟，等. 烟台潮水机场上部钢结构体系设计研究 [J]. 建筑结构，2012（5）：130-134.

[11.12] 贾尚瑞，邢遵胜，苏英强，等. 靖江市体育中心钢结构工程施工技术 [J]. 钢结构，2015，30（1）：80-84.

[11.13] 江长逵. 伊朗德黑兰北部高速公路一期工程桥涵总体设计 [J]. 中外公路，2006，26（6）：93-97.

[11.14] 姬同庚. 大跨径波形钢腹板连续箱梁桥设计与施工关键技术 [J]. 世界桥梁，2014（5）：12-17.